역사가
기억하는
세계 100대
과학

양허 편저　원녕경 옮김

꾸벅

차 례

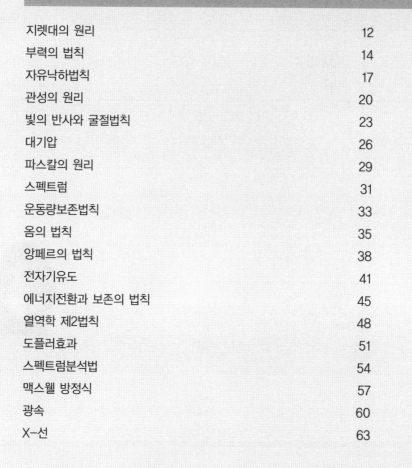

제 **1** 장

물 리

제 **2** 장

수 학

제 **3** 장

천문학

제 **4** 장

화 학

제1장

물리

발견시기
기원전 3세기

발견자

아르키메데스
(Archimedes, BC 287~BC 212)
고대 그리스의 물리학자이자 수학자
로 정역학과 유체 정역학의 창시자
이다.

▲ 와, 내가 지구를 들어 올렸다!

지구를 들어 올릴 수 있는 힘
지렛대의 원리

나에게 지렛목을 준다면 나는 지구를 들어 올릴 수 있다!

아르키메데스

지렛대는 오랫동안 널리 활용되어 온 기계이다. 고대 이집트에서 피라미드를 축조할 때도 대량의 지렛대를 이용하여 이 엄청난 공사를 마쳤다고 전해진다. 그리고 오늘날 거의 모든 기계에 지렛대가 활용되고 있다고 해도 과언이 아닐 정도로 지렛대는 우리의 생활과 밀접한 연관이 있다. 인체에도 여러 개의 지렛대가 저마다의 기능을 수행하고 있는데, 예를 들어 우리가 허리를 굽히면 근육은 1,200뉴턴에 달하는 장력을 발산한다.

인간은 이미 오래 전 지렛대라는 가장 원시적인 기계를 발견했다. 기원전 600년 고대 그리스의 학자들은 자신의 저서에 다섯 가지 기계, 즉 지렛대, 쐐기, 도르래, 바퀴와 축, 나사를 언급했는데 이들 기계는 모두 지렛대의 원리를 절묘하게 응용한 것들이었다. 그러나 지렛대의 물리학적 원리가 밝혀진 건 기원전 3세기에 이르러서였다. 고대 그리스의 물리학자이자 수학자인 아르키메데스가 《평면의 균형에 대하여(On the Equilibrium of Planes)》라는 저서를 통해 지렛대의 물리학적 원리를 설명한 것이다.

▶ 아르키메데스가 발명한 기계를 이용해 로마의 해군함대를 격파시키고 있는 시라쿠사의 병사들

아르키메데스는 먼저 실제로 지렛대를 사용하면서 얻은 경험과 지식을 '공리'로 삼았다. 그리고는 엄밀한 기하학적 논증을 통해 두 개의 물체가 평행할 때 물체와 지렛목 사이의 거리가 무게와 반비례한다는 지렛대의 원리 즉, 힘×힘점=작용×작용점이라는 결과를 도출해 내 이를 $F1×L1=F2×L2$이라는 대수식으로 표현했다.

아르키메데스는 이론을 연구하는 데 그치지 않고 지렛대의 원리를 응용하여 도르래장치와 투석기를 발명하는 등 실생활에 이론지식을 적극 활용했다. 그는 도르래장치를 이용해 모래사장에 정박해 있던 배를 손쉽게 바다로 옮기는 한편, 병력이 적은 시라쿠사 병사들이 투석기를 이용해 각종 유탄과 돌덩이들을 발사할 수 있도록 함으로써 멀리 바다에 진을 치고 있던 로마대군을 공격하는 데 한 몫을 했다. 덕분에 시라쿠사는 로마군에게 포위된 상태로 3년이나 버틸 수 있었다.

평가

지렛대의 원리는 인간이 처음으로 수학을 이용해 명시한 역학 원리로 객관적인 사물을 이해하는 인간의 독창적인 견해를 보여주고 있다. 오늘날 무수히 많은 공정과 과학의 진보가 이 발견을 토대로 이뤄지고 있다. 아르키메데스가 정립한 지렛대의 원리와 역학이론은 그를 역학이라는 학문의 진정한 창시자로 만들어 주었다.

▲ 목욕을 하던 중 우연히 문제의 해결 방법을 찾아낸 아르키메데스

왕관을 감정하는 근거
부력의 법칙

발견시기
기원전 3세기

발견자

아르키메데스

"유레카(Eureka)! 유레카!" *

'코끼리의 무게를 잰 조충曹沖(위나라 황제 조조의 아들-역주) 이야기'는 남녀노소를 막론하고 중국인이라면 누구나 알고 있을 정도로 유명하다. 당시 대여섯 살에 불과했던 등애왕 조충은 배에 물건을 싣는 방법을 응용해 코끼리의 무게를 쟀다.

이 이야기를 들은 사람들은 보통 조충의 영특함을 칭찬한다. 그러나 사람들이 미처 생각지 못한 문제점이 있다. '부력의 법칙을 최초로 발견한 사람은 어째서 아르키메데스일까? 조충이 먼저 발견할 수 있지 않

▼ 코끼리 무게를 재는 조충

———
* 'Eureka'는 그리스어로 '찾았다!'라는 의미이다.

14

앉을까?'

이를 바탕으로 분석해 보면 부력의 법칙을 이용한 조충은 그저 잔머리를 굴린 것일 뿐, 부력의 법칙을 발견한 아르키메데스야말로 진정한 지혜를 발휘한 장본인이라는 것을 알 수 있다. '예부터 있던 것에 대해서는 지나친 자랑을 삼가고, 예부터 없던 것에 대해서는 꼼꼼히 반성해야 한다.古已有之, 不必過分自豪. 古來無之, 却須仔細反思.' 라는 중국의 고사처럼, 우리는 겸손한 자세로 자신의 약점을 반성해야 한다.

▲ 1983년 그리스에서 발행된 아르키메데스 우표

아르키메데스의 지혜는 실로 감탄을 자아낼 만하며 그가 부력의 법칙을 발견하게 된 일화 역시 오래도록 회자되고 있다.

기원전 3세기 이탈리아 시칠리아섬에는 시라쿠사라는 왕국이 있었다. 국왕 히에론은 장인에게 순금으로 왕관을 만들라고 명령했다. 왕관이 완성된 후 이를 받아 든 왕은 왕관이 순금으로 제작되었는지 아니면 장인이 금을 빼돌리고 다른 금속을 첨가했는지 의구심이 들었다. 그러나 스스로 문제를 해결할 수 없어 아르키메데스를 불러들여 해결방법을 찾으라고 명령했다.

왕관이 순금으로 제작되었는지를 판단하기란 여간 어려운 일이 아니었다. 아르키메데스는 머리를 이리 굴리고 저리 굴리며 골똘히 생각해봤지만 뾰족한 수가 떠오르지 않았다. 그러던 어느 날 저녁, 욕조에 물을 받아 목욕할 준비를 할 때였다. 욕조에 몸을 담그자 물이 넘치는 게 아닌가! 그 순간 그는 불현듯 문제를 해결할 수 있는 방법을 깨달았다.

▲ 아르키메데스 조각상

그 후 아르키메데스는 물이 가득 담긴 그릇에 왕관을 집어넣고 넘쳐 나온 물을 컵에 모았다. 그러고는 왕관과 같은 무게의 순금덩이와 왕관과 무게는 같지만 다른 금속이 첨가된 금덩이를 각각 물이 가득한 그릇에 넣어 넘친 물을 모았다.

이를 비교한 결과 아르키메데스는 다른 금속이 첨가된 금덩이와 왕관을 물에 넣었을 때 넘쳐 나온 물의 양이 같은 반면 순금덩이를 넣었을 때 넘친 물의 양이 앞의 두 경우보다 적다는 사실을 발견했다. 이 실험을 통해 그는 왕관에 다른 금속이 혼합되었음을 알아냈다.

아르키메데스는 자신의 위대한 발견을 왕관감정에 사용하는 데 그치지 않고 이를 한 단계 더 발전시켜 '부력의 법칙'을 알아냈다.

‘부력의 법칙’이란 유체 속에서 물체가 받는 부력의 크기가 물체가 내보내는 즉, 유체가 받는 중력의 크기와 같다는 것이다.

　‘부력의 법칙’에 따르면 물속에 넣은 물체가 넘쳐 나온 물보다 무거울 경우 물에 가라앉게 되는데 이는 물체의 중량이 부력보다 크기 때문이다. 반대로 넘쳐 나온 물이 물체보다 무거우면 이 물체는 물에 뜬다.

　현재 대부분의 선박들이 철강으로 제작되고 있는데 물보다 훨씬 무거운 철강을 물에 뜰 수 있도록 만든 것도 사실은 부력의 법칙을 응용한 덕분이다. 선박의 내부를 움푹 파내 선체를 물보다 가볍게 만들기 때문에 철강으로 만든 선박이 바다를 항해할 수 있는 것이다. 하지만 사람들은 뒤늦게야 이러한 원리를 깨닫게 되었다. 나폴레옹시대에 어떤 사람이 나폴레옹에게 금속을 이용해 배를 만들자고 건의했지만 안타깝게도 그의 의견은 받아들여지지 않았다. 만약 그의 의견이 받아들여졌다면 프랑스 제1제국의 군함은 영국을 대신해 해상에서의 패권을 장악했을 것이고, 나폴레옹 역시 그렇게 일찍 역사의 무대에서 퇴장하지 않았을 것이다.

평가

부력의 법칙은 유체 정역학의 가장 기초적인 원리이다.

▶ 알렉산더 성에서 기하학을 연구 중인 아르키메데스와 유클리드(Euclid)

▲ 1942년 이탈리아에서
발행된 우표, '갈릴레
이의 일생'

물리학의 진정한 시작
자유낙하법칙

갈릴레이는 그 어떠한 어려움에도 아랑곳하지 않고 기존의 학
설을 뒤집어 새로운 학설을 만들어내는 위인이다.

엥겔스(Friedrich Engels)

물체의 자유낙하는 비단 갈릴레이나 뉴턴(Sir Isaac Newton) 등과
같은 근대과학의 거장들뿐 아니라 2천 년 전 고대 그리스철학자들
도 주목했던 문제이다.

아리스토텔레스(Aristoteles, BC 384~BC 322)는 공중으로 던진 물
체의 운동에 대해 흥미로
운 해석을 내놓았다. 그는
공중으로 던진 물체의 질
량이 클수록 본래의 위치
로 돌아오려는 경향이 강
하기 때문에 낙하속도 또
한 빨라진다며 물체의 낙
하속도와 질량이 정비례한
다고 보았다. 깃털과 돌멩
이를 비교했을 때 무게가
훨씬 가벼운 깃털이 돌멩
이보다 낙하속도가 현저히

발견시기
1609년

발견자

갈릴레오 갈릴레이
(Galileo Galilei, 1564~1642)
르네상스 후기의 위대한 이탈리아
천문학자이자 역학자, 철학자, 물리
학자, 수학자, 과학자로 근대 실험물
리학의 개척자이기도 하다. 진리를
위해 지칠 줄 모르는 열정을 쏟아 부
었던 그는 '근대과학의 아버지'라고
불린다.

◀ 갈릴레이가 발명한 비례컴퍼스

▲ 갈릴레이와 피사의 사탑 –
1991년, 도미니카공화국이 발행함

느렸던 점을 감안하면 그의 해석은 나름 논리적으로 보였다.

아리스토텔레스의 권위에 힘입어 그의 여러 사상들은 금과옥조金科玉條(금이나 옥처럼 귀중히 여기는 법칙이나 규정-역주)나 다름없었다. 당시엔 학생의 의문을 일축시키는 데 단 한마디면 충분했다. 바로 "이는 아리스토텔레스가 말한 것이다."라는 말이었다. 따라서 그가 내놓은 운동론은 실험을 거치지 않고도 '가장 합리적인' 해석으로 받아들여졌다.

게다가 아리스토텔레스의 운동론은 사변성과 신비성을 가지고 있어 그의 학파에 의해 계승, 전파되었고 종교계의 관심을 불러일으키기에 이르렀다. 종교 옹호론자들은 사람들을 우롱하고 그들의 사상을 지배할 목적으로 일부러 아리스토텔레스의 학설 중 합리적이고 긍정적인 요소를 왜곡, 은폐하여 종교를 퍼뜨리는 수단으로 사용했고, 이에 종교적인 신성함까지 부여했다. 이렇게 아리스토텔레스의 운동론은 가장 권위적인 이론이 되어 2천여 년 동안 인간의 사상을 지배했다.

그러나 피사에서 태어난 이탈리아의 물리학자 갈릴레오 갈릴레이가 1590년 피사의 사탑 위에서 자유낙하실험을 하면서 아리스토텔레스가 주장한 운동론의 오류를 밝혀냈다. 갈릴레이는 무게가 각기 다른 두 개의 쇠공을 같은 높이에서 떨어뜨렸는데, 두 개의 쇠공이 동시에 땅에 떨어졌던 것이다.

갈릴레이는 아리스토텔레스의 주장을 뒤엎고 물체의 낙하에 숨겨진 비밀을 파헤쳐 물체의 낙하속도와 시간의 관계를 연구했다. 그는 먼저 '물체의 낙하속도는 물체의 밀도와 공기의 밀도 차에 정비례한다'는 가설을 세웠다. 그러나 이 가설은 실험결과 앞에 금방 무너져 버렸다. 공기의 저항이 물체의 낙하에 미치는 영향이 너무 컸기 때문이다. 뒤이어 갈릴레이는 다시 '물체를 진공상태에 두면 물체의 무게나 밀도와 상관없이 모두 똑같은 속도로 낙하한다'는 가설을 세웠다.

평가

자유낙하법칙의 발견은 물리학 역사뿐 아니라 전 과학역사에도 매우 중요한 의미를 지니고 있다. 갈릴레이는 2천 년 가까이 유럽사회에 지배적이었던 아리스토텔레스 학설의 오류를 바로잡고 현대과학의 문을 열었다. 하지만 이보다 더 중요한 것은 그의 발견이 물리학의 발전을 이끌어 훗날 뉴턴이 만유인력의 법칙과 세 가지 운동법칙을 발견하는 데 기반을 마련해 줌으로써 물리학을 독립적인 하나의 학문으로 정립시켰다는 사실이다.

이 가설을 바탕으로 수학적으로 계산한 결과 1609년경에 드디어 낙하속도와 낙하시간이 정비례관계에 있다는 물체의 자유낙하법칙을 도출해 냈다.

(주의: 여기서 말하는 자유낙하란 물체가 진공상태에서 낙하하는 것을 말함)

◀ 산 마르코 광장(Piazza San Marco)에서 세계최초로 천체 망원경을 선보이고 있는 갈릴레이

▲ 경사면실험을 하고 있는 갈릴레이. 이 실험을 통해 갈릴레이는 '관성의 법칙'이라는 중요한 원리를 발견했다.

운동과 힘의 관계 구분

관성의 원리

당신이 진리를 공격하려 하면 할수록 진리를 보충하고 증명해주는 셈이 된다. 이것이 바로 진리가 가진 힘이다.

갈릴레이

발견시기
1590년대 말

발견자

갈릴레이

버스를 타면 사람들은 누구나 버스기사가 행여 급브레이크를 밟지는 않을까 걱정한다. 차가 빠르게 달리고 있는 중이라면 급정거에 대한 두려움은 더욱 클 수밖에 없다. 달리던 버스가 갑자기 멈추면 차에 타고 있던 사람들은 마치 무엇인가에 떠밀리기라도 하듯 앞쪽으로 몸이 쏠리는데 이때 손잡이를 제대로 잡고 있지 않으면 다쳐서 피를 보기 십상이다. 이러한 현상이 일어나는 이유는 우리가 흔히 말하는 '관성' 때문이다.

갈릴레이가 발견한 관성은 물체가 가진 본성 중 하나로 물체에 가해지는 외부의 힘이 0일 때 정지 상태나 등속직선운동 상태를 그대로 유지하려는 성질을 말한다.

관성의 원리는 물체가 등속직선운동을 할 때 외부의 힘을 필요로 하지 않는다는 중요한 사실을 말하고 있다. 이는 역학에 대한 새롭고도 혁신적인 이해로 운동과 힘의 개념을 구분 지었다.

갈릴레이가 관성의 원리를 발견하기 전까지 사람들은 대부분 '모든 물체는 정지 상태를 유지하거나 본연의 자리로 돌아가려는 성질을 가지고 있으며 운동하는 모든 사물엔 반드시 추진력이 있다'는 아리스토텔레스의 관점을 믿었다. 즉, 아리스토텔레스는 물체가 정지 상태를 유지하려면 물체에 지속적으로 작용하는 힘이 있어야 한다고 생각했다.

▲ 망원경을 설치하고 있는 갈릴레이

아리스토텔레스의 관점은 2천여 년 동안 《성경》과도 같이 받들어졌다. 16세기 말 갈릴레이가 출현하기까지 아리스토텔레스의 관점을 의심하는 사람은 아무도 없었다.

1590년대 갈릴레이는 실험을 하다가 새로운 사실을 발견했다. 매끄러운 경사면을 따라 작은 구슬을 굴렸을 때, 경사면의 경사각이 클수록 수평면에서의 운동거리가 더 길게 나타났던 것이다. 그는 이 현상을 근거로 저항력이 없는 수평면에서 물체는 본래의 속도를 유지하며 운동을 지속한다는 가설을 세웠고, 그 결과 '매끄러운 수평면에서 속도를 내며 운동하는 물체는 그 속도를 가감할 외부 요소가 없는 한 계속해서 그 속도를 유지하게 된다'는 결론을 얻었다.

이렇듯 갈릴레이가 제시한 관점은 아리스토텔레스의 관점과는 본질적인 차이가 있었다. 갈릴레이는 '운동하는 모든 물체는 반드시 추진력을 가진다'는 아리스토텔레스의 학설을 뒤엎고 처음으로 운동과 힘의 개념을 구분 지었으며 외부 힘과 운동의 변화를 연관 짓기도 했다.

갈릴레이는 관성이라는 새로운 개념을 제시했고, 이 개념은 물체 운동의 성질에 대한 사람들의 인식을 완전히 바꿔 놓았다.

그 후 뉴턴은 갈릴레이의 실험을 분석하여 운동물체가 받는 저항력이 작을수록 물체의 운동속도는 느려지고 운동시간은 길어진다는 사실을 발견했다. 뉴턴은 여기서 한걸음 더 나아가 수평면이 완전히 매끄러워 물체가 받는 저항력이 0이라면 물체의 속도는 절대 줄어

평가

갈릴레이가 발견한 관성의 원리는 역학역사상 새로운 개념으로 관성이 물체운동의 성질 중 하나이며 운동과 힘은 각기 다른 개념임을 밝혔다.

들지 않고 일정한 속도로 운동을 지속하게 된다는 사실을 유추해 냈다. 결국 그는 '모든 물체는 외부의 힘이 가해져 운동 상태를 변화시키기 전까진 등속직선운동 또는 정지 상태를 유지한다'고 결론 내렸다. 이것이 바로 '관성의 법칙'이라고도 불리는 뉴턴의 제1운동법칙이다.

▶ 갈릴레이의 학설은 종교계와 갈등을 빚었다. 교황 우르바노 8세(Urbanus VIII)는 갈릴레이가 이단의 죄를 지었다고 판단했다. 그림은 법정에서 자신을 변호하고 있는 갈릴레이의 모습이다.

▲ 아르키메데스는 병사들에게 오목거울로 태양광을 반사시켜 적의 군함을 불태우라고 명했는데, 이는 빛의 반사법칙을 이용한 것이었다.

빛의 반사법칙
발견시기
기원전 3세기

발견자

유클리드

빛의 굴절
발견시기
16세기 말~17세기 초

발견자

스넬

기하광학의 기초
빛의 반사와 굴절법칙

큰 거울을 높이 매달고, 그 아래에 수반水盤 (사기나 쇠붙이로 만든, 바닥이 편평하고 운두가 낮은 그릇-역주)을 두면 사방이 보인다.

《회남만필술淮南萬畢術》

빛은 중요한 자연현상의 하나로 인간의 삶과 매우 밀접한 관계를 가지고 있다. 동서양을 막론하고 인간은 일찍이 2,000여 년 전부터 광학에 대한 연구를 시작했다. 광학은 천문학, 기하학, 역학 등과 함께 일찍부터 꽃을 피우기 시작한 학문이다. 광학이라는 분야가 진정한 과학으로 거듭난 것은 빛의 반사와 굴절에 대한 법칙을 정립하고서였다. 이 두 법칙은 기하광학의 발전에 기반을 다져주었다.

춘추전국시대의 《묵경墨經》은 세계 최초의 광학관련 저서이다. 《묵경》은 빛의 직선전파와 평면거울, 오목거울의 반사로 인한 결상結像에 대해 비교적 체계적으로 이야기하고 있으며, 세계최초로 바늘구멍을 통과하여 맺힌 상에 대한 연구내용을 담고 있다.

▲ 스넬(W.Snell, 1591년~1626년), 네덜란드 레이덴(Leiden) 출신의 수학자 겸 물리학자이다. 레이덴 대학에서 수학교수를 지냈으며 최초로 빛의 굴절법칙을 발견해 기하광학의 정확한 계산을 가능케 했다.

중국은 일찍부터 빛의 반사현상을 관찰해내 평면거울을 만들었을 뿐 아니라 세계최초의 잠망경도 만들어 냈다. 기원전 2세기 중국의 《회남만필술》은 '큰 거울을 높이 매달고, 그 아래 수반을 두면 사방이 보인다取大鏡高懸, 置水盤於其下, 則見四隣矣'고 기록하고 있다. 평면거울뿐 아니라 오목거울의 반사작용을 응용하는 데에도 일가견이 있던 중국은 춘추전국시기 '양수陽燧'라고 불리는 오목거울을 이용해 불씨를 얻었다.

중국은 빛의 굴절현상에 대해서도 풍부한 지식을 축적했다. 약 1,000년경 고대 중국인들은 얼음의 양면을 둥글게 깎아 지금의 볼록렌즈 형태를 만들었고, 이를 이용해 햇빛을 모아 불을 피웠다. 이처럼 중국은 많은 광학관련 지식을 가지고 있었다. 하지만 빛을 이용하는 과정에서 나타난 일부 현상을 기술했을 뿐, 이를 이론화하지는 못했다.

빛의 반사현상에 대한 정량화 연구를 가장 먼저 시작한 사람은 고대 그리스의 철학자 유클리드였다. 기원전 3세기경 그는 《광학(Optics)》이라는 책을 통해 빛의 반사법칙을 설명하고, 입사선과 거울이 형성하는 각 A가 반사선과 거울이 형성하는 각 B와 같다고 지적했는데, 이는 현재의 '입사각 C=반사각 D'라는 공식과 유사하다.

이뿐만 아니라 유클리드는 평면거울 대신 빛의 조사照射점이 되는 절단면을 이용해 볼록거울과 오목거울에서의 광선 반사법칙을 증명하기도 했다. 반사법칙은 인간이 광학분야에서 발견한 정량화된 첫 번째 법칙이다. 훗날 아라비아인 알하젠(Alhazen)은 반사법칙을 보강하여 법선(Normal)이라는 개념을 제시하는 한편 입사선, 법선, 반사선은 모두 한 평면에 있다고 지적했는데, 이는 현대기하학에서 말하는 빛의 반사법칙과 유사하다.

고대 그리스의 또 다른 과학자 아르키메데스 역시 평면거울과 구면거울의 반사현상에 대해 연구한 바 있다. 그는 빛을 하나로 모으는 구면오목거울의 성질

을 이용해 불을 일으키기도 했다. 전하는 이야기에 따르면, 아르키
메데스는 오목거울을 이용해 태양광을 반사시켜 적의 군함을 불태
웠다고 한다.

한편 최초로 빛의 굴절현상에 대해 정량적인 해석을 내놓은 사람
은 고대 그리스 과학자 프톨레마이오스(Klaudios Ptolemaeos)였다.
서기 2세기 그는 굴절에 관한 실험을 했다. 측량 당시의 오차가 비
교적 큰 탓에 굴절각과 입사각이 정비례한다는 잘못된 결과를 얻기
는 했지만 어쨌든 그는 실험을 통해 굴절각과 입사각의 관계를 측정
한 최초의 인물이었다.

그리고 르네상스 이후 천문학자 케플러(Johannes Kepler)가 굴절
현상에 대해 보다 심층적으로 연구하기 시작했다. 그는 입사각 i가
30°보다 작으면 굴절각 y가 입사각에 비례하여 프톨레마이오스의
정비례법칙이 성립되지만, 입사각이 그보다 클 경우 프톨레마이오
스의 정비례법칙은 성립하지 않는다고 보았다. 케플러는 계산을 통
해 유리의 굴절각이 42°를 넘지 않는다는 결과를 얻었으며 가시광
선의 가역성을 토대로 전반사라는 중요한 결론을 도출해내기도 했
다.

▲ 알하젠(Alhazen, 965~약
1040)

하지만 굴절현상을 명확하게 정리한 사람은 케플러가 아닌 네덜
란드 수학자 스넬(W.Snell)이었다. 스넬은 임의의 입사각과 굴절각
의 관계를 'DC/DF=(AD/sini)/(AD/sin y)=csci/csc y=상수'라고 정리
했는데 여기서 상수가 바로 물질의 굴절률이다.

다만 안타까운 점은 스넬이 실측을 통해 법칙을 정립하고도 생전
에 이를 대외적으로 발표하지 않았다는 사실이다. 1626년 사람들이
그의 유작에서 빛의 굴절이론을 발견했을 때, 그는 이미 세상을 떠
난 지 오래였다. 그리고 1637년, 프랑스 수학자 데카르트(Rene
Descartes)가 수학의 사인함수형식을 빌어 굴절법칙을 설명했다.

때문에 사람들은 현재 빛의 굴절법칙을 물리학적으로 설명한 최
초의 인물이 케플러라면, 수학 공식을 이용해 이를 표현한 인물은
데카르트라고 알고 있다.

기하광학의 기초인 굴절법칙과 반사법칙은 빛의 전파법칙을 이론
적으로 설명했을 뿐 아니라 광학기술의 발전과 광학제품 설계를 위
한 기반을 다져주었다.

평가

굴절법칙과 반사법칙은 기하광학의
기초이다. 이 발견들을 통해 광학은
하나의 독립적인 학문이 되었다.

발견시기
1644년

발견자

토리첼리(Evangelista Torricelli, 1608년~1647년)
이탈리아의 물리학자이자 수학자이다.

▼ 대기압실험을 하고 있는 토리첼리

양수기가 이끌어낸 중대 발견
대기압

'자연은 진공을 두려워한다' 는 말은 비과학적이다.

토리첼리

　고대의 사람들은 일찍부터 펌프식 양수기를 이용해 물을 퍼 올리는 방법을 터득했다. 그러나 양수기가 물을 끌어올리는 원리에 대해 사람들은 줄곧 '자연이 진공을 두려워하기 때문' 이라고 생각해 왔다. 다시 말해서 펌프질로 양수기 속의 피스톤이 움직이면 그에 따른 공간이 생기게 되는데 이때 물이 본래 피스톤이 차지하고 있던 공간을 채워 진공이 형성되는 것을 막기 때문에 물을 끌어올릴 수 있다고 보았다. 따라서 17세기 이전의 사람들은 자연계에 진공이 존재하지 않는다고 믿었고, 이러한 생각은 1640년이 되어서야 조금씩 바뀌기 시작했다.

　그 해에 도무지 이해할 수 없는 일이 일어났기 때문이었다. 이탈리아 피렌체 외각지역에 위치한 광정鑛井(광산의 구덩이-역주)의 물을 끌어올리기 위해 기술자들이 광정용 양수기를 제작했는데 물이 10미터 정도까지만 올라오고 더 이상 올라오지 않았던 것이다. '자연은 진공을 두려워한다' 는 논리에 따르면 물은 10미터가 아니라 무한대로 올라와야 했다.

　젊은 토리첼리는 이미 팔순이 다 된 스승 갈릴레이에게 이 문제에 대한 자문을 구했다. 갈릴레이는 관련 문제를 자세히 연구할 여력은 없었지만 물이 10미터까지 올라올 수 있다고 해서 다른 액체도 그만큼 올라오리란 법은 없다고 지적했다. 따지고 보면 별 것 아니었지만 토리첼리는 스승의 말 속에 숨겨진 현묘한 이치를 깨달았다.

　1642년, 토리첼리는 물 대신 수은을 이용

▲ 마그데부르크의 반구실험 장면

해 실험을 하기로 마음먹었다. 그는 먼저 유리관에 수은을 채워 한 쪽을 막은 뒤, 막지 않은 쪽에 수은을 넣어 또 다른 용기에 꽂았다. 그 결과 유리관의 길이나 유리관의 기울기에 상관없이 관내 수은주 의 높이가 항상 76센티미터에 머문다는 사실을 발견했다. 이것이 바 로 그 유명한 '토리첼리의 실험'이며, 훗날 이 실험에 사용된 유리 관에는 '토리첼리의 관'이라는 이름이 붙었다. 그러나 무엇보다도 토리첼리를 흥분시킨 것은 수은주의 높이가 항상 76센티미터에 머 문다는 사실이 아니라 유리관 윗부분에 진공이 생겼다는 점이었다. 토리첼리는 이 실험을 통해 세계 최초로 인공의 진공상태를 만들어 냈고, 이는 훗날 '토리첼리의 진공'이라 불려졌다.

'진공'의 발견은 자연계엔 진공이 존재하지 않는다는 기존의 논 조를 뒤집어 엎어 '자연이 진공을 두려워한다'는 말이 비과학적임 을 증명해냈다. 1644년, 토리첼리는 보다 심층적인 실험을 통해 대 기압의 존재를 명확히 했으며, 대기압이 정확히 수은주 76센티미터 를 올릴 수 있는 힘을 가지고 있다는 사실을 밝혔다.

토리첼리의 실험 소식은 프랑스에까지 전해졌고, 파스칼 등의 과 학자들 사이에서 대기압 연구 붐을 일으켰다. 파스칼은 대기압에 의

평가

대기압의 발견은 유체물리학의 중 대발견임은 물론 인간의 인식을 바 꿔 놓은 중요한 첫걸음이기도 하다. 대기압의 발견으로 사람들은 자신 이 공기 혹은 해양의 저층에서 생 활하면서 엄청난 '압력'을 받고 있 다는 사실을 알게 되었다. 그 후 사 람들은 대기압의 원리를 토대로 새 로운 발명품을 선보였으며, 기압계 를 이용해 일기예보를 하기도 했다.

해 수은주가 지탱되고 있는 거라면 해발이 높은 곳에서는 수은주가 낮게 나타나야 한다는 점에 주목했다. 그리고 1648년, 그의 친구가 파스칼의 추론이 정확함을 증명해내면서 유럽인들은 대기압의 존재를 받아들이기 시작했다.

1654년, 독일 마그데부르크의 시장이자 학자였던 오토 폰 게리케(Otto von Guericke)는 많은 사람들이 여전히 대기압의 존재를 믿지 않는다는 말을 듣고 마그데부르크광장에서 '마그데부르크의 반구半球'라는 유명한 실험을 실시했다. 게리케는 지름이 약 35센티미터인 구리 반구 두 개를 꼭 맞추고, 내부의 공기를 빼내어 두 반구가 대기압에 의해 단단히 밀착되도록 만들었다. 그리고는 두 반구에 달아놓은 손잡이에 각각 줄을 연결한 뒤 총 16필의 말을 동원해 양쪽으로 잡아당겼다. 하지만 끝내 두 반구를 떼어놓지 못했다. 그는 이렇게 대기압의 놀라운 힘을 입증하며 대기압의 존재에 대한 사람들의 의심을 불식시켰다.

이뿐만 아니라 장기간 대기압을 관찰하여 수주의 높이변화가 대기와 관련이 있다는 사실을 발견했으며, 1660년에는 기압의 급강하를 토대로 정확하게 폭풍을 예보하기도 했다.

▶ 토리첼리의 실험 시범기구

유체역학의 긴 침묵을 깨다
파스칼의 원리

세계의 광활함보다도 경이로운 것은 이 세계를 측량하는 인간
이다.

파스칼

발견시기
1653년

발견자

블레즈 파스칼
(Blaise Pascal, 1623년~1662년)
프랑스의 저명한 수학자이자 물리학
자, 철학자, 산문가이다. 1653년에
그 유명한 '파스칼의 원리'를 정립
하며 물리학분야에 뛰어난 업적을
남겼다.

고대 그리스의 아르키메데스는 부력의 물리학적 법칙과 부체의
안정성 등의 내용을 포함한 액체평형이론을 정립하여 유체정역학의
기반을 마련했다. 그러나 아르키메데스 이후 유체역학은 15세기 다
빈치(Leonardo da Vinci)가 자신의 저서에 파도, 관류, 수력기계, 새
의 비행원리 등의 문제를 언급하면서 유체역학을 재조명하기까지
약 천여 년 동안 마치 바다에 가라앉은 돌처럼 별다른 발전을 이루
지 못했다. 유체정역학의 발전에 날개를 달아준 인물은 다름 아닌
파스칼이었다. 그가 발견한 '파스칼의 원리'는 유체정역학의 긴긴
침묵을 깨주었다.

1647년, 파스칼은 토리첼리의 대기압이론을 근거로 '자연은 진공
을 싫어한다'는 기존의 생각을 뒤엎기 위해 여러 가지 실험을 진행
했는데, 그의 실험은 대성공을 거두며 파리 전역에 센세이션을 일으
켰다. 그의 실험은 사람들이 대기압을 인식하고 받아들이는 데 좋은
예시가 되었다.

평가

유압기와 수압기는 파스칼의 원리
로 만든 장치이다. 유체물리학 분
야에서 기념비적인 의미를 가지고
있는 파스칼의 원리는 유체역학의
발전뿐 아니라 전산유체역학의 발
전을 촉진시키고 더 나아가 항공
및 항해사업과 현대공업의 발전을
이끌었다.

1648년, 대기압을 측정하는 과정에서 파스칼은 동일 지역이라도
높이가 다를 경우 해발고도가 낮아짐에 따라 대기압이 높아진다는
사실을 발견했다. 그는 일련의 정량화실험, 특히 공기 대신 물을 이
용한 실험을 통해 액체 내 모처에 가해지는 압력이 액체 표면의 높
이와 정비례한다는 결론을 도출해냈다.

파스칼은 여러 실험 결과를 총 정리하여 1653년에 〈유체의 평형〉
이라는 논문을 발표했는데, 그는 이 논문을 통해 처음으로 파스칼의
원리를 설명했다. 한편 압력이란 개념에 대해 단위 면적당 압력은
작용압력에서 힘을 받는 면적을 뺀 값과 같다는 정의를 내렸다.

이 이론에 따르면 수력 시스템 중 한 피스톤에 일정한 압력을 가
할 경우 또 다른 피스톤에도 그 만큼의 압력이 증가하게 된다. 만약
두 번째 피스톤의 면적이 첫 번째 피스톤의 면적의 열배라면 두 번

째 피스톤에 작용하는 힘은 첫 번째 피스톤의 열배로 증가하지만 두 피스톤의 단위 면적당 압력은 동일하다.

파스칼은 사람들에게 이러한 자신의 관점을 관철시키기 위해 대중들 앞에서 생생한 실험을 선보였다. 그는 물이 가득 담긴 대형 나무통을 밀봉시키고 덮개 부분에 작은 구멍을 뚫어 얇고 긴 관을 연결한 뒤 물 컵을 집어 들었다. 그리곤 사람들이 지켜보는 가운데 물을 관에다 붓기 시작했다. 그러자 수면이 급격히 상승하면서 나무통 내부의 압력이 급증했고, 이를 이기지 못한 나무통이 갈라지면서 급기야 물이 터져 나왔다. 이 실험은 관중들의 지대한 관심을 받았을 뿐 아니라 사람들이 액체 압력의 위력을 믿고 파스칼의 원리를 받아들이는 계기가 되었다.

파스칼의 원리가 알려진 후 사람들은 이를 여러 분야에 광범위하게 응용하기 시작했다. 일례로 이 원리를 토대로 만들어진 각양각색의 유압기와 수압기는 인간에게 무수한 기적을 만들어 주었다.

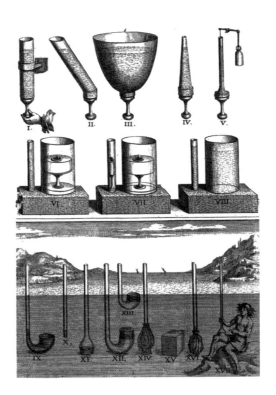

▶ 파스칼의 실험장치

'빛의 입자설'의 발단
스펙트럼

구름이 엷으면 햇빛이 새어나오고, 햇빛이 빗방울을 비추면 무지개가 뜬다.*

당나라 초기, 공영달(孔穎達)

▲ 스펙트럼 실험을 하고 있는 뉴턴

발견시기
1666년

발견자
뉴턴

망원경으로 밤하늘에 떠 있는 별을 관찰해 본 적이 있는가? 이러한 경험이 있는 사람이라면 분명 별 주변을 떠돌며 별이 밝을수록 더욱 눈부신 빛을 내는 일곱 빛깔의 고리를 발견한 적이 있을 것이다. 그리고 이 빛의 고리를 발견한 사람이라면 어떻게 이러한 빛의 고리가 생기는지 한 번쯤 의문을 가지지 않았을까? 무지개를 보면 무지개가 어떻게 생기는지 궁금해지듯 말이다.

뉴턴이 살던 시대에도 많은 천문학자들이 별의 일곱 빛깔 고리라는 흥미로운 현상에 관심을 가졌다. 그러나 그들은 이를 단순히 렌즈의 문제로 인한 현상이라고만 생각했다.

사실 이는 지극히 예사로운 문제였지만 여러 천문학자들의 주목을 받았고, 뉴턴 역시 빛의 고리에 주목한 사람 중 하나였다. 다만 그가 다른 천문학자들과 다른 점이 있다면 교회에서 샹들리에가 흔들리는 모습을 보고 호기심을 가졌던 갈릴레이와 마찬가지로 단순한 호기심에서 출발해 빛의 고리가 빛과 연관이 있다는 사실을 알아냈다는 것이다. 이뿐만 아니라 그는 망원경 렌즈의 두께가 가운데 부분은 두껍고 바깥 부분은 얇아서 측면에서 보면 마치 삼각형의 꼭짓점처럼 날카롭게 보인다는 사실을 발견했다. 바로 이 삼각형에 문제의 비밀이 숨어 있다고 생각한 뉴턴은 프리즘을 만들어 실험을 했다. 그가 프리즘에 햇빛을 비추는 순간, 기적이 일어났다. 원래는 무색이었던 빛이 프리즘을 통과하자 화려한 색깔을 나타냈던 것이다. 뉴턴은 프리즘을 통과한 빛을 벽에 비추어 보았고 거기서 빨간색, 주황색, 노란색, 초록색, 파란색, 남색, 보라색으로 구성된 띠를 발견했다. 이러한 현상을 보고 조금은 무섭다고 생각한 뉴턴은 이를 '스펙트럼(Spectrum)'이라 이름 지었다. '스펙트럼'은 '유령'이라는

▲ 천왕성을 발견한 허셜 (Friedrich William Herschel)은 뉴턴의 스펙트럼 실험을 되풀이했다.

---

* 若雲薄漏日, 日照雨滴則生虹

뜻의 '스펙터(Spectre)' 라는 라틴어에서 유래된 말이다.

뉴턴은 이 '유령' 이 프리즘 자체에 의해서가 아니라 본래 무색이었던 햇빛이 분화되면서 나타난 것이라는 사실을 단박에 알아차렸다. 그렇다면 유리와 같은 매개를 통과해 분화된 색깔, 예를 들어 파란빛과 빨간빛은 원래부터 다른 성질을 가지고 있는 것일까? 만약 정말 성질이 다르다면 그 차이점은 어디에 있을까? 뉴턴은 이러한 문제들을 곰곰이 생각하기 시작했고, 그 결과 햇빛 자체가 미립자로 구성되어 있다는 결론을 도출해냈다. 다시 말해서 여러 종류의 빛의 입자들이 모여 햇빛이 되고, 광원에서 방사되는 몇 가지 빛의 입자가 프리즘을 통과하면서 그 모습을 드러낸다는 것이었다. 이 때 빛이 여러 색깔을 띠는 이유는 빛을 구성하는 입자가 여러 가지 종류이기 때문이라고 뉴턴은 설명했다.

뉴턴은 이러한 가설이 얼마나 큰 의미를 가지는지 잘 알고 있었다. 지난 몇 천 년 간 빛의 진면목에 대해 완벽한 해석을 내놓은 사람이 없었기 때문이다. 명성이 자자했던 갈릴레이도 그 비밀을 밝혀낼 단서를 찾지 못했다. 그러나 뉴턴은 '빛의 입자' 라는 개념을 제시해 단번에 빛에 얽힌 수수께끼를 풀었다.

이를 기반으로 뉴턴은 '빛의 입자' 라는 가설을 세우고, 자신의 발견을 논문으로 엮어 발표했다. 당시 그의 나이는 겨우 스물다섯 살이었다. 뉴턴의 학설은 많은 사람들에게 인정받았고, 이 논문으로 그는 2년 후에 대학교수가 되었다.

▲ 뉴턴의 색상환
색상환을 회전시켜 보면 그 속도에 따라 각기 다른 색깔을 나타낸다.

평가

스펙트럼의 발견으로 사람들은 색깔에 대한 주관적이고 시각적인 해석에서 벗어나 객관적인 시각을 갖게 되었으며 이를 실험과 연계하여 진정한 과학으로 거듭나게 했다.

인간이 발견한 최초의 보존법칙
운동량보존법칙

어떠한 시스템이 외부의 힘을 받지 않거나 혹은 시스템이 받은 외부 힘의 합이 0일 때, 해당 시스템의 전체 운동량의 합은 변하지 않고 보존되는데 이것이 바로 운동량보존법칙이다.

발견시기
1666년

발견자

하위헌스(Christiaan Huygens, 1629년 4월 14일~1695년 7월 8일)
네덜란드의 물리학자이자 천문학자, 수학자로 타이탄(Titan, 토성의 위성 중 하나로 크기가 가장 크다-역주)을 발견했다. 오리온 성운(Orion nebula)과 토성의 고리를 발견한 장본인이기도 하며 추시계를 설계했다.

운동량보존법칙은 인간이 발견한 최초의 보존법칙이다

16세기에서 17세기까지 서유럽의 철학자들은 '우주 전체가 움직임을 멈추는 날이 오지 않을까?'라고 생각했다. 일상생활에서도 대부분의 물체들이 운동을 하다가도 결국엔 이를 멈추게 되기 때문이었다. 날아가던 포탄도 굴러가던 축구공도 열심히 움직이던 추시계도 모두 어김없이 움직임을 멈추고 정지하는 순간이 왔고, 이는 마치 물체의 공통된 특성과도 같아 보였다. 이러한 논리로 생각해 본다면 우주의 총 운동량은 점점 줄어들어야 마땅하고, 이러한 현상이 지속될 경우 우주도 앞으로 언젠간 우리 주변에서 흔히 볼 수 있는 기계들처럼 움직임을 멈춰야 했다. 그러나 수천, 수백 년 동안 우주가 움직임을 멈추려는 기미는 눈 씻고도 찾아볼 수 없었다. 그리하여 당시의 수많은 철학자들은 우주의 총 운동량은 줄어들지 않으며, 적당한 물리량을 찾아 운동을 측정할 수만 있다면 총 운동량이 보존된다고 생각했다. 여기서 적당한 물리량이란 바로 힘을 말한다.

최초로 물체의 운동량이라는 개념을 제시한 사람은 프랑스의 수학자겸 물리학자 데카르트였다. 데카르트는 이 개념을 이용해 운동보존현상을 설명했다. 하지만 그는 운동량을 스칼라(scalar, 방향을 가지고 있지 않고 크기만 가지고 있는 물리량을 뜻함-역주) 즉, 물체의 질량과 속도의 곱으로 간주했고, 이 때문에 운동보존현상에 대한 그의 해석은 모순되는 점이 많았다. 네덜란드의 물리학자 하위헌스는 충돌문제를 연구하다가 데카르트의 방식대로 계산하면 두 물체의 운동량의 합이 충돌 전후 반드시 보존되지는 않는다는 사실을 발견했다. 그 후 하위헌스는 보다 심층적인 연구를 진행해, 1666년 영국왕립학회에 보고서를 제출했다. 그는 이 보고서에서 힘을 질량과 가속도의 곱이라 정의하고 물체의 탄성충돌 시 나타나는 움직임의 변화와 보존문제를 완벽하게 분석해냈다.

▲ 하위헌스의 원고

훗날 뉴턴은 우리가 앞서 말한 '힘'을 '운동량'이라 이름 붙였다. 운동량보존법칙은 자연계에서 가장 중요한 법칙이자 가장 보편적이고 객관적인 법칙으로 거시적 물체에는 물론 미시적 물체와 저속운동물체 그리고 고속운동물체에도 적용되고 있다. 지금까지 자연계에 속한 물체사이의 상호작용에서 운동량보존법칙에 위배되는 현상이 발견된 적은 단 한 번도 없었다.

평가

운동량보존법칙은 자연계에서 가장 중요한 법칙이자 가장 보편적이고 객관적인 법칙이다.

전기학의 기본 법칙
옴의 법칙

먹구름과 먼지 뒤에 가려진 진리의 빛이 결국엔 어둠을 뚫고나
와 그들을 몰아낼 거란 걸 믿으십시오.

슈바이거(Johann Salomo Christoph Schweigger)

발견시기
1826년

발견자

게오르크 옴
(Georg Simon Ohm, 1787년~1854년)
독일의 물리학자이다. 옴의 법칙을
발견하여 영국 왕립학회가 수여하는
코프리메달을 받았다.

옴의 법칙 'I(전류)=V(전압)/R(전기저항)'은 전기학을 조금이라도
배워본 사람이라면 누구나 알고 있을 정도로 간단하고 기본적인 법
칙이다. 그런데 이렇게 간단하고 쉬워 보이는 법칙이 당시에 발견되
고 또 인정을 받게 되기까진 많은 우여곡절이 있었다.

18세기 말에서 19세기 초까지, 서양의 과학계는 전기학에 대한 연
구를 활발히 진행했다. 1799년, 볼타(Alessandro Giuseppe Antonio
Anastasio Volta)는 처음으로 지속적으로 전류를 생산할 수 있는 화
학전지를 선보이며 전기학의 발전을 촉진시켰다. 이로써 전기학에
대한 연구 역시 정전기 연구에서 동전기 응용으로 확대되었다. 그러
나 전기 자체의 법칙에 대한 연구는 큰 진전을 보지 못했다. 이러한
상황에서 옴의 법칙은 전기학 연구에 대한 당시 과학자들의 고민을
한방에 날려주었다.

▼ 자신이 발명한 전지를 선보이고
있는 이탈리아 물리학자 볼트

옴의 법칙이 발견되기 전까지 전기저항이라는
명확한 개념은 없었지만 과학자들은 이미 금속전
도율을 연구하고 있었다. 1821년, 슈바이거와 포
겐도르프(Johann Christoff Poggendorff)가 원시적
인 형태의 전류계를 발명했는데, 이 소식을 전해
들은 옴은 한껏 고무되었다. 정확하게 전류를 측
정하기 위해 그는 여가시간을 가공기술 공부에
할애했다. 기술자들에게 여러 가공기술을 배운
그는 연구에 필요한 전기학 기구와 설비를 제작
하기로 결심했다. 얼마 후, 그는 혼자 힘으로 전
류계를 만들어 냈고, 이는 훗날 그의 실험에 많은
편리를 제공해 주었다.

1825년, 실험결과를 토대로 하나의 공식을 도
출해낸 옴은 이를 논문으로 발표했다. 그러나 안

▲ 볼타전지

평가

옴의 법칙의 발견은 전기학 역사상 기념비적인 의미를 지니고 있다. 옴의 법칙은 전류의 세기와 전압, 전기저항 사이의 관계를 철저히 규명함으로써 후손들이 올바른 방향으로 접근해 전기회로를 연구할 수 있도록 이끌었으며 전기학의 심층적인 연구를 위한 진리의 문을 열어주었다.

타깝게도 이 공식은 잘못된 공식이었다. 이 공식으로 계산해낸 결과는 논문발표 이후 자신이 진행한 실험결과와도 불일치했다. 그는 문제의 심각성을 깨닫고 앞서 발표한 논문을 회수하려 했지만 이미 엎어진 물이었다. 성공에 급급해 경솔하게 행동한 옴은 적잖이 애를 먹었다. 과학계 역시 그가 전문가인 척하고 다닌다며 옴에 대한 반감을 드러냈다. 하지만 옴은 이에 굴하지 않고 전류가 전기회로의 안정적인 기본량임을 확인하여 이를 다음 연구대상으로 삼았다.

1826년, 옴은 온갖 스트레스와 비웃음을 무릅쓰고 실험을 지속해나갔다. 전압에 따른 전류의 변화를 측정하는 실험에서 그는 자신의 재주 많은 두 손과 타고난 지혜를 십분 발휘해 전류의 자기작용을 이용한 전류저울을 만들어 전류의 세기를 측정했다. 그는 먼저 단면은 같지만 길이가 다른 도체를 선택해 각 도체에 전기회로를 연결한 뒤 전류저울에 매달아 놓은 자침의 편향각을 관찰했다. 그런 다음 조건을 바꿔가며 실험을 반복했다. 이렇게 수차례의 실험을 거쳐 그는 결국 정확한 결과를 도출해냈다. 실험 데이터를 바탕으로 종합해 본다면 $x=a/(b+1)$라는 결과가 나오는데 여기서 x는 도선을 흐르는 전류의 크기로 전류의 세기와 정비례한다. 한편 A와 B는 전기회로의 매개변수이며, 1은 실험도선의 길이를 나타낸다. 이것이 바로 옴의 법칙의 표현식이다.

1827년 옴은 《갈바니회로(Die galvanische Kette mathematisch bearbeitet)》라는 책을 출판하여 이론적으로 옴의 법칙을 증명했다. 옴은 학술계가 자신의 관점을 받아들이고 대학 강의에 자신을 초청할 것이라고 생각했다. 그러나 그의 생각은 보기 좋게 빗나갔다. 책이 출판되자 그는 도리어 비난과 풍자의 대상이 되었다. 대학교수들은 중·고등학교 교사가 발표한 이 논문을 철저히 무시하며 공개

적으로 옴을 비난하기까지 했다. 이러한 결과에 옴은 무척이나 상심했다.

그러나 전기회로에 대한 연구가 진전을 보이면서 사람들은 점차 옴의 법칙의 중요성을 깨닫게 되었고, 이로써 옴의 명성 또한 날로 높아지게 되었다. 1841년, 영국왕립학회는 그에게 코프리상을 수여했고, 이듬해인 1842년엔 그를 국외회원으로 받아들였다. 그리고 1845년, 전기학에 대한 옴의 업적을 기념하기 위해 특별히 그의 이름을 따 전기저항의 단위를 '옴(Ω)'이라 이름 붙였다.

옴의 법칙의 발견은 전기학 역사상 기념비적인 의미를 가진다. 옴의 법칙은 전류의 세기와 전압, 전기저항 사이의 관계를 철저히 규명함으로써 전기학을 보다 심층적으로 연구할 수 있는 조건을 마련해 주었기 때문이다.

▲ 코프리메달

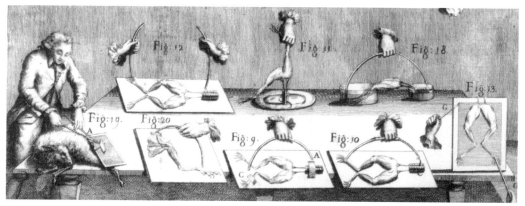

▲ 갈바니(Luigi Galvani)의 '동물전기' 실험은 마치 개구리의 다리에 '생체전류'가 있다는 사실을 설명하는 듯하다.

▲ 1820년 덴마크의 물리학자 외르스테드는 전류의 자기작용을 발견했다.

발견시기
1820년

발견자

앙드레마리 앙페르(André-Marie Ampère, 1775년~1836년)
프랑스의 물리학자로 전자기작용 분야에 뛰어난 연구 성과를 남겨 '전기학의 뉴턴'이라 불리며, 수학과 화학분야의 발전에도 기여했다.

전기학 역사의 빛나는 보배
앙페르의 법칙

앙페르의 법칙은 가장 훌륭한 과학적 성과이며, 앙페르는 '전기학의 뉴턴'이다.

맥스웰(James Clerk Maxwell)

　1820년은 과학발전 역사상 기념할 만한 해이다. 전기학에 관한 중대 발견들이 줄을 이었기 때문이다. 1820년은 전기학이 꽃을 피우며 전기학 연구 붐이 일어난 해로, '전기의 시대'로 접어드는 기반을 마련해 주었다고 할 수 있다. 그리고 덴마크 물리학자 외르스테드(Hans Christian Oersted)가 발견한 전류의 자기작용과 프랑스 과학자 앙페르가 발견한 앙페르의 법칙은 한 해 동안 나온 수많은 중대 발견들 중에서도 단연 으뜸가는 '꽃 중의 꽃'이다.

　덴마크의 물리학자 외르스테드가 전류의 자기작용을 발견한 날짜는 7월 21일이었다. 그의 이 중대 발견은 본래 각각 독립적인 개념이었던 전기와 자기를 연관성을 가진 하나로 묶어 주었다.

그리고 8월 프랑스의 물리학자 아라고(J. F. Arago)가 초청을 받아 제네바를 찾았다가 전류의 자기작용 실험을 지켜보게 되었다. 실험을 본 아고라는 크게 놀라지 않을 수 없었다. 그도 그럴 것이 당시 프랑스 과학계는 전기와 자기 사이에 아무런 관계가 없다는 쿨롱(Charles Augustin de Coulomb)의 생각을 오랫동안 믿어왔던 터였다. 아라고는 전류의 자기작용 실험이 엄청난 의미를 지니고 있음을 깨닫고 즉시 프랑스로 돌아가 국내의 동료들에게 이 실험을 알리겠노라고 결심했다. 파리로 돌아간 아라고는 곧장 외르스테드의 실험을 되풀이했다. 이렇게 확신을 가진 후, 그는

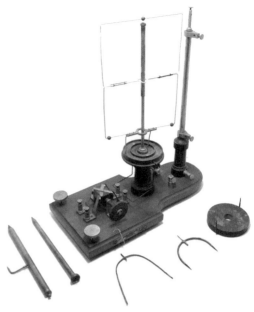

▲ 앙페르의 실험장치

9월 프랑스 과학아카데미에 보고서를 제출해 전류의 자기작용 현상을 상세히 소개했다. 그의 보고는 프랑스 과학아카데미에 큰 충격을 안겨주었다. 아라고의 보고를 들은 앙페르는 이튿날에 바로 외르스테드의 실험 재현에 나섰고, 실험실에 들어가 밤낮없이 연구에 몰두했다.

앙페르는 각기 다른 전원과 도선을 이용해 실험을 반복했다. 그는 도선을 여러 형태로 만들어 전류를 흘려보냈는데 그가 실험에 이용한 도선 중에는 사각형, 원형, 접이형, 나선형이 있었다. 이런저런 실험을 진행한 결과 앙페르는 한 달 사이에 연거푸 세 편의 논문을 발표했다. 그는 이 논문들을 통해 그의 생애에서 가장 위대한 발견 즉, 전류가 자침에만 작용하는 것이 아니라 전류와 전류 사이에도 상호작용을 한다는 사실을 알렸다. 전기가 흐르는 두 개의 평행한 도체가 있을 때 도체에 흐르는 전류의 방향이 같다면 이 두 도체는 서로를 끌어당기게 되고, 반대로 전류의 방향이 다르면 서로를 밀어낸다는 사실을 발견한 것이었다. 그는 이 발견을 기반으로 전류 간의 상호작용법칙인 앙페르의 법칙을 발견했고, 이와 더불어 전류자기장의 방향과 자기장이 전류에 작용하는 방향을 판단하는 오른나사의 법칙을 확립했다.

평가

앙페르의 법칙은 쿨롱의 법칙과 함께 자기작용 실험의 기본법칙으로 손꼽힌다. 앙페르의 법칙은 자기장의 성질을 규명하여 전류의 상호작용을 계산할 수 있는 길을 마련해 주었다.

앙페르는 이 기세를 몰아 '앙페르의 법칙'을 발표한 지 석 달도 안돼서 '분자전류'라는 가설을 제시했고, 물질의 자성이 형성되는 내부 원인을 성공적으로 해석하며 전기역학의 기본 틀을 구축했다. 그는 역학의 발전에 크게 공헌한 뉴턴과 어깨를 겨뤄도 손색이 없을 만큼의 성과를 거둬들이며 전기학 분야의 대가가 되었다. 영국의 물리학자 맥스웰은 이러한 그를 두고 '전기학의 뉴턴'이라고 불렀다.

'앙페르의 법칙'은 전류의 상호작용 계산법을 제시함으로써 쿨롱의 법칙과 함께 자기작용 실험의 기본 법칙 중 하나가 되었으며, 자기장의 성질을 규명하여 전기와 자기의 본질과 그 관계를 심층적으로 연구할 수 있는 문을 열어 주었다.

▶ 동료들에게 전류의 자기작용을 선보이고 있는 외르스테드

발견시기
1831년

발견자
패러데이
(Michael Faraday, 1791년~1867년)
영국의 물리학자이자 화학자로 독학
으로 성공한 유명 과학자이다. 전자
기장이론의 창시자이며 자기력선,
전기력선 등의 개념을 제시한 장본
인이기도 하다.

인간이 위대한 에너지를 만드는 방법
전자기유도

과학에 환상의 날개를 달아준다면 과학이 승리를 거둘 수 있다.
성공을 위해 필사적으로 노력하되 반드시 성공하리란 기대는
하지 말라.   패러데이

외르스테드가 전류의 자기 작용을 발견한 후부터 과학자들은 자
기장을 이용해 전류를 만들 수 있지 않을까 하는 그럴듯한 생각을
가지게 되었다. 전기와 자기의 호환성을 따져본다면 자기장 역시 전
류를 생산해 낼 수 있어야 마땅하고, 그래야 비로소 전자기학 이론
이 완벽해질 수 있다는 논리에서였다.

과학자들은 만약 자기장을 전기로 전환한다면 인간 사회의 발전
과정이 근본적인 변화 즉, '전기의 시대'를 맞이하게 될 것이라 내
다보았다. 과연 정답이었다. 이 과학의 원리를 발견한 사람은 바로
영국의 물리학자이자 화학자인 마이클 패러데이였다.

패러데이는 1791년 9월 3일 런던에서 태어났다. 아버지는 대장장

▲ 런던왕립과학연구소에서 전기학의 법칙을 선보이고 있는 패러데이

이이고, 어머니는 평범한 농가의 주부로 그의 가족들은 근근이 생활을 꾸려나갔다. 그러던 중 패러데이가 열한 살 때 아버지가 세상을 떠났고, 경제적 버팀목을 잃은 어머니는 별 수 없이 패러데이를 한 문구점의 견습생으로 들여보냈다. 어린 나이에 집안 살림을 책임지게 된 것이다!

그 시대에 학자가 되겠다는 뜻을 품은 사람들은 대부분 부잣집의 자제들이었고, 아무리 '독서와 글짓기, 계산'에 능통한 젊은이라 하더라도 가정 형편이 어려우면 대학에 갈 기회조차 가질 수 없었다.

겨우 열네 살의 나이에 서점에서 책 제본공으로 일하게 된 패러데이는 불행 중 다행으로 각종 서적들을 접할 수 있었다. 그는 보통 나이어린 견습공들과는 달리 작업장의 책들을 즐겨 읽었는데, 그 중에서도 특히 《브리태니커 백과사전(Encyclopaedia Britannica)》에 실린 전기에 관한 내용은 그를 완전히 매료시켰다. 그는 여가시간을 이용해 빈 병으로 전지를 만드는 등 여러 가지 실험을 하면서 학술연구원이 되겠다는 결심을 굳혔다. 집이 가난하다고 해서 그 꿈까지 가난할 필요는 없었다.

패러데이는 열심히 노력했고, 결국 그에 대한 보상을 받게 되었다. 어느 날 패러데이는 저명한 과학자 험프리 데이비(Humphry Davy)의 강연을 들으러 갔다. 강연 내용에 지대한 관심을 가지고 있던 패러데이는 데이비의 말 한마디 한마디를 모두 기록해 이를 책으로 제본했다. 1812년, 크리스마스이브 그는 자신이 직접 기록해 제본한 책과 함께 자기 추천서를 써서 데이비에게 보냈다. 그의 선물과 추천서를 받은 데이비는 패러데이의 세심함과 열정에 큰 감동을 받았다. 패러데이는 데이비의 도움으로 왕립 아카데미 실험실에 들어가 데이비의 조수가 되었다. 어쩌면 데이비가 역사적으로 남긴 최대의 공적은 패러데이라는 인재를 발굴한 것

인지도 모른다. 왕립아카데미 입성은 패러데이의 운명을 뒤바꿔 놓았다.

1820년, 외르스테드의 실험 얘기를 전해들은 패러데이는 자신이 그동안 배운 지식과 직감에 기대 전류가 자기장을 생산한다면 역으로도 생산이 가능하지 않겠냐고 생각했다. 다시 말해서 자석도 전류를 생산해 낼 수 있을 것이라는 생각이었다. 과학발전 역사상 문제에 대한 과학자의 직감은 언제나 중요한 역할을 했는데 이론물리학과 수학에서는 더욱 그러했다.

패러데이는 자신의 직감을 믿고 각종 실험을 진행했지만 결과는 번번이 실패로 돌아갔다. 하지만 끊임없는 실패 앞에서도 그의 신념은 확고했다. 도대체 어디에 문제가 있는 걸까? 패러데이는 고심하고 또 고심했다.

그리고 1831년 가을, 드디어 문제점을 발견했다. 그는 먼저 구리선을 쇠줄에 감고 선의 양 끝에 회로계를 연결한 뒤 자석을 코일

▲ 실험실에서 연구 중인 패러데이와 그의 조수

사이에 넣었다. 자석이 코일 속에 들어가는 순간 회로계가 미미하게 움직이기 시작했다. 이 작은 움직임에 패러데이는 기쁨을 감추지 못했다. 자기가 드디어 전기를 만든 것이다. 그는 이러한 현상이 자석 혹은 구리선이 움직일 때에만 발생하며, 이 둘이 모두 정지 상태일 경우에는 전류도 끊긴다는 사실을 발견했다. 이러한 결과가 나타나는 이유는 사실 간단하다. 전기는 에너지의 일종으로 무無에서 유有를 창출하기란 불가능하기 때문이다. 즉, 또 다른 에너지의 전환으로만 전기를 얻을 수 있다는 뜻이다. 볼타전지가 화학에너지를 전기에너지로 전환했듯 자기가 전기를 생산하려면 자기장이라는 매개를 통해 기계에너지를 전기에너지로 전환해야 하는 것이다. 이게 바로 현재 우리가 말하는 에너지보존법칙이다.

전자기유도현상의 발견으로 '자기장의 전기변환'이라는 꿈이 실현되었다. 이를 기반으로 패러데이는 최초의 발전기를 발명했다. 그후, 각종 전동기와 발전기 제작이 성공하자 전력의 대량 생산과 대

▲ 왕립과학아카데미에서 여성과 아이들에게 전자기유도현상을 설명하고 있는 패러데이

규모 이용이 가능해졌고, 인간 사회 역시 '증기의 시대'에서 '전기의 시대'로 접어들었다.

전자기유도현상은 전기현상과 자기현상 간의 밀접한 관계를 밝히며 전기장과 자기장의 본질적인 관계를 파헤칠 수 있는 실험기반을 마련해 주었다. 뿐만 아니라 훗날 맥스웰의 전자기장 이론 확립에도 길을 닦아 주었다.

평가

전자기유도는 획기적인 의미를 가진 발견이다. 발전기의 제작과 설계에 이론적 뒷받침이 되는 전자기유도를 발견하지 못했다면 어쩌면 우리는 지금까지도 전기에너지가 없는 암흑의 시대에 살고 있을지도 모른다.

▶ 1832년 프랑스과학자 이폴리트 픽시(Hippolyte Pixii, 1808년~1835년)가 패러데이의 전자기유도원리를 토대로 만든 전자기유도발전기

영구기관이 직면한 도전

에너지전환과 보존의 법칙

영구기관이 아니라 과학이 필요하다!

줄

"열은 동력에 불과하다. 보다 정확하게 이야기하자면 열은 형태를 바꾸는 운동일 뿐이다. 동력은 자연계의 불변량으로 만들어질 수도, 소멸될 수도 없다."

1824년 스물네 살의 프랑스 과학자 카르노(Nicolas L/onard Sadi Carnot)가 《불의 동력에 관한 고찰》이라는 책에서 이렇게 주장했을 때 사람들은 이것이 얼마나 중요한 의견인지, 또 어떠한 비밀을 밝히고 있는지 깨닫지 못했다. 한창 때 세상을 떠난 카르노는 미처 이 귀중한 주장을 발전시키지는 못했지만, 최초로 열역학의 에너지보존개념을 제시한 사람이었다.

50년 후, 사람들이 그의 이러한 생각을 알게 되었을 땐 이미 열역학 제1법칙인 에너지보존과 전환의 법칙이 당시 자연과학 분야의 초석이 되어 가장 위대한 발견이란 칭송을 듣고 있었다. 이 역사적 중임을 완수한 과학자는 바로 마이어(J. R. Mayer)와 줄(J. P. Joule) 그리고 헬름홀츠(Hermannvon Helmholtz)였다.

독일 평범한 시골의 의사였던 마이어는 1840년 초, 함부르크로 와서 의술을 펼쳤다. 같은 해 2월 22일, 그는 선상의사 자격으로 함대를 따라 인도네시아에 갈 수 있는 행운을 잡았다. 캘커타에 도착한 지 얼마 되지 않아 많은 선원들이 물갈이로 탈이 났는데, 바늘로 피를 내는 방법으로 환자들을 치료하던 중 그는 이상한 점을 발견했다. 선원들의 정맥에서 나오는 피가 새빨간 색을 띠고 있었던 것이다. 독일에 있었을 때는 분명 정맥의 혈액이 줄곧 검붉은 색을 띠고 있었는데 말이다.

보통 사람들이라면 대수롭지 않게 생각했을 지극히 사소한 문제였지만 마이어는 달랐다. 소재지가 달라졌다고 혈액의 색이 어떻게 이렇게 큰 차이를 보일

발견시기
1840년대

발견자

마이어, 줄, 헬름홀츠.
줄(James Prescot Joule, 1818년 ~1889년)
독학으로 성공한 영국의 물리학자이다. 1840년 22살의 그는 전류의 열작용을 발견해 줄의 법칙을 확립했다. 이를 기반으로 그는 에너지보존과 전환의 법칙을 확립하고 열의 일당량을 측정해내 그동안 성행하던 '열소설'을 부정했다.

▼ 헬름홀츠(Hermannvon Helmholtz, 1821년~1894년), 독일의 물리학자이자 생리학자이다.

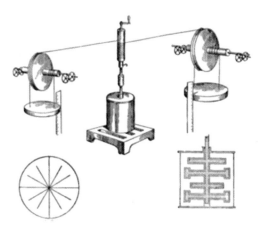

▲ 줄이 열의 일당량을 측정할 때
사용했던 기구

수 있는지 의아해하던 그는 곧바로 연구에 착수했다. 분석과 비교를 반복한 끝에 마이어는 열대지역의 높은 기온 때문에 인체가 소모하는 열량이 적고 따라서 인체에서 혈액으로 흡수되는 영양분이 상대적으로 적다는 결론을 내렸다. 영양분 소모가 적으니 혈액의 산화포화도 역시 감소하게 되고, 때문에 상대적으로 추운 지방에선 정맥에 포함된 산소량이 많아져 혈액의 색깔도 더 붉게 나타난다는 것이었다.

1841년, 함부르크로 돌아온 마이어는 〈비非생물계의 각종 힘에 관한 의견〉이라는 논문을 써서 운동, 열, 전기 등의 현상에는 일정한 전환법칙이 존재한다는 생각을 담았다. 이뿐만 아니라 에너지는 '무無에서 생겨날 수 없고, 한 번 생기면 없어지지 않는다'고 밝히며 각종 형태의 에너지는 서로 전환이 가능하지만 전환 이전의 총에너지는 보존된다고 주장했다. 특히 주목할 만한 점은 그가 자신만의 방법으로 열의 일당량을 측정해 365kgm/kcal라는 값을 얻었다는 사실이다. 이렇듯 처음으로 에너지보존이란 개념을 제시하고 열의 일당량을 계산한 사람은 바로 마이어였다.

마이어는 곳곳을 돌며 자신의 관점을 알렸지만 당시 물리학자들은 그의 관점을 받아들이지 않았다. 심지어 혹자는 그를 '미치광이'라 부르기도 했다. 그의 논문 역시 이름 없는 의학 잡지에 발표되었을 뿐이었다. 훗날 그의 가족들조차도 그의 정신 상태를 의심하기에 이르렀고, 결국 그는 투신자살했다. 진리를 위해 자신을 희생한 것이다.

마이어와 같은 시기에 에너지보존법칙을 발견한 또 한 명의 과학자는 바로 줄이었다. 1840년, 그는 도체에서 생산되는 열량은 전류 세기의 제곱이며, 도체의 전기저항은 전기가 통하는 시간과 정비례한다는 전류의 열작용을 발견했는데 이것이 바로 줄의 법칙이다. 그 후 그는 다시 화학에너지든 전기에너지든 상관없이 모두 열을 발생시킨다는 사실을 알아냈다. 각 에너지 사이의 공통점을 발견한 그는 여러 기계장치를 이용해 열의 일당량 측정을 반복했다. 그 결과 1878년에 423.9kgm/kcal라는 정확한 열의 일당량을 측정해냄으로

평가

에너지보존법칙은 자연계에서 가장 보편적이고 또 가장 중요한 기본법칙이다. 물리, 화학, 지질, 생물에서부터 크게는 우주, 작게는 원자핵 내부에 이르기까지 에너지전환에는 반드시 에너지보존법칙이 성립된다.

써 운동보존법칙의 실험기반을 공고히 다졌고, 동시에 자타가 공인하는 에너지보존법칙의 발견자 중 한 명이 되었다. 1845년, 줄은 자신의 논문을 낭독하고 현장에서 실험을 진행해 자신의 논점을 증명했다. 이를 시작으로 에너지보존에 관한 화제가 비로소 과학계의 주목을 받게 되었다.

그 후 독일의 생리학자 헬름홀츠가 마이어와 줄의 연구 상황을 모르고 열의 본질에 대한 독자적인 의견을 제시했다. 그는 장력(현재의 위치에너지)과 활력(지금의 운동에너지)의 전환관계를 설명하며 전기와 자기 그리고 생물유기체(바이오매스)의 '힘'의 보존문제를 체계적으로 분석했다. 이로부터 에너지보존과 전환의 법칙은 과학계의 인정을 받기 시작했다.

하지만 당시 사람들은 여전히 에너지와 힘을 동일시했고, 이러한 이유로 에너지보존법칙은 초기에 '힘의 보존법칙'이라 불렸다. 그러다 사람들이 뉴턴의 '힘'과 물질운동에 나타나는 '에너지'를 구분하기 시작한 건 1853년, 톰슨이 에너지의 정의를 재해석하고부터였다. 그 후 '에너지'라는 단어는 광범위하게 사용되었다. 그리고 얼마 후 스코틀랜드의 물리학자 랭킨이 '힘의 보존법칙'을 오늘날의 '에너지보존법칙'이라고 정정했다.

1860년 이후 에너지보존법칙은 자연과학의 초석으로 자리 잡았고, 특히 물리학 분야에서는 새로운 이론의 정확성을 판단할 때마다 이 이론이 에너지보존법칙에 부합하는 지를 먼저 검증했다.

20세기 초 아인슈타인의 특수상대성이론은 에너지에 대한 새로운 함의를 부여했다. 즉, $E=mc^2$이라는 물질의 질량과 에너지 사이에 새로운 관계를 규명한 것이다. 이로써 에너지보존법칙은 다시 질량에너지보존법칙으로 확대되었다. 에너지보존법칙은 자연계에서 가장 보편적이고 또 가장 중요한 기본 법칙이다. 운동 불멸이라는 관점을 과학적으로 설명한 에너지보존법칙은 인간이 자연을 이해하고 이용하는 데 있어 강력한 무기가 되었다.

▲ 제2종 영구기관

▲ 산업혁명시기의 실업대란

발견시기
1824년~1850년

발견자

카르노
(Sadi Carnot, 1796년~1832년)
프랑스의 물리학자이자 엔지니어로
열역학의 창시자이다.

자연계에서의 열량 전환 방향
열역학 제2법칙

외부 힘의 도움을 전혀 받지 않는 자체운행기계는 열을 어떤 물
체에서 온도가 비교적 높은 다른 물체로 전달할 수 없다.

톰슨(Thomson)

18세기 증기기관의 발명과 응용으로 인간사회는 맷돌, 물레방아,
풀무로 대표되는 인력시대에서 기계시대로 접어들었다. 인류 역사
상 1차 산업혁명의 서막이 열리며 증기기관시대의 도래를 선포한
것이다.

증기기관이 널리 보급되어 응용됨에 따라 각국의 과학자들 사이
에서는 '어떻게 하면 증기기관의 열효율을 높일 수 있을까?' 라는
문제가 단연 이슈였다. 그리고 바로 이 증기기관의 열효율 향상을

위한 연구로 인해 프랑스의 학자 카르노 (Nicolas L/onard Sadi Carnot)는 열역학 제2법칙을 발견했다.

진작부터 영국산 엔진의 생산성이 프랑스산 엔진보다 월등하다는 점을 깨달은 젊은 카르노는 프랑스산 엔진의 생산성을 높여야겠다고 결심했다.

사물을 꿰뚫어 보는 탁월한 안목과 식견을 가진 카르노는 자신만의 방법으로 문제에 접근했다. 그는 먼저 이상적인 증기기관의 작업원리에 대한 이론적 연구를 진행했고, 그 결과 1824년에 〈열의 동력에 관한 고찰〉이라는 논문에서 기관의 효율을 높이는 방법을 제시했다. 열 손실도 마찰도 없는 이상적인 기관(즉, '카르노 기관')을 고안해 낸 그는 여기에 작업 순환이라는 개념을 적용했는데 이것이 바로 소위 말하는 '카르노 사이클' 이다.

▲ 스털링 엔진은 독특한 기관이다. 이론적인 효율이 이론 최대의 효율 즉, 카르노 사이클의 효율과 거의 같기 때문이다.

카르노는 보다 심층적인 연구를 통해 모든 기관은 반드시 온도가 다른 두 개의 열원 사이에서 일을 하며, 고열원이 열에너지를 공급하고 저열원이 이를 흡수해야 비로소 효과적으로 열에너지를 기계에너지로 전환할 수 있다고 정리했다. 마지막으로 그는 열에너지를 기계에너지로 최대한 전환시키려면 반드시 고열원과 저열원 사이의 온도차를 크게 해야 한다는 결론을 도출했다.

이를 기반으로 그는 두 열원 사이에서 작용하는 모든 기관 중에서 그 열효율이 최대인 것은 가역기관인데 그 열효율은 작업물질에 상관없이 순전히 두 열원의 온도에 의해 결정되며, 이 때 열효율은 항상 1보다 작다는 내용의 카르노의 정리를 완성했다.

카르노는 사실 카르노의 정리를 통해 열역학 제2법칙의 기본 내용을 보여주었지만 열소설을 믿었던 탓에 열과 일의 전환이라는 본질적인 관계를 깨닫지는 못했다. 엥겔스(Friedrich Engels)의 말처럼 "그는 이미 문제의 내막에 접근했다. 그가 문제를 완전히 해결할 수 없었던 것은 사실 재료가 부족해서가 아니라 기존의 잘못된 이론이

▲ 독일의 물리학자 클라우지우스 (Clausius, 1822년~1888년)

그의 생각을 가로막았기 때문이다.”

1830년, 카르노가 운동설에 눈을 돌리고 열의 일당량을 계산해냈을 때 그에겐 보다 심층적인 연구를 진행해 자신의 오류를 수정할 수 있는 시간이 없었다. 1832년, 질병이 그의 목숨을 앗아갔기 때문이다. 하지만 그의 연구는 기관이론의 형성과 발전에 초석이 되어 기관효율 향상을 위한 정확한 방향을 제시해 주었다.

1850년을 전후하여 독일의 물리학자 클라우지우스(Clausius, 1822년~1888년)와 영국의 켈빈훈작(Lord Kelvin)은 열의 일당량과 열의 전환에 대한 줄(Joule)의 생각을 받아들여 카르노의 기관이론을 수정했다. 그들은 카르노의 정리는 정확하지만 열에너지 손실이 없다는 가정은 수정되어야 한다고 지적했고, 이렇게 카르노의 정리는 열역학 제2법칙으로 발전되었다.

자연계에서 일어나는 모든 과정에는 방향이 있음을 지적한 열역학 제2법칙은 에너지라는 개념을 한 단계 발전시키며 물질세계에 대한 인간의 인식을 확대, 심화시켰다.

평가

열역학의 기본법칙 중 하나인 열역학 제2법칙은 제한적인 공간과 시간 속에서 열운동과 관계있는 모든 물리과정과 화학과정이 불가역성을 가진다는 사실을 밝혔다.

▶ 19세기 중엽의 증기기관

▲ 1844년 도플러는 이중성의 색깔
변화를 성공적으로 설명해냈다.

예사로운 현상, 예사롭지 않은 용도
도플러효과

도플러효과는 생활 속에서 흔히 볼 수 있는 지극히 평범한 현상
이지만 그 용도는 전혀 예사롭지가 않다. 직접 관찰할 수 없었
던 수많은 사물에 관한 문제들은 도플러효과를 통해 손쉽게 해
결되었다.

발견시기
1842년

발견자

크리스티안 도플러
(Christian Johann Doppler, 1803년
11월 29일~1853년 3월 17일)
오스트리아의 물리학자 겸 수학자.
'도플러효과'를 발견한 인물로 유명
하다. 도플러는 광학, 전자기학, 천
문학 등 광범위한 연구를 진행했는
데 그 중에서도 특히 실험 기구를 제
작하고 개량하는 데 남다른 재능을
선보였다.

경찰차나 구급차가 가까워질수록 사이렌 소리가 점점 크게 들린
다. 누구나 이렇게 느낀 경험이 있을 것이다. 반대로 차가 멀어질수
록 소리가 점점 작아지다 사라지는 느낌을 받는데, 이러한 현상이
바로 흔히 이야기하는 도플러효과이다. 도플러효과는 일상생활 속
에서 흔히 나타나는 현상이다. 단지 너무 예사로운 일이다 보니 사
람들이 대부분 음원의 거리 변화로 인한 것이려니 생각하고 그 원리
를 자세히 연구하지 않았을 뿐이다.

▲ 프랑스의 물리학자 피조
(Armand Hippolyte Louis
Fizeau, 1819년 9월 23일
~1896년 9월 18일)

오스트리아의 물리학자 겸 수학자 도플러 역시 이 같은 현상을 경험했다. 그러나 그는 보통사람들과 달리 이러한 현상에 대한 의문을 제기하고, 이를 심층적으로 연구해 예사롭지 않은 해석을 내놓았다.

철로 근처에 살았던 도플러는 해질녘이면 항상 딸아이를 데리고 철로 주변을 산책했는데 그때마다 기차의 기적소리 변화에 주의를 기울였다. 그는 이것이 단순히 기차의 거리 변화에 의한 것이라는 의견에 동의하지 않았다. 음원이 저 멀리서 가까워지고, 다시 가까운 곳에서 멀어지는 과정 중 가청주파수가 낮았다 높아지고, 다시 높았다 낮아져 발생하는 현상이라고 생각했다. 그렇다면 기차가 내는 기적소리의 주파수는 항상 같은데 어째서 그 톤이 높아졌다 낮아졌다 하는 현상이 발생하는 걸까? 도플러는 이 문제에 대해 심층적인 연구를 진행해 이러한 현상이 생기는 이유를 정확히 설명해냈다. 그는 기차(항상 일정한 속도로 운행한다고 가정)가 정지해 있는 관찰자에게 다가올 때, 관찰자의 귀로 전해지는 기적소리의 음파속도가 점점 빨라진다고 설명했다. 이 때, 음파의 간격은 마치 파장이 줄어든 것처럼 점점 짧아지는데 이렇게 되면 일정한 시간간격 내에 전파되는 음파수가 증가해 기적소리의 주파수가 커지므로 듣는 사람은 당연히 소리의 톤이 높아졌다고 느끼게 된다는 것이다. 반대로 기차가 멀어질 때는 마치 무언가가 음파의 파장을 잡아당기기라도 하듯 파장이 커져 소리가 낮아진다고 설명했다.

1844년 도플러는 자신의 발견과 해석을 논문으로 발표했다. 그는 이 효과를 이용해 이중성二重星의 색깔변화를 성공적으로 설명해냈고, 천문학적으로 별의 거리를 측정하는 데 큰 영향을 미쳤다.

이듬해 사람들은 음파를 이용한 실험으로 도플러효과 검증에 나섰다. 기차에 악사들을 태워 음악을 연주하도록 한 뒤 플랫폼에 또 다른 악사들을 배치해 기차가 가까워질 때와 멀어질 때 들리는 음의 높이를 측정한 실험이었다. 실험결과는 도플러효과의 정확성을 알리는 데 힘을 실어주었고, 이 때부터 도플러의 명성도 높아졌다.

도플러효과는 음파뿐 아니라 광파에도 적용됐다. 1848년 프랑스 물리학자 피조(Armand Hippolyte Louis Fizeau)는 광파에서 도플러 현상을 발견해냈고, 이 발견은 지구에서 멀리 떨어진 천체의 운동을 연구할 수 있도록 해 천문학 발전에 큰 영향을 미쳤다.

이 외에도 도플러효과는 여러 분야에 응용되었다. 천문학자들이

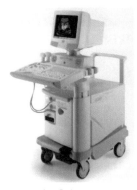

▲ 도플러 초음파

천체의 스펙트럼 적색편이현상을 관찰해 천체와 지구의 상대속도를 계산할 수 있게 된 것도, 레이더를 이용해 차량의 속도를 측정할 수 있게 된 것도 도플러효과를 응용한 결과이다. 현대의학 분야에서 자주 사용되는 속칭 '칼라 초음파'도 도플러효과를 이용한 것이다. 의사들이 인체 내에 일정한 주파수의 초음파를 발사하면 초음파는 혈관의 혈류에 의해 반사된 후 다시 기계에 수신되는데, 이 때 반사파의 주파수 변화를 측정하여 혈류의 속도를 알아보는 기계가 바로 '칼라 초음파' 즉, '도플러 초음파'이다. '도플러 초음파'를 이용하면 심장, 대뇌, 안저혈관(안구 내부 후면 망막이 있는 부분에 있는 혈관–역주)의 병리 변화를 검사할 수 있다.

◀ 도플러효과를 응용해서 만든 도플러 기상 레이더

발견시기
1850년대

발견자

로베르트 분젠과 키르히호프

▲ 로베르트 분젠(Robert Wilhelm Bunsen, 1811년~1899년), 저명한 화학자로 1811년 독일 괴팅겐에서 태어났다. 1890년 영국공학기술학회로부터 하버상을 수상했다.

화학자의 신기한 안목
스펙트럼분석법

늘그막에 되돌아 본 지난날 중에서 가장 즐거웠던 시절은 우리가 함께 연구에 몰두했던 때이다.

로베르트 분젠

1665년 뉴턴은 스펙트럼 실험을 통해 태양광이 일곱 가지 성분으로 구성되어 있으며, 이들 성분은 저마다 하나의 색을 만들어 일정한 순서에 따라 빛의 띠를 만든다는 사실을 밝혔다. 이 발견은 광학역사에 길이 남을 금자탑을 쌓았을 뿐만 아니라, 스펙트럼분석법이 확립될 수 있는 조건을 마련하여 화학역사에도 한 획을 그었다.

스펙트럼분석법은 물질이 나타내는 스펙트럼을 통해 물질을 감별하고, 그 물질의 화학성분과 상대적 함량을 확인하는 방법이다. 스펙트럼분석법이 발명되기 전, 사람들은 분광학을 광학의 일부분이라고만 여겨 이를 연구 도구로 사용할 생각은 하지 못했다.

1853년 로베르트 분젠은 분젠버너를 발명했다. 분젠버너의 불꽃온도는 2300℃에 달했지만 색깔이 없었다. 바로 이러한 점 때문에 분젠은 각기

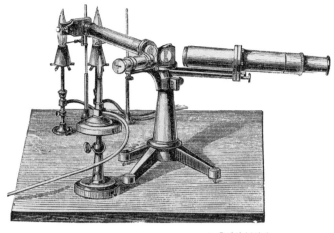

▲ 초기의 분광기

다른 성분의 화학물질이 분젠버너에서 연소될 때 저마다 다른 불꽃색을 나타낸다는 사실을 발견할 수 있었다. 분젠은 각종 화학물질의 색깔 반응에 지대한 관심을 가졌고, 이에 영감을 받아 훗날 스펙트럼분석법을 확립했다.

분젠은 자신이 발명한 분젠버너에 각종 화학물질을 태워 보았고, 이 과정에서 칼리암염은 연소 시 보라색을, 나트륨염은 노란색, 스트론튬염은 연분홍색, 바륨염은 황록색, 구리염은 청록색, 칼슘염은 붉은 벽돌색을 띤다는 사실을 발견했다. 그는 이 발견을 통해 보다 쉽고 간단한 화학적 분석이 가능할 것이라고 생각했다. 화학물질을 연소시켜 불꽃색을 판별하기만 하면 그 물질의 화학성분을 측정할 수 있다고 보았기 때문이다. 하지만 그는 곧 또 다른 연구를 통해 자신이 잘못 생각하고 있었음을 깨달았다. 혼합 물질 속에는 여러 가지 색이 뒤섞여 있기 때문에 불꽃색으로 성분을 분별해내기가 어려울 뿐더러 때에 따라서는 아예 분별이 불가능했다. 특히 나트륨의 노란색은 거의 모든 물질의 불꽃에 숨겨져 있었다.

1859년 분젠은 물리학자 키르히호프(Gustav Robert Kirchhoff)와 함께 불꽃색 판별을 통해 화학분석을 할 수 있는 방법을 모색했다. 그들은 먼저 스펙트럼을 계측할 수 있는 장치를 만들었다. 일자 망원경과 프리즘을 연결해 광선이 좁은 틈을 지나 프리즘으로 들어와 분광되도록 한 이 장치가 바로 최초의 분광기였다. '분광기'를 만든 후 그들은 여러 물질이 연소될 때 나타나는 스펙트럼을 분석해 그

▲ 독일의 물리학자 키르히호프 (Gustav Robert Kirchhoff, 1824년~1887년)

결과를 기록했다. 분젠과 키르히호프는 이 방법을 통해 각종 물질의 성분을 정확히 분별해내는 데 성공했으며, 새로운 원소인 세슘과 루비듐을 발견하는 쾌거를 이뤘다.

그 후 스펙트럼분석법은 광범위하게 응용되었다. 1861년 영국의 화학자 크룩스(William Crookes)는 스펙트럼분석법을 이용해 탈륨을 발견했고, 1863년 독일의 화학자 라이히(Ferdinand Reich) 역시 스펙트럼분석법으로 인듐을 비롯해 갈륨, 스칸듐, 게르마늄 등 새로운 원소를 발견했다.

높은 정밀도와 정확도를 자랑하는 스펙트럼분석법을 지질탐사에 이용하면 광석에 포함된 미량의 귀중금속과 희귀원소, 방사성원소 등을 검출해낼 수 있다.

스펙트럼분석법은 물질의 화학성분 측정은 물론 원소의 함량까지 확인할 수 있도록 해주었고, 분석시간을 단축해 연구효율을 크게 높여주었다. 특히 놀라운 점은 분젠과 키르히호프가 고안한 방법으로 태양과 기타 항성의 화학성분까지 연구할 수 있다는 사실이다. 때문에 스펙트럼분석법의 발견은 훗날 천체화학연구에 탄탄한 토대를 마련해 주었다고 해도 과언이 아니다.

평가

물질의 화학성분 측정은 물론 원소의 함량까지 확인할 수 있게 해준 스펙트럼분석법은 우주화학 연구에 물질적인 기반을 마련해 주었다.

▶ 독일의 화학자 분젠과 물리학자 키르히호프

▲ 말을 탄 아버지를 따라 정원을 산책하고 있는 어린 시절의 맥스웰

완벽한 첫 전자기이론
맥스웰 방정식

고전 물리학자 맥스웰의 이름은 영원히 빛날 것이다. 출생지로 따지면 에든버러 소속이요, 개성으로 보면 케임브리지 대학 소속이지만 그의 업적은 전 세계의 것이다.

프랭크(Frank)

외르스테드는 전기에서 자기장을 생산할 수 있다는 사실을 발견했고, 반대로 패러데이는 자기장에서 전기를 생산할 수 있다는 사실을 발견해 전자기의 상호 전환 작용을 증명했다. 패러데이는 이처럼 밀접한 관계를 가지고 있는 자기와 전기를 완벽한 이론으로 정리할 수 있을 것이라 생각했다.

실제로 패러데이는 전기와 자기의 관계를 이론적으로 정리해 보려고 시도하기도 했다. 하지만 과학실험엔 정통하나 수학 지식이 부족했던 그는 눈앞에서 발생한 현상 뒤에 숨어있는 자연법칙을 밝히

발견시기
1873년

발견자

맥스웰(James Clerk Maxwell, 1831년 ~1879년)
19세기의 위대한 영국 물리학자이자 수학자로 패러데이 이후 전자기학을 집대성했다. 맥스웰은 처음으로 완벽한 전자기이론체계를 확립하여 선인의 실험성과를 훌륭하게 종합해냈다. 빛과 전기, 자기현상이 본질적으로 같다는 사실을 밝히고, 전자기파의 존재를 예언하기도 했다.

▲ 맥스웰과 그의 아내

기엔 역부족이었다. 다시 말해서 그는 완벽한 이론을 확립하지 못했고, 이러한 점에선 앞서 언급한 갈릴레이와 닮은꼴이었다. 갈릴레이는 여러 원리나 뉴턴의 운동법칙, 상대성이론 등에 큰 영향을 준 중대한 발견들을 많이 했지만 이들을 공식으로 표현해내지는 못했다.

반면, 뉴턴이 지금의 뉴턴이 될 수 있었던 이유는 그가 과학자로서 아주 중요한 면모를 갖추고 있었기 때문이다. 그것이 바로 수학적 재능이다. 그는 미적분을 창시했고, 바로 이 미적분을 통해 여러 법칙들을 수학적으로 설명해냈다. 뉴턴의 사례만 봐도 알 수 있듯이 이론 물리학자들에게 떼려야 뗄 수 없는 도구가 바로 수학이다.

스스로 수학적 이론을 완성할 수 없었던 패러데이는 자신이 살아 숨 쉬는 동안 뉴턴처럼 재능이 넘치는 누군가가 나타나 자신이 발견한 현상 뒤에 감춰진 자연법칙을 밝히고, 이를 공식으로 표현해 주었으면 했다. 그리고 이러한 점에서는 확실히 패러데이가 갈릴레이보다 운이 좋은 편이었다. 그와 동시대를 살았던 인물이 그의 생각을 수학적 법칙으로 확립함으로써 패러데이의 바람을 이루어 줬기 때문이다.

이 사람이 바로 수학자이자 물리학자인 맥스웰(James Clerk Maxwell)이었다. 맥스웰은 청년시절부터 패러데이의 관점을 지지하며, 패러데이의 저서인 《전기의 실험연구》를 열심히 연구했다. 이렇게 패러데이의 여러 실험기록을 분석한 결과, 1864년에 드디어 미적분을 활용해 전력과 자기력의 관계를 나타내는 네 개의 방정식을 완성했다. 이 방정식이 바로 지금 우리가 알고 있는 '맥스웰 방정식'이다.

맥스웰 방정식은 먼저 어느 곳에 자기력이 발생했다면, 그곳에선 분명 전류가 생성된다는 패러데이의 생각이 정확했음을 입증했다. 그리고 여기서 더 나아가 전력과 자기력이 같은 힘임을 밝히고 이 둘을 '전자기력'이라 통칭했다. 전류가 자기장을 만들고, 자기력이 전류를 일으키는 원인이 바로 여기에 있음을 증명한 것이다.

다음으로 전자기파의 존재를 예언하고, 전자기파의 전파속도가 광속과 같다는 사실을 증명했다. 또한 빛의 전자기적 본질 즉, 색깔이 다른 빛은 사실 파장이 다른 전자기파임을 밝혔다. 예를 들어 적색광의 파장이 800미크론에 불과하다는 사실을 밝혔는데, 이는 새끼손가락 손톱 정도의 길이에 1만 개에 달하는 파동의 마루가 있음을 뜻한다. 이뿐만 아니라 노란색, 녹색, 파란색을 띠는 빛의 파장은 이보다 더 짧으며 그중 파장이 가장 짧은 건 보라색광으로 400미크론에 불과하다고 밝혔다.

여기서 중요한 점은 그의 이론이 사람들에게 새로운 정보를 제공하고 있다는 사실이다. 바로 육안으로 볼 수 있는 빛보다 파장이 훨씬 길거나 짧은 빛도 존재할 가능성이 있다는 것이었다. 이러한 그의 예언은 물리학의 발전을 이끄는 데 중요한 역할을 했다.

평가

맥스웰의 전자기이론은 뉴턴 이후 가장 핵심적이고 가장 큰 성과를 거둔 물리학 이론으로 물리 세계의 여러 개념을 뒤바꿔 놓았다.
아인슈타인

◀ 대영 자연사 박물관에 전시된 맥스웰의 발명품

▲ 실험실에서 일하고 있는 마이
컬슨

발견시기 : 1887년
발견자 : 마이컬슨과 몰리

▲ 마이컬슨(Albert Abraham
Michelson, 1852년~1931년),
미국의 물리학자로 주로 광학
과 분광학 분야의 연구에 종사
했다. 정확한 광속측정을 위해
한 평생을 바친 마이컬슨은 국
제적으로도 유명한 광속측정
분야의 중심인물이었다. 1908
년 노벨 물리학상을 수상한 주
인공이자 미국 최초의 노벨상
수상자이기도 하다.

고전물리학을 뒤엎은 비밀
광속

빛의 속도 역시 엄청난 비밀을 가지고 있다.

빛은 초당 약 30만 킬로미터의 전파속도를 자랑한다. 예전에는 간단한 측정기구로 이처럼 빠른 속도를 측정하기란 불가능했고, 이 때문에 르네상스시대에 이르러서는 시간이 얼마나 걸린다고 말할 것도 없을 만큼 빛의 전파속도가 엄청나다는 생각이 지배적이었다.

빛의 전파속도가 빠르긴 하지만 그래도 측정가능하다는 생각을 가진 사람은 바로 '근대과학의 아버지', 갈릴레이였다. 르네상스 이후 1607년에 그는 자신의 생각을 바탕으로 광속측정실험을 진행했으나 실험은 안타깝게도 실패로 돌아갔다. 그의 낡은 기계로 빠른 빛의 속도를 기록하기란 과연 역부족이었다.

빛이 전파되는 데에도 어느 정도의 시간이 필요하다는 사실을 처음으로 증명한 사람은 덴마크의 천문학자 뢰메르(Olaus Rmer)였다.

그는 목성 위성의 식蝕주기를 관찰하다 빛의 속도를 도출해냈고, 광속이 위성식의 주기에 미치는 영향을 정확하게 예측했다. 그의 예측은 곧 사실로 입증되었다. 이렇게 광속에 대한 관점이 사람들의 인정을 받게 되자 빛의 속도를 측정하는 실험이 과학자들 사이에서 유행처럼 번져나가기 시작했다.

▲ 피조의 광속도 측정 장치

인간이 최초로 지상에 실험 장치를 설치해 광속을 측정한 건 1849년의 일이었다. 프랑스인 피조(Armand Hippolyte Louis Fizeau)에 의해 진행된 이 실험은 갈릴레이가 사용한 원리와 유사한 방법을 이용했다. 피조는 광원 L에서의 빛을 렌즈로 모아 반투명경으로 반사시켜 톱니바퀴 W의 위치 O에 L의 상을 맺게 했다. 그 결과 O를 통과한 빛은 렌즈 C와 반사경 M에 의해 반사됐고, 다시 평행광선이 되어 역행했다가 반투명경 뒤에 있는 관측자의 눈으로 들어왔다. 톱니바퀴를 회전시킬 경우에는 역광선逆光線이 백래시(backlash)를 지나는 동안에만 빛을 관찰할 수 있었고, 회전속도가 늦어지면 역광선이 톱니에 차단되는 것을 관찰할 수 있었다. 피조는 이렇게 빛이 W와 M 사이를 왕복하는 데 필요한 시간을 구했고, 그가 얻은 광속은 315,000㎝/s였다. 하지만 톱니바퀴가 일정한 넓이를 가지고 있기 때문에 이 방법으로는 정확한 광속을 측정해내기가 어려웠다.

그 후 1850년, 프랑스 물리학자 푸코(Foucault)가 피조의 실험방법을 개선해 298,000㎝/s라는 광속을 계산해냈다. 푸코는 물 속에서의 빛의 전파속도를 측정해 이를 공기 중에서의 빛의 전파속도와 비교하기도 했다. 이 실험을 통해 그는 빛이 공기 중에서 물 속으로 들어갈 때의 굴절률을 계산해냈고, 이로써 빛의 미립자설에 최후의 일격을 가했다.

그 후에도 물리학자들은 여러 방법을 통해 광속을 구하기에 여념이 없었다. 당시 가장 정확하게 광속을 계산해낸 인물은 브롬(Vroom)이었다. 그는 빛의 파장과 주파수를 통해 2999792.50.1㎝/s라는 광속의 값을 구했다. 그리고 1972년에 에벤슨(Evenson)은 진공에서의 빛의 최고 속도가 299792457.40.1㎝/s임을 측정해냈다.

갈릴레이에서 에벤슨에 이르기까지 또, 광속을 측정하지 못하던 때부터 비교적 정확한 광속을 측정해내기까지 장장 300여 년의 시

▲ 미국의 화학자 몰리(Edward Williams Morley, 1838년 ~1923년)

평가

광속도불변의 원리는 에테르의 존재를 부정하며 고전물리학의 기반을 흔들어 놓았고, 이와 함께 상대성이론의 밑거름이 되었다.

간이 걸렸다. 그 사이 광속측정을 위해 쏟은 과학자들의 노력과 땀은 기하광학과 물리광학의 발전을 이끄는 원동력이 되었고, 특히 미립자설과 파동설을 둘러싼 논쟁에 중요한 근거를 제공해주었다.

또한 광속을 측정하는 과정에서 물리학자들은 광속 역시 엄청난 비밀을 가지고 있음을 발견했다. 1887년, 미국의 물리학자 마이컬슨(Michelson)과 화학자 몰리(Morley)는 높은 정밀도를 자랑하는 마이컬슨 간섭계를 이용해 그 유명한 에테르 표류실험을 진행했다. 그들은 지구궤도와 정지에테르 사이의 상대운동을 관찰하려 했으나 어떠한 움직임도 발견하지 못했다. 뉴턴의 법칙으로는 설명할 수 없는 이 현상은 과학자들의 주목을 한 몸에 받으며 센세이션을 일으켰고, 열복사 과정에서 발견된 '자외선 파괴' 현상과 함께 '과학역사상 양대 먹구름'이라 불렸다.

이 실험 결과는 단순히 고전물리학에서 말하는 에테르의 존재를 부정한 것 이상의 의미를 가지고 있다. 광속불변의 원리를 확립하는 계기가 되었기 때문이다. 그리고 이는 이후 아인슈타인이 상대성이론을 확립하는 데에도 결정적인 역할을 했다.

▶ 마이컬슨과 아인슈타인

▲ 실험실에 있는 뢴트겐과 그의 아내

발견시기
1895년 11월 8일

발견자

빌헬름 뢴트겐(Wilhelm Conrad Roentgen, 1845년 3월 27일~1923년 2월 10일)
독일의 물리학자로 X-선을 발견했다. 이 외에도 뢴트겐은 유전체가 전자기장 내에서 운동할 때 생기는 전류(뢴트겐전류)를 발견했으며, 기체의 비열, 석영의 전자기적 성질, 초전기와 압전기 현상, 전자기장에 의한 편광면의 변이 문제, 빛과 전기의 관계, 물질의 탄성, 모세관 현상 등 물리학의 여러 분야에 업적을 남겼다. 다만 X-선의 발견이 그에게 엄청난 영예를 안겨주어 다른 업적들이 빛을 보지 못했을 뿐이다.

최초의 노벨 물리학상이라는 영광을 안긴 발견
X-선

나는 사람들이 다니는 지름길을 벗어나 가시덤불이 무성하고 울퉁불퉁한 산길을 걷는 걸 좋아한다. 만약 내가 사라진다면 대로에선 나를 찾지 마라!

　　　　　　　　　　　　　　　　　　　　　　　뢴트겐

　전자파는 발견됨과 동시에 발 빠르게 우리의 실생활에 응용되면서 세계를 변화시켰다. 이와 함께 육안으로는 볼 수 없는 파波가 발견되어 의사들의 중요한 진단 도구가 되기도 했는데, 이것이 바로 X-선이었다.

　1895년 11월 8일, 독일의 과학자 빌헬름 뢴트겐은 평소와 다름없이 검은 종이로 꽁꽁 둘러싼 크룩스관으로 방전 실험을 했다.

　그는 전류가 기체를 지날 때 어떤 현상이 일어나는지 알아보기 위해 특수화학약품을 바른 종이를 한 장 준비했다. 유리관 쪽에 종이를 두면 당연히 빛이 날 거라고 생각한 뢴트겐은 종이가 빛을 내는 모습을 똑똑히 관찰하기 위해 커튼을 쳐서 실험실을 깜깜하게 만들

▲ 남북전쟁에 사용됐던 초기의 X-선 기계

었다. 유리관에 전류를 흘려보낸 후 종이를 가지러 갔다가 뢴트겐은 놀라운 사실을 발견했다. 유리관 근처에도 가지 않은 종이가 이미 스스로 빛을 내고 있는 게 아닌가! 그는 재빨리 전류를 차단했다. 그러자 종이의 빛도 자취를 감췄다. 이는 뢴트겐의 예상을 완전히 벗어난 결과였다. 유리관 근처에서만 종이를 빛나게 하는 방사선을 얻을 수 있다고 생각했는데, 이건 마치 온 실험실 가득 방사선이 퍼져 있는 것 같았다. 의외에 결과에 호기심이 잔뜩 생긴 뢴트겐은 방사선이 어떻게 생겨났는지 밝히기 위해 방전관과 근처의 형광판을 꼼꼼히 살폈다. 평소와 다른 점을 찾던 중 방전관 근처의 형광판에서 반짝이고 있는 옅은 녹색의 미광을 발견했다. 그는 곧 심층적인 연구에 들어갔다. 그리고 그 결과 육안으로는 볼 수 없으나 투과력이 큰 기묘한 방사선을 발견해 이를 'X-선'이라 이름 붙였다.

'X-선'을 발견한 후, 뢴트겐은 이를 이용해 재미있는 실험을 해 보았다. 아내의 손을 인화지에 올려놓고 손을 향해 X-선을 쏜 후, 이를 현상해 본 것이다. 현상한 인화지에 찍힌 손은 살 부분은 투명

하고 뼈만 고스란히 남아있었다. 뢴트겐은 이 발견이 의학적으로 얼마나 큰 의미를 가지는지 직감했다. X-선으로 인간의 골격을 볼 수 있게 된 것이다! 당시 의사들은 골절 환자를 진단할 때 손으로 아픈 곳을 이리저리 만져보는 게 다였다. 하지만 이제는 X-선을 이용하여 골절 상태를 눈으로 정확하게 확인할 수 있게 된 것이다. 뢴트겐은 자신의 발견을 실생활에 활용할 수 있도록 'X-선 촬영기'를 발명했고, 이 기

계는 전 세계 의사들에게 급속도로 퍼져나갔다.

헤르츠가 전자파를 발견한 것처럼 뢴트겐 역시 'X-선'의 파장을 계산해냈다. 'X-선'의 파장은 1마이크로미터에도 못 미칠 정도로 짧았는데, 이는 전자파의 파장보다 훨씬 짧음은 물론 적색광의 파장에 팔백 분의 일에 불과한 수치였다. 사실 이러한 결과는 맥스웰 방정식 이론에 부합한다. 헤르츠의 전자파

▲ 제1회 노벨 물리학상 수상자 뢴트겐의 수상증서

는 적색광의 파장보다 훨씬 긴 파인 반면, 'X-선'은 자색광의 파장보다 훨씬 짧은 파이다. 즉, 전파와 가시광선, X-선은 모두 전자파의 일종이며, 이후에 발견된 감마선, 적외선, 마이크로웨이브 역시 파장만 다를 뿐 모두 전자파에 속한다.

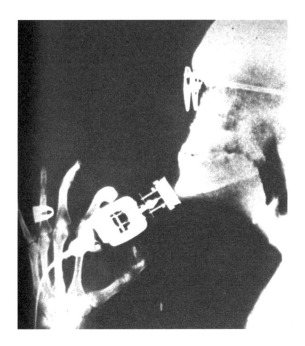

평가

뢴트겐선이라고도 불리는 X-선은 인류가 발견한 첫 '투과성 방사선'으로 일반 광선이 관통할 수 없는 것들을 꿰뚫는다.

◀ X-선으로 촬영한 사진

발견시기
1896년

발견자

베크렐(Antoine Henri Becquerel, 1852년~1908년)
천연 방사능을 발견했다. 자연사박물관의 물리학 교수와 프랑스 과학 아카데미의 원장을 지냈으며, 과학 아카데미의 평생 사무장 두 명 중 한 명이다.

▼ 실험실에 있는 베크렐

미시적 세계의 문을 열다
방사능

기회는 준비된 자에게만 찾아온다.

파스퇴르(Louis Pasteur)

원소의 비밀을 알아가는 과정은 멀고도 험하다. 때문에 실패를 두려워하지 않고 용감히 전진하는 많은 사람들의 노력이 필요하다. 이 과정에서 우리는 새로운 발견을 하게 되고, 더 나아가 새로운 이론을 확립하여 이를 인식하게 된다. 이처럼 진리는 양파의 껍질을 벗기듯 한 겹 한 겹 벗겨낼 때, 진짜 모습을 서서히 드러낸다.

진리를 추구해 온 지난 역사를 되돌아보면 수많은 중대 발견들이 우연이나 의외의 상황에서 탄생했다는 사실을 알 수 있다. 중국의 고사처럼 '답파철혜무멱처踏破鐵鞋無覓處요, 득래전불비공부得來全不費工夫이다.' 즉, 급히 필요할 땐 아무리 찾아도 없다가 우연한 기회에 답을 찾게 되는 경우가 많다. 전기에너지가 자기로 전환 가능하다는 사실을 발견한 외르스테드도, 자기가 전기를 생성해낸다는 사실을 발견한 패러데이도, 또 뢴트겐의 X-선 발견과 파스퇴르의 닭 콜레라 백신 발견, 플레밍(Fleming)의 페니실린 발견 등이 모두 우연에서 비롯된 발견들이다. 물론 '천연 방사능'의 발견 역시 우연에서 비롯된 경우이다. 하지만 그렇다고 해서 위대한 발견들이 순전히 의외의 상황이나 우연에 의해 탄생했다고 생각한다거나 언젠간 나도 우연히 위대한 발견을 할 수 있다고 착각해서는 곤란하다. 물론 우리가 위대한 발견을 할 수 없다고 부정하는 것은 아니다. 다만 앞서 언급한 과학자들처럼 위대한 발견을 하려면 반드시 갖춰야할 조건이 있다. 바로 해박한 지식이다. 지식이 기반이 되어야 우연한 현상을 놓치지 않고 바로 포착할 수 있을 뿐더러 그 우연 속에서 필연을 찾을 수 있기 때문이다. 따라서 '기회는 준비된 자에게만 찾아온다'는 사실을 기억해야 한다. 이 사실을 입증해 줄 예로 베크렐(Antoine Henri Becquerel)이 어떻게 천연 방사능을 발견했는지 알아보자.

X-선의 발견으로 보다 많은 과학자들이 관련 분야의 연구를 진행하기 시작했다. 그 중에서도 음극선으로 유리에 충격을 주어 X-선을 만들어 낼 때, 유리벽에 녹색 형광이 생기는 현상에 주목했다. 뢴트겐도 X-선이 유리벽에 나타나는 형광과 모종의 관계를 가지고 있을지 모른다고 밝힌 바 있다. 이 현상은 베크렐의 호기심을 자극했고, 그는 곧 관련 연구에 착수했다.

▲ 초기의 방사장치

베크렐은 많은 시간을 투자해 유리의 여러 결정을 조사했다. 이들 결정은 빛을 쪼이면 반짝이는 성질을 가지고 있었는데 베크렐은 그 중에서도 특히 빛이 차단된 이후에도 여전히 반짝이는 인광체에 주목했다. 인광체는 무엇인가? X-선과 같은 방사선일까? 그는 이러한 호기심을 안고 계속해서 연구에 몰두했다. 여기서 한 가지 짚고 넘어가자면 그가 사용한 형광 물질은 '황산우라닐칼륨'이었다. 그 이름에서도 알 수 있듯이 방사능 원소인 '우라늄'이 포함되어 있는 물질이었다.

그는 원래 황산우라닐칼륨을 이용해 햇빛의 일광 실험을 할 생각이었다. 하지만 공교롭게도 연일 흐린 날씨가 지속됐고, 실험도 차일피일 미뤄질 수밖에 없었다. 베크렐은 잘 싸둔 카메라 필름 위에 황산우라닐칼륨을 올려 서랍 속에 넣어두었다. 그리고 며칠 후, 일광실험을 준비하려고 필름을 살피던 그는 필름이 이미 감광되어 있는 것을 발견하고 깜짝 놀랐다. 가장 심각하게 감광이 된 부분은 황산우라닐칼륨을 두었던 곳이었다.

▲ 방사선 아래서 아름다운 청록색을 띠는 유리잔

이 놀라운 발견은 순전히 우연처럼 보인다. 그러나 여기서 중요한 건 우연한 발견 자체가 아니라 그 발견에 대한 판단과 분석이다. 그리고 여기엔 탄탄한 지식이 뒷받침되어야 한다. 베크렐은 자신이 발견한 현상을 곧바로 분석했다. 그는 황산우라닐칼륨이 일광을 받지 않았으므로 감광현상은 형광과 아무런 관계가 없다고 확신했다. 이러한 상황에서 필름의 감광을 해석할 수 있는 유일한 가능성은 옐로케이크가 사람들이 아직 발견하지 못한 새로운 방사성을 스스로 방출한 경우뿐이었다. '기회는 준비된 자에게만 찾아온다'는 말의 의미가 뼈저리게 와 닿는 대목이다.

자신의 추측을 증명해 보이기 위해 그는 다시 실험을 반복했고, 결국 형광의 유무와는 전혀 관계없이 옐로케이크가 스스로 방사선을 내보낸다는 사실을 증명해냈다. 그는 이러한 현상이 '우라늄'이라는 원소에 의해 비롯된다고 추측했다. 이는 가히 대담하고도 역사적인 추측이었다. 베크렐은 순수 우라늄 가루로 실험을 했고, 결과는 과연 그의 생각대로였다. 그가 이 결론을 도출해냈을 당시의 기쁨이 얼마나 컸을지는 굳이 말로 표현하지 않아도 알만하다. 그렇다. 말 그대로 획기적인 발견이었으니 그는 분명 기뻤을 것이다. 베크렐은 이 기세를 몰아 새로운 방사선이 시간이 지나도 약해지지 않으며(물론 베크렐이 방사성원소의 반감기를 발견하기 전이다) 투과력이 강하다는 사실을 밝히고, 이를 '베크렐선'이라 명명했다. 이뿐만 아니라 투과력이 강한 방사선을 방출하는 것이 우라늄의 특수한 성질임을 알아냈다.

방사성 물질의 발견은 원자가 더 이상 분할할 수 없는 최소의 단위라는 기존의 학설을 뒤엎으며 고전물리학의 '원자학설' 기반을 통째로 뒤흔들었다. 또한 방사성 물질의 발견은 획기적인 발견답게 미시적 세계의 문을 열어 핵물리학과 입자물리학의 탄생과 발전에 기반을 마련해 주었다.

평가

천연 방사능의 발견은 가히 획기적인 사건이었다. 이는 미시적 세계의 문을 열어주며, 핵물리학과 입자물리학의 탄생과 발전에 기반을 마련해 주었다.

▲ 전자를 발견한 톰슨

입자물리학을 향해

전자와 원자의 내부 구조

기본입자의 일종인 전자는 더 작게 분해할 수 없는 물질로 그 직경은 양자의 0.001배, 중량은 양자의 1/1836이다.

19세기 말 인간이 전기에 대한 지식을 충분히 가지게 되면서 전력을 이용한 발명이 줄을 이었다. 이로써 인간사회는 전기의 시대로 접어들었다. 하지만 여전히 해결하지 못한 문제가 한 가지 남아 있었다. 바로 전력의 진면목에 관한 문제였다.

이전의 학자들은 전기현상이 전기를 가진 원자에 의해 발생한다고 여겼고, 실제로 여러 실험을 통해 이를 입증해냈다. 그러나 여전히 설명되지 않는 문제가 있었다. 전류가 도선을 지날 때, '전기를

발견시기
1897년

발견자

톰슨(Joseph John Thomson, 1857년
~1940년)
영국의 물리학자로 전자를 발견한
인물이다. 톰슨의 가장 큰 업적은 단
연 전자를 발견한 것이다. 이를 입증
하듯 1906년 그는 그 공로를 인정받
아 노벨 물리학상을 수상했다. 이뿐
만 아니라 양극선(진공방전 때 양극
에서 음극으로 향해 흐르는 양전기
를 띤 방사선)을 연구하면서 질량스
펙트럼 분석방법을 발전시켜 고전
금속전자론의 창시자가 되었다.

가진 원자'가 어떻게 모든 원자 사이를 지나는가가 문제였다.

이 문제의 답을 구하기 위해서는 불필요한 원자를 반드시 제거해야 했다. 즉, '전기를 가진 원자'만을 통과시켜야 전기를 연구하는 데 가장 이상적인 조건이 마련된다는 뜻이었다. 위대한 실험 물리학자 패러데이는 관련 실험을 시도해 보았으나 성공하지 못했다.

그러나 과학적으로 필요하기만 하다면 온갖 방법을 동원해서라도 이러한 실험 장치를 만들어내는 사람이 있기 마련이다. 1854년 독일의 한 유리공예가가 진공의 유리관(안에 원자가 거의 없는)을 만드는 데 성공한 것이다. 그리하여 물리학자들은 이 유리관 양쪽에 '전극'이라는 작은 구리 막대를 장착하고, 다시 이에 전지와 이어진 도선을 연결했다. 그러자 기묘한 현상이 나타났다. 유리관이 옅은 녹색 빛을 내기 시작해 한쪽 전극에서 다른 한쪽 전극으로 빛이 이동하는 모습을 볼 수 있었던 것이다.

문제의 실마리가 잡히는 듯한 순간이었다. 하지만 이내 또 다른 문제가 발생했다. 이번엔 이 옅은 녹색 빛이 빛의 새로운 한 형태인지, 아니면 '전기를 가진 원자'에 의해 비롯된 것인지가 문제였다. 1897년, 영국의 물리학자 톰슨(Joseph John Thomson)이 문제에 마침표를 찍기까지 과학계는 이 문제를 두고 오랜 논쟁을 벌였다.

톰슨의 판단 방법은 놀라울 정도로 간단했다. 그가 사용한 방법을 알게 된다면 왜 그 전엔 이런 생각을 해낸 과학자가 없었는지 답답할 수도 있다. 사실 이는 콜럼버스의 달걀과도 같은 문제이다. 콜럼버스는 달걀의 한 쪽 끝을 깨는 방법으로 손쉽게 달걀을 세웠다. 만약 당신이 콜럼버스가 어떻게 계란을 세웠는지 모른다면, 당신은 계란을 세울 수 있겠는가?

톰슨은 전자석을 유리관 속의 녹색 빛에 가까이 가져갔고, 그 결과 전자석의 움직임에 따라 녹색 빛이 움직인다는 사실을 발견했다. 그렇다면 이와 같은 현상은 무엇을 뜻할까? 전자석을 손전등 불빛 가까이 가져가 불빛의 방향이 휘어지는지를 살펴보면 일반적인 빛과 전파, X-선이 전자석의 영향을 받지 않는다는 것을 알 수 있는데, 이는 곧 녹색 빛이 새로운 광선의 일종이 아니라 '전기를 가진 원자'임을 뜻한다. 즉, 육안으로 볼 수 없을 만큼 작은 입자의 유동이 바로 전기의 진면목이라는 얘기다. 톰슨은 이러한 입자를 '전자'라고 이름 지었다.

▲ 러더퍼드(Ernest Rutherford, 1871년 8월 30일~1937년 10월 19일), 뉴질랜드의 저명한 물리학자로 '핵물리의 아버지'라 불린다. 러더퍼드는 'α선 산란실험'을 통해 최초의 원자구조모형을 제시하며 원자궤도이론을 개척했다. 이러한 그를 기념하기 위해 104번째 원소의 이름을 '러더퍼드(rd)'라 명명했다.

톰슨은 공식을 이용해 전자의 질량을 계산해내는 데에도 성공했다. 놀랍게도 전자의 질량은 수소원자의 1/2000에 불과했다! 이전까지만 해도 과학자들은 수소원자가 자연계에서 가장 가벼운 물질이라고 여겨왔는데 전자에 비하니 수소원자는 그야말로 거대한 물질이었다. 이를 다시 구리원자와 비교하면, 전자는 구리원자의 1/120000에 불과했다. 전자가 이렇게 작기 때문에 구리원자 사이사이에 들어갈 수 있었던 것이다. 이처럼 자그마한 전자에 비해 도선에 가득한 구리분자는 마치 거대한 산과 같은 존재였지만 산골짜기를 넘는 데는 아무런 어려움이 없었다.

전자의 발견으로 인간은 다시 한 번 원자의 베일을 한 겹 벗겨내게 되었다. 그 후 1909년 영국의 물리학자 러더퍼드(Ernest Rutherford)는 'α선 산란실험'을 통해 최초의 원자구조 모형인 러더퍼드보어의 모형 즉, 유핵원자모형을 제시했다. 원자의 중심에 원자핵이 자리잡고 있어 거의 모든 질량과 양전하를 집중시키기 때문에 행성이 항성을 돌며 운동하듯 전자도 원자핵을 돌며 원주운동을 한다는 것을 보여주는 모형이었다. 그 후 원자핵 내부의 양자, 중성자 등이 발견됨에 따라 인간은 드디어 원자의 내부 구조를 파악하게 되었다.

◀ 유핵원자모형(러더퍼드보어의 모형)

▲ 퀴리와 퀴리부인, 실험실에서

발견시기
1898년

발견자

마리 퀴리
(Marie Curie, 1867년~1934년)
퀴리부인으로 더 유명한 그녀는 폴
란드 출신의 프랑스 여성 물리학자
이자 방사선 화학자이다. 1903년 남
편 피에르 퀴리, 베크렐과 함께 노벨
물리학상을 수상했으며, 1911년 방
사선 화학분야의 공로를 인정받아
또 다시 노벨 화학상 수상의 영예를
안았다.

방사선학 확립의 기초
폴로늄과 라듐

유럽의 지식인들이 퀴리부인의 인품과 열정을 조금이라도 닮았
더라면 유럽은 보다 밝은 앞날을 맞이하게 될 것이다.

아인슈타인

　방사성원소의 발견으로 원자론은 큰 타격을 받았다. 당시의 원자
론으로는 방사성원소가 왜 이처럼 큰 에너지를 지니며 지속적인 방
사가 가능한지 설명할 수 없었기 때문이다. 때문에 당시의 원자론은
수정을 통해 원자의 본모습을 밝힐 필요가 있었다. 물론 이는 긴 시
간이 필요한 작업이었다. 어쨌든 방사능의 발견은 여러 물리학자들
의 흥미를 일으키기에 충분했고, 결과적으로 많은 과학자들이 방사

선 연구에 눈을 돌리기 시작했다. 그 중에는 여성과학자도 있었는데 바로 마리 퀴리였다.

▲ 퀴리부인 메달

마리 퀴리의 결혼 전 이름은 마리아 스크토도브스카(Maria Skłodowska)였다. 1867년에 태어난 그녀는 어려서부터 이과 분야에 남다른 재능을 보이며 성적 우수상을 받기도 했다. 하지만 그녀는 뛰어난 재능을 가지고도 여자라는 이유로 대학에 입학할 수 없었다. 당시 폴란드는 러시아의 지배를 받고 있었는데 러시아가 폴란드인의 교육권을 제한하여 여성의 대학 진학이 불가능했기 때문이다. 마리아와 그녀의 언니는 서로를 뒷바라지해가며 프랑스 파리로 유학을 떠났다. 먼저 프랑스 유학길에 오른 사람은 그녀의 언니였다. 마리아는 가정교사를 하며 돈을 모아 언니를 파리 대학에 보냈고, 무사히 학업을 마친 그녀의 언니는 일을 시작한 후 다시 마리아의 유학 경비를 댔다. 1891년, 언니의 도움으로 파리에 입성한 그녀는 파리 대학교에서 물리학을 전공하여 수석으로 졸업했다.

▼ 순수라듐을 든 퀴리부인

1895년 마리아는 피에르와 결혼식을 올렸다. 결혼 후, 부부는 방사능에 대한 연구에 종사하기 시작했다. 실험을 반복하길 여러 차례, 그들은 우라니나이트에 우라늄 혹은 토륨의 방사능보다 훨씬 강력한 방사성원소가 존재한다는 사실을 발견했다. 1897년, 고된 추출작업 끝에 그들은 드디어 새로운 방사성원소를 분리해내는 데 성공했고, 이를 마리아의 조국인 폴란드를 기념하는 의미로 '폴로늄'이라 이름 붙였다.

하지만 폴로늄의 방사능을 측정하는 과정에서 퀴리부부는 폴로늄의 방사능이 우라늄보다 강하지 않다는 사실을 발

견하게 되었다. 이는 곧 우라니나이트에 또 다른 새로운 원소가 존재함을 뜻했다. 그리고 얼마 후, 그들은 라듐을 발견했다. 라듐은 순수우라늄보다 무려 900배나 강력한 방사능을 자랑했다. 그 후 그들은 4년이라는 시간을 쏟아 10톤에 달하는 우라니나이트에서 0.1그램의 염화라듐을 추출해냈고, 이로써 초보적으로나마 라듐의 원자량을 측정하는 데 성공했다.

라듐의 발견은 과학계에 진정한 혁명을 불러일으키며 방사선학의 확립과 발전에 중대한 영향을 미쳤다. 라듐은 그야말로 무수한 땀과 눈물을 모아 탄생한 퀴리부인의 노력의 결정체였다. 1903년 퀴리부인은 베크렐과 함께 노벨 물리학상을 수상했다.

1908년, 남편 피에르 퀴리가 마차에 치여 세상을 떠난 후에도 그녀는 홀로 두 딸아이를 돌보며 금속라듐 추출 작업에 전념했다.

평가

라듐의 발견은 과학계에 진정한 혁명을 일으켰다. 원자세계 탐구라는 신비로운 문을 열어준 라듐의 발견은 방사선학의 확립과 발전에 중대한 영향을 미쳤다.

▶ 라듐을 발견한 퀴리부부

1910년, 퀴리부인은 프랑스 화학자 드비에른(Debierne, A. 1874년~1949년)과 함께 전기분해를 통해 염화라듐에서 금속라듐을 분리하는 데 성공하여 그 성질을 연구했다. 그리고 1911년, 다시 한 번 노벨 화학상 수상의 영예를 안으며 노벨상을 두 차례나 수상한 유일한 여성 과학자로 이름을 남겼다.

▲ 1927년, 당시의 걸출한 물리학 자들이 벨기에의 수도 브뤼셀에 모여 양자이론에 관한 회의를 열었다. 이 자리에는 플랑크(첫 번째 줄 왼쪽에서 두 번째)와 마리 퀴리(첫 번째 줄 왼쪽에서 세 번째), 아인슈타인(첫 번째 줄 왼쪽에서 다섯 번째), 하이젠베르크(세 번째 줄 오른쪽에서 두 번째) 등이 참석했다.

미시적 세계의 룰렛
양자이론

단언컨대 양자역학을 진정으로 이해하는 사람은 없다.

파인먼(Richard Philips Feynman)

발견시기
1900년 12월 14일

발견자

플랑크
(M. Planck, 1858년~1947년)
독일의 물리학자이자 양자물리학의 창시자로 1918년에 노벨 물리학상을 수상했다.

 19세기 말, 고전물리학의 하늘에 두 개의 먹구름이 드리워졌다. 그 중 하나는 광속도불변이라는 먹구름이었으며, 다른 하나는 물리학 역사상 '자외선파탄(ultraviolet catastrophe)'이라고 불리는 현상이었다. 어떤 의미에서 보면 이 두 먹구름의 출현이 현대물리학의 초석인 상대성이론과 양자이론의 발견을 이끌었다고 할 수 있다. 1905년 아인슈타인은 광속도불변현상에서 출발하여 특수상대성이론을 제시했고, 1900년 11월 플랑크(Max Karl Ernst Ludwig Planck) 역시 '자외선파탄' 현상을 해석하기 위해 '에너지양자'라는 가설을 세우며 양자이론의 탄생을 알렸으니 말이다.

▲ 보른(Max Born, 1882년 ~1970년), 독일의 이론물리학자로 양자역학의 창시자 중 한 명이다.

▲ 미국 출신의 오스트리아 과학자 파울리(Wolfgang Pauli, 1900년~1958년)

'자외선파탄' 현상은 1900년 6월에 발견됐다. 영국의 과학자 레일리(John William Strutt Rayleigh)와 진스(James Hopwood Jeans)는 흑체의 복사강도를 측정하면서 단파가 나오는 곳에서는 고전전기역학과 고전에너지등분배법칙에 따라 이론적으로 계산한 값과 실험으로 측정한 값이 큰 차이를 보인다는 사실을 발견했다. 이후 1911년 오스트리아의 물리학자 에렌페스트(Paul Ehrenfest)가 이 현상을 '자외선파탄' 이라 명명했다.

'자외선파탄' 현상은 마치 도화선처럼 고전물리학에 대한 인간의 의문과 혁신에 불을 붙였다. 이 현상이 발견된 해 12월 14일, 독일의 물리학자 플랑크는 고전이론으로 흑체복사를 설명하는 데 어려움을 없애기 위해 '에너지양자' 라는 가설을 도입했다. 원자가 에너지를 흡수하거나 방출하는 일은 연속적으로 일어나지 않고 일정한 틈을 두고 이루어지며, '에너지양자' 라는 에너지의 최소 단위를 가진다는 내용의 가설이었다. 사실 이 가설은 훗날 플랑크 스스로 "양자화는 막다른 골목에 다다라 생각해낸 방법일 뿐이었다."라고 말할 정도로 빈틈도 많고 조금 황당하기까지 했다. 그런데도 '에너지양자' 가설은 이후 물리학에 엄청난 영향을 미쳤고, 때문에 양자이론의 초석을 다진 가설이라 할 수 있다. 사람들이 '에너지양자' 가설이 세워진 날을 양자이론의 탄생일로 여기는 것도 이러한 이유에서이다.

사실 플랑크의 '에너지양자' 라는 가설 자체는 사람들의 이목을 끌지 못했다. 1905년 아인슈타인이 '에너지양자' 가설을 발전시키지 않더라면 양자물리는 플랑크의 가설과 함께 소리 소문도 없이 자취를 감췄을 것이다. 아인슈타인은 광전효과를 해석하면서 "에너지뿐만 아니라 빛 역시 양자화 된 것으로 연속적이지 않아야 한다."고 단언하며, 광양자(혹은 광자)의 개념을 제시하는 한편 빛의 이중성을 지적했다. 그의 이론은 '광전효과' 를 성공적으로 설명해냈고, 이로써 '양자' 라는 개념이 사람들의 인정을 받고 양자이론으로 발전하는 데 길을 닦아 주었다.

그 후, 1923년 프랑스물리학자 드브로이(Louis Victor de Broglie)가 '물질파(또는 드브로이파)' 라는 개념을 제시했고, 1925년~1926년 오스트리아 물리학자 슈뢰딩거(Erwin Schrdinger)가 양자파동역학을 확립했으며, 독일 물리학자 하이젠베르크(Werner Karl Heisenberg) 등이 양자행렬역학을 확립했다. 이렇게 양자이론은 양자역학으로 발전해 나갔다.

1925년 9월, 보른(Max Born)을 비롯한 일부 물리학자들은 하이젠베르크의 생각에 살을 덧붙여 보다 체계적인 행렬역학이론을 수립했다. 그리고 1926년 슈뢰딩거가 파동역학과 행렬역학이 수학적으로 완전히 등가를 이룬다는 사실을 발견하고 이 둘을 양자역학으로 통일시켰다.

1928년, 영국의 물리학자 디랙(Paul Adrien Maurice Dirac)은 양자역학이론을 체계적으로 종합해 현대물리학의 양대 이론체계인 상대성이론과 양자역학을 성공적으로 결합시켜 양자장론(quantum field theory)의 서막을 열었다.

양자이론은 1925년 정월부터 1928년 정월까지 장장 3년이란 시간 동안 완전히 새롭고 완벽한 논리로 다시 태어났고, 현대물리학의 양대 주춧돌 중 하나가 되어 미시적인 시각으로 거시적인 세계를 연구하는 데 이론적인 기반을 마련해주었다.

양자이론의 확립 과정을 살펴보면 물리학 역사의 일대 과학혁명이라 해도 과언이 아니다. 그리고 이 과학혁명에 참여한 과학자들은 대부분 젊은 과학자들이었다. 1925년 파울리(Wolfgang Pauli)가 파울리의 배타원리를 발견했을 때 그의 나이는 불과 스물다섯 살이었고, 하이젠베르크와 페르미(Enrico Fermi)는 스물네 살, 디랙은 스물세 살이었다. 이들보다 나이가 조금 더 많았던 슈뢰딩거도 서른여섯 살에 불과했다. 훗날 이들은 거의 모두 노벨상 수상대에 오르며 현대과학 역사의 빛나는 거성이 되었다.

이처럼 양자역학은 젊은 물리학자들에 의해 확립되었지만 어찌 보면 그리 놀랄만한 일은 아니다. 켈빈의 생각처럼 새로운 물리학은 기본적으로 자유로운 생각을 가진 사람들에게서 탄생되기 때문이다.

▲ 슈뢰딩거(Erwin Schrdinger, 1887년~1961년)

평가

양자이론의 확립은 물리학 역사의 일대 혁명이었다. 양자역학의 출현으로 고전물리학이 천하를 지배하던 시대가 막을 내렸다. 양자이론은 현대물리학의 양대 초석 중 하나로 미시적 물질세계의 기본법칙을 밝혀 원자물리학과 고체물리학, 핵물리학, 입자물리학의 이론적 기반을 마련해 주었다. 또한 양자이론은 과학역사상 가장 정확하게 실험, 검증된 이론이며 가장 성공한 이론이기도 하다.

발견시기
1887년

발견자

헤르츠(Heinrich Rudolf Hertz, 1857
년 2월 22일~1894년 1월 1일)
독일의 물리학자이다. 헤르츠의 가
장 큰 업적은 실험을 통해 전자파의
존재를 입증한 것이다.

▶ 헤르츠가 전자파실험에 사용한
장치의 복제품

평가

전자파의 발견은 근대과학역사상
중요한 이정표가 되었다. 맥스웰이
발견한 진리를 입증하고 무선전신
기술의 신기원을 연 헤르츠의 발견
은 획기적인 의미를 지닌다.

인간이 한 번도 만나본 적 없는 '친구'
전자파

전자파가 바로 인간이 한 번도 만나본 적
없는 '친구' 이다.

헤르츠(Heinrich Rudolf Hertz)

맥스웰은 자신의 방정식으로 전자파의 존재
를 예측해내는 데 성공했지만 안타깝게도 젊
은 나이에 세상을 떠나 자신의 예측이 누군가
에 의해 증명되는 것을 보지는 못했다. 그렇다
면 실험을 통해 처음으로 전자파의 존재를 입
증한 사람은 누구일까? 그는 과연 어떤 실험
을 통해 전자파의 존재를 증명했을까?

그 주인공은 바로 독일의 물리학자 헤르츠
였다. 먼저 1887년에 그가 진행했던 실험을 살
펴보자. 그는 전자파를 유도하기 위해 한 변이
각각 40센티미터인 두 개의 정사각형 아연판
을 이용해 유도장치를 만들었다. 헤르츠는 각
각의 아연판에 황동구슬이 달린 30센티미터
길이의 구리막대를 연결한 후, 다시 도선을 이
용해 구리막대에 감응코일을 연결하여 전기가
통했을 때 황동구슬 간에 고주파 불꽃방전이 일어나도록 했다. 발생
기를 만들었으니 이제는 전자파를 감지할 수 있는 검파기를 만들 차
례였다. 검파기가 없다면 어떻게 고주파 불꽃방전이 일어나 밖으로
전파되는 것을 증명할 수 있겠는가! 그렇다면 그가 만든 검파기는
또 어떤 모습이었을까? 헤르츠가 사용한 방법은 아주 간단했다. 그
는 양쪽 끝에 구리구슬이 달린 도선을 둥그렇게 구부려 발생기에서
10미터 떨어진 곳에 두었다. 발생기에 전기를 흘려보내자 검파기의
두 구리구슬 사이에 선명한 불꽃이 발생했다.

전자파로 인해 검파기에 불꽃이 생성된 것이었다. 헤르츠는 이렇
게 전자파의 존재를 입증해냈다. 전자파의 존재 사실이 증명된 이후
에도 검증이 필요한 문제가 몇 가지 남아 있었다. 그것은 바로 전자

파의 속력과 특성이 과연 맥스웰방정식의 예언과 일치하는 지의 문제였는데, 이는 맥스웰방정식의 정확성을 가장 잘 증명할 수 있는 중요한 증거가 되는 문제이기도 했다. 검증 결과는 역시 맥스웰의 예언과 완벽히 일치했다. 전자파의 속력은 광속과 같았지만 그 파장은 약 1미터에 불과했던 것이다.

헤르츠의 실험은 맥스웰이론의 입지를 확립하는 데 매우 의미 있는 실험이었다. 빛의 전자파에 대한 맥스웰이론의 정확성을 성공적으로 입증해냈기 때문이다. 아인슈타인의 말처럼 "헤르츠가 실험을 통해 맥스웰이 주장한 전자파의 존재 여부를 증명한 후에야 비로소 새로운 이론에 대한 거부감이 사라졌다." 물론 이보다 더 중요한 사실은 그의 실험이 무선전신 기술 발전에 길을 열어주었다는 점이다. 그 중에서도 특히 거의 모든 사람들이 이용하고 있는 무선전화는 헤르츠의 업적이 얼마나 뛰어난 지를 보여주는 좋은 예라 할 수 있다. 헤르츠가 '무선통신의 선구자' 라 불리는 것도 바로 이러한 이유 때문이다.

◀ 헤르츠가 전자파실험에 사용한 장치

발견시기
1905년

발견자

아인슈타인

장장 300여 년에 걸친 논쟁의 결과
빛의 이중성

사람은 누구나 저마다의 이상을 가지고 있고, 이러한 이상이 그 사람의 노력과 판단 방향을 결정한다. 그러한 의미에서 나는 안일함과 쾌락을 삶의 목적으로 삼아본 적이 없다. 안일함과 쾌락만을 좇는 것은 돼지우리처럼 더러운 이상이다. 나의 길을 밝혀 주고, 내가 즐거운 마음으로 인생을 마주할 수 있도록 끊임없이 용기를 북돋아 주는 이상은 진眞, 선善, 미美이다.

아인슈타인

인간은 오래 전부터 빛을 연구하기 시작했지만 진정으로 빛의 본성을 인식하기까지는 긴 과정을 거쳐야 했다. '물질은 무엇으로 구성되나?' 라는 문제를 탐구할 때와 마찬가지로 '빛은 도대체 무엇인가?' 라는 문제는 광학 연구에 끊임없는 논쟁을 불러일으켰다. 빛의 본성을 둘러싼 논쟁은 크게 두 가지 의견으로 나눌 수 있는데, 그 중 하나는 빛이 입자로 구성되었다는 의견 즉, 뉴턴으로 대표되는 빛의 입자설이었으며, 다른 하나는 하위헌스로 대표되는 빛의 파동설이었다.

▼ 사람들에게 빛의 회절실험을 소개하고 있는 그리말디

17세기 초부터 불이 붙기 시작한 이 논쟁은 20세기 초 빛의 이중성 발견으로 일단락되기까지 장장 300여 년에 걸쳐 진행되었다. 이 긴긴 논쟁은 과학의 발전을 이끌며 현대물리학의 기둥이라 할 수 있는 양자역학을 탄생시켰다.

빛의 입자설과 파동설을 주장한 대표적인 인물은 뉴턴과 하위헌스였지만 가장 먼저 빛의 본성에 대한 가설을 제시한 사람은 따로 있었다. 바로 데카르트였다. 1637년 데카르트는 《방법론(Discours de la m/hode)》의 부록 중 하나인 《굴절광학》에서 빛의 본성에 대한 두 가지 가설을 제시했다. 훗날 이 가설들은 입자설과 파동설로 발전하며 논쟁의 불씨가 되었다.

입자설과 파동설 중 한 발 앞서 제기된 것은 파동

설이었다. 1655년, 이탈리아 볼로냐 대학교(University of Bologna)의 수학교수 그리말디(Francesco Maria Grimaldi)는 광속光束 중에 병렬로 세워둔 막대기들의 그림자를 관찰하다가 빛의 회절현상을 발견했다. 이에 빛도 물처럼 일종의 파동일 가능성이 있다고 추측한 그는 '빛의 회절'이라는 개념을 제시하며 파동설을 최초로 주장했다. 그의 가설은 당시 영국 왕립아카데미의 핵심인물인 로버트 보일(Robert Boyle)과 로버트 훅(Robert Hooke)의 지지를 받았다. 훅은 박막薄膜의 색깔 변화를 관찰해 '빛은 에테르의 수직파'라는 가설을 제시하고, 색깔은 빛의 주파수가 결정한다는 해석을 내놓기도 했다.

그리고 1666년, 뉴턴이 빛의 분광현상을 발견한 후 빛의 입자설을 제시하여 빛의 색깔 이론을 성공적으로 설명해냈다.

'빛의 색깔'이란 문제는 순식간에 도화선이 되어 파동설과 입자설의 논쟁에 불을 붙였다. 당초 논쟁의 중심에 선 인물은 훅과 뉴턴이었다. 그들은 글로써 서로의 의견을 반박하며 첨예하게 맞섰지만 두 사람 모두 완벽한 이론을 확립하지는 못했다. 하지만 이렇게 논쟁이 벌어진 이상 과학자들은 문제의 진상을 밝혀 결론을 내려야 할 책임이 있었다.

빛의 본성을 둘러싸고 벌어진 훅과 뉴턴의 논쟁은 당시의 수많은 과학자들을 매료시켰다. 하위헌스도 그 과학자들 중 한 사람이었다. 하위헌스는 뉴턴을 존경했지만 빛의 본성에 대한 문제에 있어서만큼은 훅의 파동설을 지지했다. 그는 뉴턴의 분광실험과 그리말디의 실험을 재현했고, 그 결과 입자설로는 설명할 수 없는 현상들이 너무나도 많다고 생각했다. 그래서 하위헌스는 기존의 파동설을 보강해 이론체계가 비교적 명확한 파동설을 제시했다.

▲ 영국의 저명한 물리학자 토머스 영(Thomas Young, 1773년 6월 14일~1829년 5월 29일)

당시 뉴턴 역시 자신의 저서 《광학》을 수정, 보강하여 보다 완벽한 입자설을 내 놓았다. 특히 주목할 만한 점은 뉴턴이 입자설에 보다 강력한 이론 기반을 마련해주기라도 하려는 듯 자신의 질점역학 체계를 입자설에 응용했다는 사실이다.

뉴턴의 《광학》은 훅이 세상을 떠나고 그 이듬해가 되어서야 정식으로 출판되었다. 훅과의 논쟁을 피하기 위해서였다. 훅이 세상을 떠나고 하위헌스 또한 이미 이 세상 사람이 아니었기 때문에 더 이상 1대 과학거장 뉴턴의 권위에 도전할 사람은 없었다. 이렇게 입자설은 고전학설로 자리 잡으며 18세기를 지배했다. 그 후 한동안 빛의 본성에 대해 의구심을 갖거나 관련 연구를 진행하는 사람은 거의 없었다.

그러다 18세기 말, 영국의 저명한 물리학자 토머스 영(Thomas Young)이 뉴턴의 입자설에 반기를 들고 나섰다. 1801년 토머스 영은 그 유명한 '영의 이중슬릿간섭실험'을 진행해 빛의 간섭현상을 증명, 빛이 파波의 일종임을 밝혔다. 같은 해 그는 최초로 빛의 간섭이란 개념과 빛의 간섭원리를 제시했다.

하지만 토머스 영의 이론과 이후의 반박들은 중요하게 받아들여지지 않았고, 심지어는 비방에 시달리기도 했다. 그러나 그의 이론이 빛의 본성에 대한 사람들의 관심을 다시 한 번 불러일으킨 것은 분명했다.

일례로 말뤼스(Etienne Louis Malus)는 1809년 실험 중 빛의 편광현상을 관찰했고, 뒤이어 편광현상의 원리를 발견해냈다. 광파를 일종의 종파縱波라고 여기는 기존의 파동설로는 도무지 설명할 수 없었던 이 현상은 결국 광학 연구를 입자설에 유리한 방향으로 이끄는 결과를 가져왔다.

하지만 그것도 잠깐이었다. 파동설에 힘을 실어주는 연구 결과가 나오면서 파동설이 곧장 추월에 나섰기 때문이다.

1817년, 토머스 영은 빛이 종파의 일종이라고 주장한 하위헌스의 의견 대신 빛이 횡파橫波의 일종이라는 가설을 세웠다. 그는 이 가설을 통해 나름 성공적으로 빛의 편광현상을 해석해내며 새로운 파동설 이론을 확립했다. 1819년에는 프레넬(Augustin Jean Fresnel)이 이중거울간섭실험을 성공적으로 마쳐 영의 이중슬릿간섭실험 이후 다시 한 번 빛의 파동설을 증명해냈다. 그리고 1882년 독일 천문학자 프라운호퍼(Joseph von Fraunhofer)가 최초로 회절발을 이용한 빛의 회절현상 연구를 진행해 빛의 파동설로 회절현상을 해석하는 데 성공했다. 이렇게 새로운 파동설이 확고하게 자리를 잡기 시작하면서 19세기

▼ 토머스 영의 이중슬릿간섭실험 설명도

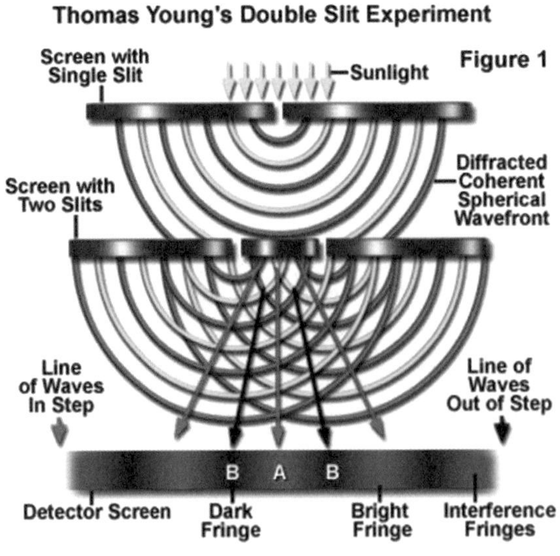

Thomas Young's Double Slit Experiment

Figure 1

Screen with Single Slit — Sunlight

Screen with Two Slits

Diffracted Coherent Spherical Wavefront

Line of Waves In Step

Line of Waves Out of Step

B A B

Detector Screen | Dark Fringe | Bright Fringe | Interference Fringes

중후반에 펼쳐진 파동설과 입자설의 논
쟁은 파동설의 승리로 돌아갔다.

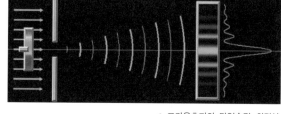

▲ 프라운호퍼의 단일슬릿 회절실
험 장치와 회절현상

그러나 1887년 광전효과가 발견되면서
좀처럼 무너지지 않을 것 같았던 파동설
이 치명적인 타격을 받게 되었다. 전자
파를 발견한 헤르츠의 이 의외의 발견은
마치 폭탄처럼 엄청난 위력을 자랑하며 많은 물리학자들을 혼란의
늪에 빠트렸다. 물론 혁신의식이 있는 젊은 과학자들을 일깨워 물리
학의 일대 변혁을 예고하기도 했다.

이 광전효과를 설명하기 위해 1905년 아인슈타인이 제시한 학설
이 바로 빛의 양자학설이었다. 그는 이 학설을 바탕으로 '빛의 이중
성'을 주장했고, 1921년 그 공로를 인정받아 노벨 물리학상을 수상
했다.

'빛의 이중성'은 이후 실험을 통해 입증되었다. 일례로 1921년 콤
프턴(Arthur Holly Compton)은 실험 중 X-선의 입자성을 증명했으
며, 1927년 톰슨(George Paget Thomson)은 전자빔이 파의 성질을
가지고 있음을 입증했다. 이러한 사실 앞에 사람들은 빛의 이중성을
인식하고 더 이상 논쟁을 벌이지 않았다.

'빛의 이중성' 발견은 '빛의 본질'을 뒤덮고 있던 알쏭달쏭한 베
일을 벗기고, 지난 300여 년 동안 대대로 끊일 줄 몰랐던 논쟁에 종
지부를 찍었다. 긴긴 논쟁의 결과가 양자역학의 확립을 직접적으로
이끌기도 했다.

▲ 콤프턴(Arthur Holly Compton,
1892년 9월 10일~1962년 3월
15일), 미국의 저명한 물리학자
로 '콤프턴효과'를 발견했다.

평가

'빛의 이중성' 발견으로 인간은 물
질세계를 조금 더 잘 이해하게 되
었다. 그리고 이러한 인식은 파동
역학의 발전에 디딤돌이 되어 주었
다. 세기를 뛰어넘은 논쟁은 양자
역학의 탄생을 이끌기도 했다.

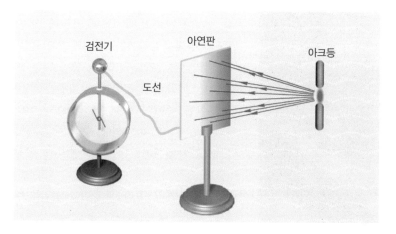

◀ 광전효과

시공간에 대한 상식적인 이론을 뒤집다

특수상대성이론

남성은 섹시한 여성 옆에 앉아있을 땐 한 시간이 지나도 겨우 1분 지난 것처럼 느끼지만 뜨거운 난로 위에 앉아있을 땐 1분만 지나도 한 시간은 지난 듯한 느낌을 받는다. 이것이 바로 상대성이다.

아인슈타인

발견시기
1905년

발견자

아인슈타인(Albert Einstein, 1879년 3월 14일~1955년 4월 18일)
독일계 미국 과학자이자 현대물리학의 선구자로 '20세기 물리학계의 뉴턴'이라 불린다.

▼ 취리히연방공과대학의 과학실, 1900년 아인슈타인이 이곳에서 공부했다.

　　19세기 말에서 20세기 초는 물리학 역사상 일대 변혁이 일어난 시기였다. 당시 물리학자들은 물리학의 각 분야가 이미 완벽한 이론을 확립했다고 여겼고, 이 때문에 기존 이론의 정확성을 높이고 세부적인 부분을 보충, 수정하는 일이 자신들에게 주어진 임무라고 생각했다. 실제로 물리학은 물리학의 원로 윌리엄 톰슨(William Thomson)이 1900년 신세기를 맞아 개최된 과학연구 성과 학술대회에서 한 강연처럼 완벽한 체계를 갖춘 듯했다. 우리 주변에서 흔히 볼 수 있는 물리현상들을 설명해줄 수 있는 이론적 근거가 마련되었기 때문이다. 그러나 밝아만 보이던 물리학의 앞날에 곧 먹구름이 드리워졌고, 뒤이어 천둥번개가 몰아치면서 물리학은 순식간에 무너져 내렸다.

　　여기서 말하는 천둥번개란 물리학의 3대 발견 즉, 뢴트겐선과 원소의 천연방사능, 그리고 전자의 발견을 뜻하는데 이 발견들은 현대물리학 혁명의 서막을 열었다.

　　물리학계에 드리운 먹구름 중 하나는 19세기 말 미국의 천문학자 마이컬슨과 몰리가 실험 중에 도출해 낸 광속도불변의 원리였으며, 또 하나의 먹구름은 물리학 역사상 '자외선파탄'이라고 불리는 현상이었다.

　　광속도불변의 원리는 고전물리학의 뿌리를 송두리째 뒤흔들어 놓았다. 뉴턴의 고전역학으로는 광속도불변 현상을 설명할 수 없었기 때문이다. 간단히 예를 들면, 지구가 초당 약 30킬로미터의 속도로 태양 주변을 돌기 때문에 지구에서 반사된 빛의 속도는 30킬로미터+30만 킬로미터/초가 돼야 했지만 실제 측정값은 여전히 30만 킬로미터/초였던 것이다. 다시 말해서 고전역학에서 이야기하는 속도의 중첩현상은 일어나지 않았다. 물론 광속도불변의 원리는 '에테르'에 대한 기존 학설에 의심을 불러일으키기도 했다. 맥스웰이 빛과 전자파를 전파할 수 있다고 제기한 매개체는 중량이 없고 절대적으로 침투할 수 있는 물질 즉, '에테르'였는데 이 에테르라는 물질 자체가 존재하지 않을 수도 있다는 가능성이 제기된 것이다.

광속도불변이라는 이 희한한 현상을 어떻게 해석할 것인가? 우주에는 광속도보다 더 큰 속도를 가진 물질이 있을까? 이는 정말 천재의 두뇌가 절실히 요구되는 골치 아픈 문제가 아닐 수 없었다. 그리고 바로 그 때 위대한 과학자가 이 문제에 관한 연구에 두각을 나타냈다. 바로 그 이름도 유명한 아인슈타인이었다.

1905년은 아인슈타인 자신에게도 또 전 인류에게도 아주 특별한 해였다. 아인슈타인의 광양자론과 특수상대성이론이 확립되고, 브라운운동 측정 방법이 제기된 해였기 때문이다.

아인슈타인은 광양자론으로 광전효과를 성공적으로 설명해냈고, 이에 1921년 노벨 물리학상 수상의 영예를 안았다. 하지만 그가 확립한 특수상대성이론에 비하면 광전효과를 어떻게 해석했는지, 또 브라운운동 측정방안 제시가 어떠한 의미를 갖는지는 그리 중요하지 않다. 쉽게 말해 이들은 그저 아인슈타인의 '초과수익'에 불과했기 때문이다. 즉, 아인슈타인에게 가장 중요한 것은 바로 상대성이론이었다는 얘기다. 특수상대성이론은 물질의 운동과 시간, 공간의 관계를 이야기한 이론이다. 뉴턴 등이 확립한 고전역학이 물체의 저속운동법칙만을 기술한 반면, 특수상대성이론은 물체의 저속운동법칙뿐 아니라 고속운동법칙도 정확하게 반영하고 있다.

특수상대성이론은 두 가지 기본원리에

▼ 괴델(Kurt Gödel) 등에게 우수 과학업적상을 수여하고 있는 아인슈타인

▲ 우울한 아인슈타인

바탕을 두고 있다. 첫째, 물리법칙은 어떠한 관성계에서든 모두 같다는 상대성이론과 둘째, 광속도는 어떠한 관성계에서든 모두 같다는 광속도불변의 원리이다.

여기서 우리는 아인슈타인이 특수상대성이론에서 광속도가 왜 변하지 않는지를 설명하기보다 광속도불변을 하나의 원리로 삼았다는 데 주목해야 한다. 아인슈타인은 이 두 가지 기본원리를 바탕으로 질량에너지가 m인 물질은 모두 mc^2의 에너지를 가지고 있다는 질량과 에너지의 등가성원리를 발견했다. 또한 물질의 질량, 길이, 시간과 물질의 속도와의 관계를 정리해 물질의 질량은 속도에 따라 커지고, 물질이 운동할 때 길이는 줄어들며, 시간은 느려진다는 결과를 내놓았다. 그리고 더 나아가 모든 물체의 속도는 광속도를 뛰어넘을 수 없다는 결론을 도출해냈다.

시공간에 대한 뉴턴의 관점을 다시 살펴보면 뉴턴이 생각한 공간과 시간은 절대적인 것이었다. 뉴턴은 어떠한 곳이든 공간은 모두 평평하고 무한하다고 생각했다. 우리 주변에서 볼 수 있는 그런 공간들처럼 말이다. 라이프니츠(Gottfried Wilhelm von Leibniz)는 이러한 뉴턴의 관점을 비판한 바 있다. 그는 우리가 보고 있는 세계를 예로 들어 우리는 그저 전체 공간 중 일부 평평한 곳에 살고 있는 것일 뿐, 야외로 눈을 돌리면 공간의 다른 부분은 울퉁불퉁하다는 사실을 알 수 있다고 말했다. 그리하여 라이프니츠는 "공간은 시간과 마찬가지로 순전히 상대적인 것이라 생각한다."고 했고, 아인슈타인은 이러한 그의 예측을 이론적으로 기술해냈다.

지난 몇 십 년간의 역사가 말해주듯 특수상대성이론은 과학의 대대적인 발전을 이끌며 현대물리학의 기본 이론 중 하나로 자리매김했다.

평가

특수상대성이론은 시공간을 절대적인 것이라 생각했던 뉴턴의 의견을 송두리째 흔들며 물리학계에 일대 혁명을 불러일으켰다. 현대물리학이론의 기반으로 자리 잡은 특수상대성이론은 고전역학의 내용을 포함해 물질이 존재하는 형식적 공간과 시간의 통일성 그리고 역학운동과 전자기운동의 통일성을 밝혔다. 아인슈타인은 특수상대성이론을 통해 $E=mc^2$이라는 질량-에너지의 등가성원리를 제시하여 원자력에너지이용에 이론적인 기반을 마련했다.

특수상대성이론은 '에테르'라는 개념을 부정하고 전자기장이 물질이 존재하는 일종의 독립된 특수 형식임을 인정했다. 또한 공간과 시간의 개념에 대해 철저히 분석하여 시공간의 관계를 새롭게 정립하고 물리학의 일대혁명을 이끌었다.

▶ 엄청난 위력을 드러낸 $E=mc^2$

전기저항이 없는 절대영도
초전도

저온상태에서 금속은 점진적이 아니라 한 순간에 전기저항을
잃는다. 수은은 $4.2K(-269.2℃)$에서 새로운 상태가 되는데 그
특수한 전도성능 때문에 초전도체라고 부른다.

오너스(K/merlingh Onnes)

초전도현상의 발견은 순전히 우연에 의한 것, 또는 네덜란드의 저
온물리학자 오너스의 과학실험의 부산물이라고 할 수 있다. 하지만
이 발견은 오너스에게 노벨 물리학상이라는 최고의 영예를 안겨주
었다.

1882년, 스물아홉 살의 나이로 레이덴 대학교 물리학과 교수 겸
물리실험실 책임자를 맡게 된 오너스는 저온물리연구에 매진했다.
저온물리실험을 하려면 먼저 낮은 온도를 만들어야 하는데 보통 액
화기체를 통해 저온을 얻을 수 있었다. 당시 알려진 기체 중에서 액
화되지 않은 기체는 수소와 헬륨뿐이었다.

액체수소를 만든 장본인은 영국의 물리학자
듀어(James Dewar)였다. 1898년, 듀어가 액체
수소를 만들어내자 과학계는 헬륨의 액화에 눈
을 돌려 최후의 보루를 무너뜨리고자 했다.

저온연구에 필요한 액체수소를 생산하기 위
해 오너스는 1892년에서 1894년에 걸쳐 대형액
체수소공장을 건설했다. 1906년에 이르러서는
액체수소의 대량 생산이 가능해졌는데 이는 액
체헬륨을 생산하는 데 밑거름이 되었다. 그 후
다시 2년 동안 고군분투한 결과 1908년 7월 10
일, 드디어 헬륨을 액화하는 데 성공했다. 액체
헬륨을 이용해 온도를 낮추고 그 속에서 물체
의 성질을 연구할 수 있게 된 것이다.

그 동안 과학계에서는 액체헬륨의 온도가 절
대영도에 가깝고, 금속의 전기저항이 절대영도
에 가까울 경우 어떠한 특징이 나타날지에 대

발견시기
1911년

발견자

오너스(K/merlingh Onnes)
저온물리학자이다. 1853년 9월 21일
네덜란드 흐로닝언(Groningen)에서
태어나 1926년 2월 21일 네덜란드
레이덴(Leiden)에서 숨을 거뒀다.

▼ 오너스, 액체수소공장에서 스
승과 함께

▲ 초전도체의 광센서

해 다양한 학설이 존재했었다. 이러한 상황에서 액체헬륨이 등장하자 과학자들은 보다 쉽게 관련 분야의 연구를 할 수 있게 되었고, 결국 금속이 저온 상태에서 어떠한 특징을 나타내는지에 대한 비밀을 밝히는 데 성공했다.

처음에 오너스는 켈빈이 1902년에 제시한 의견에 동의했다. 즉, 금속의 전기저항은 온도가 낮아지면 최저치까지 떨어졌다가 전자가 금속원자에 응집하면서 다시 무한대로 커진다는 생각에 동의했다.

그는 이러한 생각이 정확한지 알아보기 위해 직접 실험에 나섰다. 1911년 2월, 금과 백금을 액체헬륨으로 냉각시킨 후 전기저항을 측정한 오너스는 백금의 저항이 4.3K이하의 온도에서 줄곧 상수를 유지한다는 사실을 발견했다. 이에 생각을 바꿔 액체헬륨으로 온도를 낮추면 순백금의 전기저항이 사라져야 한다고 보았다.

자신의 생각을 검증하기 위해 그가 선택한 재료는 수소였다. 수소는 다른 금속에 비해 정제하기가 쉬웠기 때문이다. 실험 결과는 정말로 그가 예상한 대로였다. 4.2K정도에서 수소의 전기저항이 갑자기 사라진 것이다. 1911년 4월에서 11월 사이 오너스는 연거푸 세 편의 논문을 집필하여 자신의 실험 결과를 설명했다. 그리고 1913년에는 주석과 납에도 수소와 같은 초전도성이 있으며, 순수한 수소가 아니더라도 초전도성을 지닌다는 사실을 발견했다. 같은 해, 그는 액체헬륨을 만들고 초전도현상을 발견한 공로를 인정받아 노벨 물리학상을 수상했다.

초전도현상의 발견은 물리학계에 센세이션을 일으켰고, 실제로 많은 저온물리학자들이 저온초전도 분야로 연구 방향을 전환하기 시작했다. 그 결과 1933년 독일의 물리학자 마이스너(Walther Meissner)는 초전도체가 자기장을 완전히 밀어낸다는 사실을 발견했다. 초전도체가 초전도성을 띠게 되면 초전도체 내부의 자기장이 0이 되어 자기장을 완전히 밀어낸다는 마이스너효과를 발견해낸 것이다. 이 마이스너효과는 초전도의 성질을 연구하는 데 중요한 돌파구가 되었다.

그 후 1957년 바딘(John Bardeen), 쿠퍼(Leon N. Cooper), 슈리퍼(John Robert Schrieffer)가 초전도체의 초전도성을 해석하는 미시적 이론을 제기했다. '초전도의 미시적 BCS이론'이라고도 불리는 이 이론은 초전도현상을 거시적 양자효과라 보고 미시적 메커니즘에서 만족할 만한 해석을 내놓는 한편, 사람들이 초전도체를 연구하고 이용하는 데 이론적 근거를 제공했다.

21세기에 들어선 후 초전도체에 대한 연구가 심화되고 활성화됨에 따라 초전도기술의 응용 분야 역시 크게 확대되었다. 자기부상열차, 초전도케이블, 고온 초전도변압기 등 우리의 일상생활에까지 침투한 초전도체는 우리의 삶을 편리하게 해주고 있을 뿐 아니라 에너지소모를 크게 줄이며 막대한 사회적 이익과 경제적 이익을 가져다 주고 있다. '초전도', 이 위대한 발견은 날이 갈수록 그 진가를 드러내고 있다.

평가

초전도현상은 20세기의 가장 위대한 발견으로 손꼽힌다. 초전도체와 초전도기술이 발전함에 따라 송전과 교통수단에 혁명이 일어났다.

▲ 오너스의 실험실

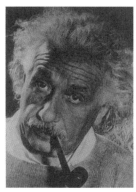

발견시기
1915년

발견자

아인슈타인

▼ 아인슈타인은 광선이 직선으로 전파된다는 관점에 반기를 들었다. 그는 태양처럼 거대한 물체는 강력한 인력을 발산해 그에 근접한 광선을 휘게 만든다고 주장했다.

우주과학의 확립
일반상대성이론

우주의 아이러니는 우주가 이해 가능한 것이라는 사실에 있다.
아인슈타인

아인슈타인의 상대성이론이라고 하면 사람들은 보통 이를 하나의 이론이라고 생각한다. 하지만 상대성이론은 사실 1905년에 발표된 특수상대성이론과 1915년에 발표된 일반상대성이론으로 구성되어 있다.

특수상대성이론이 난해하고 받아들이기 어려웠던 이유는 시공간에 대한 당시 사람들의 개념이 아직까지 뉴턴의 절대적 시공간 관점에 머물러 있었기 때문이다. 코페르니쿠스(Nicolaus Copernicus)가 프톨레마이오스(Klaudios Ptolemaeos)의 '천동설'을 대신할 '지동설'을 탄생시켰을 때에도 기존의 학설에 길들여진 사람들은 본능적으로 새로운 것을 배척했다. 행여 새로운 학설이 옳고 기존의 생각이 그르다는 것을 알고 있다 하더라도 이러한 배척 현상은 여전했다.

사실 특수상대성이론보다 더 중요한 건 일반상대성이론이다. 물론 일반상대성이론은 아인슈타인의 천재적인 걸작이라고 일컬어지는 만큼 특수상대성이론보다도 훨씬 난해하다. 아인슈타인이 스스로 말한 것처럼 만약 그가 일반상대성이론을 확립하지 않았더라면 50년 안에 이 이론이 빛을 보긴 힘들었을 것이다. 특수상대성이론이 관성계에 바탕을 둔 시공간에 대한 이론이라면 일반상대성이론은 비非관성계를 바탕으로 중력과 임의의 좌표계에서의 물리현상을 집중적으로 다룬 이론이다. 아인슈타인은 이 이론을 근거로 중력과 관성력은 구별할 수 없다는 내용의 '등가원리'를 제시하기도 했다.

특수상대성이론 중에는 중요한 가설이 하나 있다. 바로 어떠한 물질의 속도도 광속도를 넘어서지 못한다는 것이다. 하지만 뉴턴의 만유인력의 법칙에 따르면 어떠한 거리에서든 작용력이 발생할 가능성이 있었다. 다시 말해서 작용력이 지속적으로 존재한다면 물질에 가속이 붙게 되고, 그 과정에서 광속을 뛰어넘을 수 있어야 한다는 의미였다. 이렇게 따지면 상대성이론의 가설과 모순되는 결과가 나오는 셈이었다.

아인슈타인은 일찍이 이러한 모순을 깨닫고, 이를 해결하기 위한 방법을 모색했다. 1907년 그는 베른의 특허국 사무실에 앉아 계속 이 문제를 생각했고, 순간 영감이 떠올랐다. 그의 뇌리를 스치고 지나간 건 바로 고공에서 낙하하는 사람이었다. 무중력 상태의 사람은 자신의 무게를 느낄 수 없으니 가속과 중력이 같아야 한다고 생각한 것이다. 아인슈타인은 이 생각을 문제의 돌파구로 삼아 물리학 역사상 가장 창의적인 이론인 일반상대성이론을 탄생시켰다.

일반상대성이론이 나오기 전까지만 해도 사람들은 중력이 무엇인지 알지 못했다. 뉴턴이 방정식을 통해 달이 어떻게 지구 주위를 도는지 표현해내긴 했지만 도대체 중력이 무엇인지에 대해서는 아무런 언급도 하지 않았기 때문이다. 그리하여 사람들은 그저 직감적으로, 지구와 달 사이에 보이지 않는 끈이 존재하는데 그것이 바로 뉴턴이 말하는 중력일 거라고 생각할 수밖에 없었다.

일반상대성이론은 물질의 존재와 그 분포가 시공간에 영향을 미쳐 물질 사이에 만유인력이 생겨난다고 설명한다. 아인슈타인은 우주공간을 중력에 의해 왜곡된 물체로 간주했다. 물체이기 때문에 중력에 의한 왜곡, 즉 리만공간이 생길 수 있다는 것이었다.

중력에 관한 아인슈타인의 생각을 이해하기 위해 학자들은 다음과 같은 가상실험을 진행했다. 먼저 스프링침대와 비슷한 얇은 고무매트를 틀에 고정시킨 후 무거운 공을 올려놓는다고 가정했다. 물론 이때 고무매트는 움푹 내려앉을 것이었다. 다시 말해서 매트가 공 아래에서 왜곡된 것이고, 이것이 바로 우주공간이 행성 주변에서 왜곡되는 상황이었다. 다음으로 매트에 비교적 작은 공을 올려놓으면 이 공은 먼저 올려놓았던 큰 공 옆으로 굴러간다. 즉, 작은 공이 움푹 들어간 곳으로 미끄러지는 것이다. 공이 떨어질 때에도 유사한 상황이 벌어진다. 마치 지구가 어떠한 힘으로 공을 끌어당기는 듯한데 사실 그 공은 지구가 우주공간에 만들어 놓은 왜곡된 부분을 향해 떨어지는 것일 뿐이다.

평가

일반상대성이론은 등가원리와 리만공간의 기하학적 구조에 대한 중력이론을 더한 것이다. 시공간이 상대성을 띠고 있으며, 시공간은 물체의 존재에 의해 영향을 받는다는 내용을 포함하고 있다.

▲ 에딩턴(Arthur Stanley Eddington, 1882년~1944년), 영국의 천문학자이자 물리학자이다. 1919년, 그는 시찰대를 이끌고 서아프리카 기니만의 프린시페섬으로 가서 개기일식을 관측해 처음으로 아인슈타인이 일반상대성이론에서 예언한 광선의 휘어짐 현상을 입증했다.

우주공간 역시 마찬가지다. 항성이 우주공간에 행성보다 큰 왜곡을 만들기 때문에 지구, 달 그리고 기타 행성들이 모두 태양의 주변을 도는 것이다. 태양이 만든 왜곡 안에서 말이다. 태양 역시 은하가 만들어 놓은 왜곡 안에 있다.

아인슈타인은 이러한 맥락으로 이와 유사한 왜곡이 우주공간뿐 아니라 시간에도 생길 수 있다고 주장했다. 행성이 시공간에서 왜곡을 만들 때 시간과 공간이 동시에 왜곡돼 이상한 형상이 나타난다는 것이었다. 즉, 왜곡된 시공간 내부의 시간이 외부의 시간보다 느리다는 주장이었다.

시공간의 리만공간을 근거로 아인슈타인은 중요한 현상들을 예언했다. 예를 들어 행성의 궤도운동은 뉴턴-케플러법칙과 극소한 차이가 있다든지, 광선이 인력장에서는 어느 한 각도로 편향되며 인력장을 지난 광선의 스펙트럼에 적색편이현상이 나타날 것이라든지, 블랙홀의 존재 등을 예언했다.

아인슈타인의 일반상대성이론은 1919년에 입증되었다. 그해 영국의 천체 물리학자이자 케임브리지 대학교 천문대 대장인 에딩턴(Arthur Stanley Eddington)이 천문 시찰대를 이끌고 서아프리카 기니만의 프린시페섬과 남아메리카 브라질의 소브랄에 가서 5월 29일에 발생한 개기일식을 관찰했던 것이다. 이로써 그는 광선이 태양의 강력한 인력장에서 실제로 왜곡이 생긴다는 사실을 증명했으며, 왜곡된 각도가 아인슈타인이 일반상대성이론의 장방정식으로 계산해 낸 결과와 완전히 일치한다는 사실을 밝혔다.

▼ 아인슈타인의 일반상대성이론을 묘사한 시공간의 리만공간

특수상대성이론과 일반상대성이론의 연관 관계를 살펴보면 특수상대성이론은 일반상대성이론이 인력장에서 아주 약하게 나타날 때의 특수 상황에 불과하다는 걸 분명히 알 수 있다.

일반상대성이론의 확립은 비유클리드기하학의 발전을 이끌었으며, 통일된 장론을 만들어냈다. 오늘날까지도 완벽하게 해결되진 않았지만 현대 기초 물리학의 주요 목표가 되었으며 이 밖에도 현대 우주과학의 확립을 이끌었다.

하느님, 주사위를 던지셨습니까?
불확정성원리

완벽한 물리적 해석은 수학의 형식 체계보다 절대적으로 고명한 것이어야 한다.

보어(Niels Henrik David Bohr)

발견시기
1927년

발견자

하이젠베르크
(Werner Karl Heisenberg, 1901년~1976년)
독일의 저명한 물리학자이자 양자역학의 창시자로 1932년 노벨물리학상의 주인공이기도 하다. 아인슈타인과 보어 다음으로 위대한 과학자이다. 1820년대 그가 확립한 이론은 현대 양자물리학의 기반을 다져주었고, 양자역학의 한계를 이야기하며 물체의 위치와 운동량은 항상 서로에게 영향을 미친다고 지적했다. 측정은 할 수 있지만 그 유효성에 대한 정확한 값을 동시에 측정할 수 없다는 불확정성원리를 제시했다.

1920년대는 물리학계에 뛰어난 인물들이 대거 배출된 시기였다. 불과 몇 년 사이 양자역학이 확립되면서 과학 역사상 가장 센세이셔널하고 가장 급진적인 혁명이 일어나기도 했다. 그리고 이 과학혁명의 물결 속에서 가장 선봉에 선 인물은 바로 하이젠베르크였다.

1926년 하이젠베르크를 비롯한 과학자들은 양자행렬역학을 확립했다. '행렬역학'으로 하이젠베르크는 스물세 살이라는 젊은 나이에 단숨에 과학계의 거성으로 거듭났다. 이에 이미 이름을 날린 많은 과학자들이 그에게 축하편지를 보내와 '행렬역학'은 신흥과학으로써 엄청난 잠재력을 가지고 있다고 말했다.

하지만 하이젠베르크는 이러한 축하의 말이 조금도 기쁘지 않았다. 오히려 그는 깊은 근심에 빠져들었다. 행렬역학을 이용한 안개상자 실험 중에 관찰한 전자의 궤적을 수학적으로 표현하려 했지만 실패로 돌아갔는데 이는 곧 '행렬역학' 이론에 빈틈이 있을 수도 있다는 뜻이었기 때문이다.

전자궤도가 문제일까? 아니면 측정 자체에 문제가 있었던 걸까? 한동안 판단이 서지 않았지만 그는 곧 반복적인 분석을 통해 전자궤도에 대한 계통적 설명 자체에 문제가 있다는 생각을 가지게 되었다. 안개상자에서 본 전자궤도는 진정한 전자의 이동경로가 아니라 물방울이 만든 안개의 흔적이며, 전자가 물방울보다 훨씬

$$\Delta p \cdot \Delta q \sim h$$

Heisenbergsche Unschärferelation

300

1,53 €

Werner Heisenberg
Physiker
1901 – 1976

Deutschland

2001

▲ 강의 중인 하이젠베르크

작기 때문에 사람의 눈에 관찰되는 전자궤도는 전자의 부정확한 위치일 뿐 어떠한 특정 전자의 정확한 궤도는 아니라는 것이었다.

그렇다면 어떻게 해야 단일전자의 위치와 운동을 정확하게 기술할 수 있을까? 태양계의 행성처럼 기술이 가능할까? 답은 '아니다' 였다.

하이젠베르크는 양자역학에서 전자가 어느 위치에 있는지 정확하게 측정해내면 그 속도는 정확한 측정이 불가능하며, 반대로 단일전자의 운동을 정확하게 측정하면 그의 정확한 위치를 측정할 수 없다고 판단했다. 미시적 세계에서는 미립자를 측정하는 데 쓰인 측량기구가 아원자입자(원자보다 작은 입자 혹은 원자를 구성하는 기본 입자를 말한다–역주)보다 작을 수 없기 때문에 측량기구가 사용하는 에너지는 하나의 에너지양자와 같을 정도로 작을 수 있지만 그보다 더 작으면 안 된다. 그러나 입자와 양자에너지만 있으면 충분히 미시적입자의 운동과 위치를 바꿀 수 있다. 예를 들어 우리가 어떠한 전자를 보기 위해서는 광양자(혹은 γ선 광양자)를 전자 위로 튕겨 나오게 만들어야 한다. 이렇게 광양자가 전자의 위치에 변화를 가져오는 것이다.

이처럼 극히 미미한 변화는 우리의 일상생활에서 간과되기 십상이고 실제로 간과한다 하더라도 별 문제가 없다. 그러나 미립자에서는 입자의 본래 위치 혹은 속도를 완전히 변화시킨다고 할 수 있을 만큼 아주 큰 변화였다. 다시 말해서 우리는 미시적 입자의 위치와 운동을 동시에 정확하게 측정할 수 없다. 이것이 바로 불확정성원리이다.

불확정성원리는 보어의 지지를 받았다. 그 후 보어는 유명한 상보성원리를 제시하여 불확정성원리의 응용 범위를 확대했다.

불확정성원리는 수천 년 동안 과학의 초석이었던 인과관계를 철저히 뒤엎어 놓으며 우리가 과학을 측정하고 관찰하는 데 한계가 있음을 지적했다. 세상에는 인간이 관찰할 수도, 연구할 수도 없는 일이 있는데, 이는 몇 천 년 간 이어져 온 인과관계를 '원인'과 확률적 '결과' 의 관계로 변화시켰다.

고전물리학에서 가장 중요한 점은, 우주공간의 물체 중 일부는 모두 고정된 진화궤적을 가지고 있으며 그들의 상태를 정확하게 확인

▲ 보어(Niels Henrik David Bohr, 1885년~1962년), 덴마크의 물리학자이자 코펜하겐학파의 창시자이다. 원자과학에 대한 업적으로 아인슈타인과 함께 20세기 상반기를 이끈 가장 위대한 물리학자가 되었다.

할 수 있다는 것이다. 그리고 물리학은 세계의 가장 본질적인 운행 원주를 연구하는 학문으로 만물에 대한 본질적인 해석이 가능해야 한다. 불확정성원리는 이러한 고유의 물리학 연구 방법을 변화시켰고, 정확하게 물리학을 이해하는 데, 특히 미립자를 연구하는 데 좋은 길잡이가 되어 주었다.

불확정성원리는 여러 물리학자들의 반대에 부딪혔다. 그 중에는 아인슈타인도 있었다. 아인슈타인을 필두로 한 과학자들은 양자역학을 단계적인 것으로 보고 양자역학이 지금은 정확하지만 언젠가는 보다 더 좋은 이론이 제시돼 모든 물리량의 정확한 값을 동시에 측정해낼 것이라고 생각했다. 아인슈타인은 "나는 하느님이 아직도 주사위를 던지고 있다고 믿지 않는다"라고 말했다.

이로써 아인슈타인과 보어는 대립파의 지휘자로써 몇 십 년에 이르는 논쟁을 벌이며 아인슈타인의 빛 상자와 슈뢰딩거의 고양이 등 흥미로운 가상실험들을 제시했다.

이 논쟁의 주인공들은 이미 모두 세상을 떠났지만 논쟁은 여전히 계속되고 있다. 현재 대부분의 사람들은 보어의 관점으로 쏠리고 있지만, 그렇다고 이 관점이 정확한 건 아니다. 두 가지 관점 모두 상대방이 틀렸음을 증명할 방법을 제시하지 못하고 있기 때문이다.

평가

하이젠베르크의 불확정성원리는 이 세상에 존재하는 기본적인 성질이다. 과학역사상 하나의 전환점이 된 불확정성원리의 발견은 지난 2천 5백여 년간 신봉되었던 인과관계를 뒤엎으며, 미시적 세계에서는 미립자의 위치와 운동을 정확하게 측정할 수 없다는 사실을 밝혔다.

◀ 슈뢰딩거의 고양이

MALDIVES Rf5

Sir James Chadwick 1935 Physics, Great Britain

발견시기
1932년

발견자

채드윅
(James Chadwick, 1891년~1974년)
영국의 물리학자인 채드윅은 중성자
발견이라는 뛰어난 업적을 인정받아
1935년 노벨 물리학상을 수상했다.

원자핵에 충격을 줄 가장 좋은 '포탄'
중성자

우리 자신을 포함해 대부분의 물리학자들이 이 가설에 주의를
기울이지 않았다. 하지만 이는 줄곧 채드윅(James Chadwick)의
일터인 캐번디시연구소의 공기 속에 존재하고 있었다. 따라서
그곳에서 중성자를 발견한 것은 지극히 당연한 일이다.

졸리오퀴리(Joliot-Curie)

러더퍼드는 일찍이 1920년에 중성자의 존재를 예언했다. 하지만
이 미지의 입자는 1932년이 되어서야 비로소 그 존재가 입증되었다.
그런데 그 발견 과정이 참으로 흥미롭다. '기회는 준비된 자에게만
찾아온다'는 말을 그대로 반영하는 듯한 사례다.

1930년, 퀴리부인의 사위 졸리오퀴리는 자신의 부인인 이렌 졸리
오퀴리와 함께 α입자를 이용해 폴로늄, 라듐, 붕소의 원자핵에 충격
을 가할 때 침투력이 강한 신기한 복사선이 생겨난다는 사실을 발견
했다. 그들은 다시 이 복사선을 이용해 수소원자핵에 충격을 가했
고, 그 결과 전기를 가지지 않는 입자를 얻었다. 그들은 이러한 중성
입자를 중성자라 가정하고 중성입자가 가진 충분한 에너지가 수소
원자핵에서 양자류를 내보내게 한다고 생각했다. 그들은 이 복사선
이 중성의 γ선 또는 광양
자라고 착각했다. 때문에
안타깝게도 이 발견을 보
다 심층적으로 발전시키
지 못했다. 즉, 이 입자가
바로 원자핵의 또 다른
주요 구성성분인 중성자
라는 사실을 증명하지 못
한 것이다. 채드윅이 자
신들이 전에 발견했던 중
성자로 노벨 물리학상을
수상했다는 사실을 알았
을 때, 그들은 크게 후회

▼ 초기의 캐번디시 실험실

하며 자신들의 마음 속에는 중성자의 존재를 예언했던 러더퍼드의 가설, 다시 말해서 중성자의 개념이 없었다고 말하기도 했다.

하지만 채드윅은 달랐다. 그는 일찍부터 스승인 러더퍼드로부터 중성자가 존재한다는 생각을 받아들였고, 중성자를 찾기 위해 여러 차례의 실험을 진행했다. 하지만 자신의 스승과 마찬가지로 그는 중성자를 찾지 못했다. 졸리오퀴리 부부의 실험보고서를 본 후(그에게는 정말이지 하늘이 주신 기회였다), 그는 즉시 스승님의 사고에 따라 그들의 실험에 대한 다른 의견을 제시했다. 또한 양자에 상당할 만큼 무겁거나 그보다 더 무거운 입자만이 원자핵에서 양자를 내보낼 수 있는데 이것이 바로 그가 그토록 찾아 헤매던 중성자임을 주장했다. 그는 졸리오퀴리 부부의 실험을 재현해 침투력이 큰 방사선은 자기장에 의한 편절 현상이 나타나지 않는다는 사실을 입증하고, 그의 질량이 양자보다 조금 무겁다는 결과를 도출해 냈다. 1932년 채드윅은 잡지에 중성자를 발견한 사실을 알렸고, 이 발견으로 1935년 노벨 물리학상을 수상했다.

중성자 발견 실험을 발명한 졸리오퀴리 부부는 목전에서 노벨 물리학상 수상의 기회를 놓치고 말았다. 그들이 이 실험을 위해 수만 장의 사진을 찍고, 무수한 수고를 감내했는데도 말이다. 그들의 실

◀ 1941년 여름, 졸리오퀴리교수
집에서 보낸 어느 주말

▲ 노벨 물리학상 수상의 영예를 안고 연설을 하는 채드윅의 모습

패원인은 러더퍼드가 파리에서 연 중성자의 존재에 관한 보고회에 참석하지 않은 것이었다. 그들은 학술강연을 한 번 듣는 것보다 실험실에서 실험을 한 번 더 하는 게 낫다고 생각했고, 바로 이러한 이유 때문에 그들의 머릿속엔 중성자라는 개념이 전혀 없었다. 이론의 중요성을 다시 한 번 보여주는 좋은 예라고 할 수 있다. 하지만 그 후 졸리오퀴리는 말했다. "우리를 포함해 대부분의 물리학자들이 이 가설에 주의를 기울이지 않았다. 그러나 이는 줄곧 채드윅의 일터인 캐번디시연구소의 공기 속에 존재하고 있었다. 따라서 그곳에서 중성자를 발견한 것은 지극히 당연한 일이다." 이 말은 그들의 넓은 마음과 고상한 인품을 고스란히 반영하고 있다. 절호의 기회를 놓쳐 평생의 한으로 남기긴 했지만 말이다.

중성자의 발견은 이론물리학자가 원자를 연구하면서 마주하는 난제들을 해결하며 원자물리학 연구에 괄목할만한 발전을 이끌었다. 이후 이탈리아 물리학자 페르미(Enrico Fermi)는 중성자로 '포탄'을 만들어 우라늄원자핵에 충격을 주어 핵분열과 분열 중의 연쇄 반응을 발견해 원자력에 대한 연구를 촉진시켰다. 또한 핵물리의 비약적인 발전을 이끌어 새로운 시대를 열었다.

평가

중성자의 발견은 핵물리학의 발전에 엄청난 영향을 미쳤다. 이 발견으로 전자가 없는 원자핵 모형을 만드는 게 가능해졌고, 양자역학을 원자핵 내부문제를 연구하는 데 응용해도 되는 지의 여부가 분명해졌다.

▶ 오신(Carl W. Ossen)과 보어, 그리고 채드윅

98

반물질 출현의 선구
양전자

유인화성탐사라는 인류의 위대한 꿈을 실현하려면 몇 톤의 화학 연료가 필요하다. 하지만 반물질을 사용할 경우 수십 밀리그램이면 충분하다.

기존의 물질 개념에 길들여진 사람은 양전자라는 단어에 놀라움을 금치 못할 것이다. 양전자는 어떤 입자인가? 양성을 띠는 전자가 또 있단 말인가?

그렇다. 양전자는 양성을 띤다. 질량은 전자와 같지만 성질은 정반대인 전자의 반물질이라서 양전자라고 부른다. 양전자의 발견은 위대한 예언을 현실로 만들었을 뿐만 아니라 질량과 에너지 전환의 비밀을 밝히고 이라는 아인슈타인의 방정식을 입증했다. 더 중요한 점은 반물질이라는 새로운 물질세계의 비밀을 밝혀 세상을 구성하는 물질이 우리가 생각하는 것보다 훨씬 다양하다는 사실을 보여줬다는 것이다.

양전자는 한 천재의 예언에서 비롯되었다. 1928년 영국의 물리학자이자 양자역학의 창시자 중 한 명인 디랙(Paul Adrien Maurice Dirac)은 전자파동방정식을 이용해 계산을 하다가 특수한 '음의 에너지'라는 난관에 봉착했다. 디랙 방정식에 따라 계산한 결과 전자가 존재하고 있는 에너지가 마이너스 값이 되는데다 음의 에너지준위(원자, 분자, 원자핵 등의 양자역학계가 정상 상태일 때 취할 수 있는 에너지값, 또는 그러한 에너지를 지닌 상태 그 자체를 말한다. -역주)에는 하한선이 없었기 때문이다.

이 난관을 타파하기 위해 디랙은 모든 전자의 음의 에너지준위가 이미 대량의 전자에 의해 가득 차 있기 때문에 양의 에너지준위를 지닌 전자는 다시 떨어져 나간다는 가설을 제시했다. 그러나 이를 설명하기 위해서는 전체가 음의 에너지로 가득한

발견시기
1932년

발견자

앤더슨(Carl David Anderson, 1905년 ~1991년)
미국의 물리학자이자 과학아카데미의 회원이다. 부모님은 스위스인이다. 양전자를 발견해 1936년 노벨 물리학상을 수상했다.

▼ 실험 장치를 검사하고 있는 앤더슨

▲ 실험 중인 미국 캘리포니아 공
대의 네더마이어(Seth Henry
Neddermeyer, 1907년~
1988년)(오른쪽)와 앤더슨

'전자바다'가 만드는 전체효과를 0이라고 가정해야 했다. 즉, '전자바다'의 관찰가능한 모든 양量 즉, 전하, 질량, 운동량 등이 전부 0인 '진공' 상태여야 한다는 가설이 필요했다. 여기서 디랙은 음의 에너지로 가득한 전자바다가 진공과 같다면 이 전자바다에서 하나의 전자를 이동시킬 경우 '반전자'가 출현한 것과 같은 결과가 나온다는 추론을 해냈다. 물론 '반전자'의 성질은 전자와 정반대로 전자의 전하가 마이너스이면 반전자의 전하는 플러스가 된다. 이렇게 디랙은 1930년 이론적으로 자연계에 반전자가 존재함을 예언했다.

1932년, 디랙의 예언은 사실로 입증되었다. 이를 입증한 사람은 바로 미국의 물리학자 앤더슨(Carl David Anderson)이었다. 당시 앤더슨은 안개상자 속에 납의 박판을 넣고 우주선의 비적을 관찰하는 실험을 했다. 그는 안개상자에서 사진을 한 장 촬영했는데 그 사진 속에서 전과는 다른 점을 발견했다. 그는 이 때문에 밤잠을 설쳤다.

이후 자세한 연구를 통해 그는 우주방사선이 안개상자에 들어가 아연판을 뚫고 지나간 뒤 궤적이 확실히 구부러졌다는 사실을 발견했다. 하지만 한 입자의 궤적이 전자의 궤적과 완전히 일치했다. 어디서 왔는지 모를 이 입자가 전자와 질량이 같고, 성질은 다르다는 것을 뜻했다. 이것은 바로 디랙이 2년 전에 예언했던 반전자였다.

당시 앤더슨은 반전자에 대한 디랙의 예언을 전혀 모르고 있었다. 때문에 그는 자신이 발견한 입자를 '양전자'라고 명명했다. 이듬해 앤더슨은 다시 γ방사선 충격 방법으로 양전자를 만들어내 실험을 통해 양전자의 존재를 입증했다. 그 이후 양전자는 기본입자에 정식으로 포함되었다. 1936년 앤더슨은 양전자를 발견한 공로로 그 해의 노벨 물리학상 수상자가 되었다.

사실 앤더슨 이전에 졸리오퀴리 부부가 먼저 양전자의 존재를 발견했지만 그들은 이를 중요하게 생각지 않았고 이로써 위대한 발견을 놓쳤다. 졸리오퀴리 부부를 위해 안타까워해야 할지, 앤더슨을 위해 기뻐해야 할지 모를 일이다. 하지만 졸리오퀴리 부부는 방사능 분야에 뛰어난 업적을 남겨 1935년 노벨 화학상을 수상했다.

양전자의 발견은 과학계의 지대한 관심을 받았다. 연구 결과 우주 방사선에 존재할 뿐 아니라 방사성 핵이 있는 일부 핵반응 과정에서도 양전자의 흔적을 찾을 수 있다는 사실이 밝혀졌다. 또한 실험을 통해 양전자가 전자와 만나면 서로에게 작용하다 함께 소멸된다는 사실이 발견됐다. 다시 말해서 물질은 소멸되고 이에 상응하는 에너지가 한 쌍의 γ선 형식으로 출현한다는 것이다. 이 과정은 아인슈타인의 유명한 방정식에 완전히 부합했다. 훗날 블래킷이 이 과정의 가역성과 γ방사선 역시 전자와 양전자로 전환될 수 있음을 발견했다. 즉, 에너지가 사라지면 일정한 질량으로 대체된다는 것이었다.

양전자의 발견으로 기본입자에 대한 사람들의 인식에 큰 변화가 생겼다. 사람들은 기본입자의 개념과 물질의 내부구조를 다시 생각할 수밖에 없었다. 원래 기본입자는 물질을 구성하는 가장 기본적이고, 다시 분해할 수 없는 단위를 뜻했다. 전자와 같은 기본입자는 생산할 수도 없고, 소멸되지도 않는다. 하지만 적당한 조건 하에 양, 음전자는 쌍을 이뤄 생성되거나 소멸될 수 있다는 사실이 발견되었다. 즉, 서로 전환할 수 있다는 뜻이었다. 물질의 각종 형태를 서로 전환할 수 있다는 사실은 엄청난 인식의 변화를 불러왔다.

▲ 디랙(Paul Adrien Maurice Dirac, 1902년 8월 8일~ 1984년 10월 20일), 영국의 이론물리학자로 양자역학의 창시자 중 한 명이다. 디랙방정식으로 슈뢰딩거와 함께 1933년 노벨 물리학상을 수상했다.

평가

양전자는 인류가 발견한 최초의 반물질이다. 양전자의 발견은 빛과 실체 사이의 변화를 연구하는 데 중요한 의미가 있다. '기본입자'에 대한 인식을 바꿔 놓았기 때문이다.

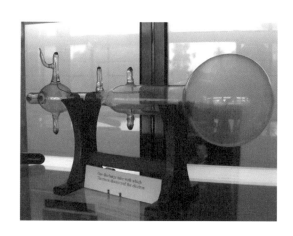

◀ 입자운동을 관찰하는 안개상자

2001 KRZ 10.5
Otto Hahn
ANGOLA

발견시기
1938년

발견자

슈트라스만과 오토 한
오토 한
(Otto Hahn, 1879년~1968년)
방사화학자이자 물리학자이다. 그의
가장 큰 업적은 1938년 F.슈트라스
만과 함께 핵분열 현상을 발견한 것
이다. 그는 이 공로를 인정받아 1944
년 노벨 화학상을 수상했다.

희소식인가 악몽인가?
핵분열과 핵융합

과학의 발명과 발견은 양날의 검과 같다. 때문에 우리는 과학의 빠른 발전에 감탄하며 과학의 발전이 인간에게 가져다 준 무한한 혜택에 찬사를 보내는 동시에 결국엔 우리가 스스로를 파멸의 길로 내몰고 있는 건 아닌지 곰곰이 생각해 볼 필요가 있다.

중성자의 발견으로 원자핵이론은 드디어 완벽한 이론으로 거듭나게 되었다. 하지만 이보다 더 중요한 사실은 인간이 원자핵에 정확하게 충격을 주는 '포탄'을 발견해내는 데 한 몫을 했다는 것이다. 중성자를 원자핵에 충돌시키면 외부 전자의 간섭을 받지 않는데다가 동종 전하끼리 서로 밀어내는 현상이 발생하지 않는다. 다시 말해서 중성자가 원자핵에 적중할 기회가 많다는 뜻이다.

1934년 1월, 졸리오퀴리 부부는 α입자로 알루미늄, 마그네슘, 붕소 등 원자량이 비교적 적은 원소에 충격을 가해 인공방사성원소를 만드는 실험의 결과를 발표했다. 이 보고서를 본 이탈리아 학자 페르미는 만약 중성자로 포탄을 만든다면 안정적인 중(重)원소는 물론이고 어쩌면 불안정한 경(輕)원소도 방사성원소로 만들 수 있을 거라 생각했다. 그리고 그의 이러한 생각은 곧 사실로 입증되었다. 같은 해, 페르미는 중성자를 우라늄에 충돌시켰고, 중성자는 예상대로 우라늄에 흡수되어 β선을 방출했다. 이 실험을 통해 그는 93번 '초우라늄원소'인 넵투늄을 얻었다.

1938년 졸리오퀴리 부부는 페르미와 유사한 실험을 진행해 원자의 서수에 1을 더한 새로운 원소를 도출해냈고, 이 원소의 화학성질이 우라늄과 같다는 사실을 증명했다. 이 새로운 원소가 우라늄의 또 다른 형식 즉, 동위원소라는 사실을 밝혀낸 것이다. 그리고 이러한 사실은 당시 과학자들의 뜨거운 관심을 불러 일으켰다.

졸리오퀴리 부부의 실험성과에 지대한 관심을 보인 과학자 중에는 독일의 물리학자 슈트라스만(Fritz

▼ 중국의 첫 원자폭탄 폭파모습

Strassmann)도 있었다. 중요한 점은 슈트라스만이 졸리오퀴리 부부의 실험성과에 숨어있는 엄청난 비밀이 밝혀질 것이란 걸 깨달았다는 사실이다. 그 비밀은 바로 원자력에너지를 이용해 질량을 에너지로 바꾸는 것이었다.

▲ 실험실에서 작업 중인 슈트라스만과 오토 한

슈트라스만은 졸리오퀴리 부부의 논문을 읽고 난 후, 그 즉시 자신의 연구 파트너인 물리학자 오토 한(Otto Hahn)을 찾아갔다. 논문을 읽은 한은 놀라움을 금치 못했다. 그는 당장 슈트라스만과 함께 졸리오퀴리 부부의 실험을 재현해 중성자로 우라늄 핵에 충격을 가하면 어떠한 원소를 얻게 되는지 밝혔다. 우라늄과 넵투늄이 모두 불안정하고, 중성자와의 충돌로 분열된다는 결과를 도출하려면 분열된 마지막 산물을 밝혀야 했기 때문이다. 결과는 놀라웠다. 우라늄과 거리가 먼 중간질량을 가진 원소 바륨과 중성자가 최종 산물이었던 것이다.

중성자로 우라늄에 충격을 가하면 바륨과 중성자가 생성된다. 이때 새로 생성된 중성자를 다시 또 다른 우라늄 핵에 충돌시켜 더 많은 중성자를 얻을 수 있다. 이를 계속 반복하면 대량의 우라늄 핵이 짧은 시간 안에 완전 분열이 가능하다는 뜻이다! 그러나 더 중요한 사실은 다량의 우라늄 핵이 연쇄 분열되는 과정에서 나타나는 질량결손을 설명했다는 점이다. 새로 생성된 바륨 원자와 중성자의 질량을 결합해 보면 그 합이 원래 우라늄 원자핵의 질량보다 작다는 사실을 발견할 수 있는데, 부족한 질량의 일부는 에너지로 전환되어 방출된다는 것이었다. '질량결손'은 원자폭탄을 만들고 원자력에너지를 평화적으로 사용하는 데 탄탄한 이론적, 실험적 기반을 마련해 주었다.

한은 이 방법으로 연쇄 반응을 일으킬 수는 없었지만 전 세계 과학자들에게 이 발견을 이용해 새로운 무기를 연구할 수 있다는 사실을 상기시켰다. 당시 이미 제2차 세계대전이 발발했다는 사실을 알고 이러한 신무기를 선보였다면 전쟁의 승패를 좌우할 수 있었을 것이다.

▲ 일본 히로시마에 투하된 원자
폭탄 '리틀 보이(Little Boy)'

신무기는 제2차 세계대전 후반에야 만들어졌는데, 그것이 바로 원자폭탄이었다. 원자폭탄은 실전에 바로 투입되어 일본의 나가사키長崎와 히로시마廣島를 순식간에 지옥으로 만들어 놓았다.

원자폭탄이 연구, 제작되는 과정에서 미국의 과학자는 원자폭탄의 폭발로 생성되는 에너지가 가벼운 핵에 불을 붙여 핵융합 반응을 일으킬 가능성이 있는데, 이로써 원자폭탄보다 훨씬 위력 있는 슈퍼 원자폭탄을 만들 수 있다고 추단했다. 그리고 얼마 후 1952년 11월 1일 과학자들은 이를 현실로 만들었다. 수소폭탄 시험 폭파에 성공한 것이다. 이는 1929년 태양의 전체 면적의 60%가 수소로 이루어졌으며 수소 핵의 융합으로부터 태양에너지가 비롯된다고 말한 영국의 철학자 겸 수학자 로소(Rosso)의 주장을 입증하는 결과이기도 했다.

핵분열과 핵융합의 발견은 아인슈타인이 주창한 상대성이론의 정확성을 입증함과 동시에 원자력에너지를 개발하고 이용하는 시대의 서막을 열었다. 그리고 이는 우리에게 희소식이자 악몽이었다. 핵원자로와 원자력발전소는 우리에게 새로운 에너지를 공급해줌으로써 에너지위기를 완화시켜 주었지만 전 세계에 분포한 수 만 개의 원자폭탄과 수소폭탄은 전 인류에게 핵전쟁이라는 무서운 그림자를 드리우고 있기 때문이다.

평가

핵분열의 발견은 아인슈타인의 상대성이론 중 E=mc²이라는 질량-에너지 방정식의 정확성을 입증함과 동시에 원자력에너지의 시대를 열었다.

▶ 자신의 핵분열 실험을 재현하고 있는 한

▲ 양전닝의 가족과 리정다오의 가족이 함께 찍은 사진

입자를 거울에 비춰보면 안팎이 다르다
패리티 비보존법칙

현대과학에 이 한 몸 바쳤지만, 나는 내가 중국인으로 태어나
중국의 전통을 이어받았다는 사실이 자랑스럽다.

노벨상 시상식에서 노벨 물리학상을 수상한 양전닝(楊振寧)의 수상소감

발견시기
1956년

발견자

양전닝, 리정다오, 우젠슝
우젠슝(吳健雄, 1912년~1997년)
상하이에서 태어나 1936년 미국으로
건너갔다. 캘리포니아 대학교에서
수학했으며, 박사학위를 받은 후에
도 계속 미국에 머물러 저명한 중국
계 미국 물리학자가 되었다. 1956년,
실험을 통해 패리티 비보존법칙을
입증한 그녀는 원자스펙트럼, 양자
역학 등의 분야에서도 의미 있는 실
험을 했다. 1974년 미국 과학계로부
터 '올해의 최우수 과학자'라는 칭
호를 받아 이 영예를 안은 최초의 여
성 과학자가 되었다.

1901년부터 반세기가 지나도록 노벨상을 수상한 중국인은 한 명
도 없었다. 그러나 1957년, 노벨상 최초로 중국인 수상자가 나왔다.
중국인이라면 누구나 한 번쯤 들어보았을 그들의 이름은 바로 양전
닝과 리정다오李政道이다.

1956년 전까지만 해도 과학계는 어떠한 경우라도 패리티는 보존
된다고 생각해 왔다. 즉, 미시적 입자를 포함한 물질의 경상鏡像은
그 물질의 본래 성질과 완전히 같다고 믿었던 것이다. 그러나 1956
년 과학자들은 그동안 대다수의 사람들이 동일입자라고 생각했던 θ
와 γ가 사실은 스핀, 질량, 수명, 전하 등이 완전히 같은 두 종류의
중간자임을 발견했다. 이들은 붕괴 시 생기는 산물이 서로 달랐다.

▲ 우젠슝, 실험실에서

θ가 붕괴될 때는 두 개의 π중간자가, γ가 붕괴될 때는 세 개의 π중간자가 생성됐는데, 이는 그들이 서로 다른 종류의 입자임을 설명해 주는 근거이기도 했다.

각종 요소들을 세세히 연구한 후 1956년 리정다오와 양전닝은 '양楊-리李 가설'을 제시해 'γ와 θ는 완전히 같은 종류의 입자이지만 약한 상호작용에 의해서 패리티가 보존되지 않는다.'고 단언했다.

패리티 비보존 법칙은 초반에는 사람들의 인정을 받지 못했다. 과학계는 'θ / τ' 입자는 단지 특수한 예외일 뿐 미시적 입자세계 전체에서는 여전히 패리티가 보존된다고 생각했다.

그러나 이러한 고정관념은 중국계 실험물리학자 우젠슝吳健雄의 실험에 의해 철저히 무너져 내렸다.

우젠슝은 두 개의 실험 장치를 이용해 코발트60의 붕괴를 관측했다. 그녀는 극저온(0.01K)에서 강력한 자기장을 사용하여 장치 중 코발트60의 원자 핵 스핀을 하나는 왼쪽으로, 하나는 오른쪽으로 맞췄다. 이렇게 두 장치 중의 코발트60이 서로 경상을 이루도록 만든 것이다. 실험 결과, 두 장치의 코발트60이 방출해낸 전자 개수는 큰 차이를 보였고, 전자가 방출된 방향 역시 서로 대칭이 되지 않았다. 이는 약한 상호작용에서의 패리티 비보존을 입증하는 결과였다. '패리티 비보존법칙'은 그제야 비로소 보편적 의미를 지닌 기초과학원리로 인정받게 되었다.

물리학계에서 금과옥조로 받들던 패리티 보존법칙을 뒤집어엎고, 아인슈타인의 이론에 성공적으로 도전장을 내민 패리티 비보존법칙은 현대물리학의 중대 발견으로 여겨졌다. 이 때문에 '패리티 보존법칙'이 입증되고 그 다음해인 1957년, 서른한 살의 리정다오와 서른다섯 살의 양전닝은 노벨 물리학상을 공동 수상하며 중국인 최초로 노벨상 수상대에 올랐다.

평가

'패리티 비보존법칙'의 영향은 실로 막대했다. '기본물리법칙은 시간적으로 대칭되어야 한다'는 관점을 뒤흔들며 입자세계의 물리법칙 대칭성을 철저히 무너뜨린 '패리티 비보존법칙'은 본질적으로 세상은 완벽하지 않으며 결함이 존재한다는 사실을 증명했다.

◀ 젊은 시절 양전닝과 리정다오

▲ 강의 중인 겔만

양자나 중성자보다 훨씬 작은 입자
쿼크

자신에 대한 믿음을 가지고 자신이 옳다고 믿는 일을 하라. 어려움을 두려워하지 말고, 다수의 사람이 반대한다고 해서 변하지 말라.

새뮤얼 팅(Samuel Chao Chung Ting)

발견시기
1964년

발견자

머리 겔만과 G.츠바이히.
머리 겔만
(Murray Gell-Mann, 1929년 9월 15일)
미국의 이론물리학자이자 캘리포니아 공과대학의 가장 젊은 평생교수로 '쿼크의 아버지' 라 불린다.

원자를 구성하는 기본입자인 전자, 양자, 중성자가 잇달아 발견된 후, 원자는 드디어 신비의 베일을 벗게 되었다. 2천여 년에 걸친 노력 끝에 얻은 이 성과로 우리는 원자의 내부구조모형을 파악하게 되었고, 이로써 과학계는 한숨 돌리는 듯했다.

하지만 곧 새로운 문제가 출현했다. 지난 몇 천 년 동안 더 이상 분해될 수 없다고 여겨졌던 원자를 다시 쪼갤 수 있다면 원자를 구성하는 기본입자 즉, 전자, 양자, 중성자도 다시 분해할 수 있지 않을까라는 생각을 하게 된 것이다. 특히 양자와 중성자는 전자에 비해 질량이 훨씬 크고 상호 전환이 가능한데 과연 이들이 물질을 구성하는 최소 입자인지가 문제였다.

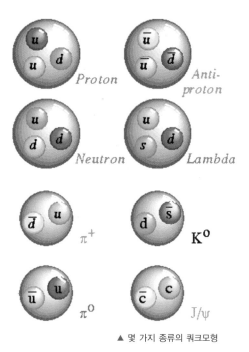

▲ 몇 가지 종류의 쿼크모형

양자와 중성자를 다시 분해할 수 있는지 탐구하기 위해서는 그들보다 더 작고 큰 에너지를 가진 '총알'을 양자 혹은 중성자 내부로 들여보내야 했다. 참고로 양자와 중성자의 지름은 약 백만 분의 일 나노미터에 불과했다.

이 '총알'은 전자에 속하는 물질일 수밖에 없고, 그렇게 되면 양자나 중성자보다 훨씬 작기 때문에 그들을 통과하는 것은 문제가 되지 않았다. 진짜 문제는 전자의 속도를 높여서 더 큰 에너지를 얻는 방법이었다. 그런데 1950년대에 프리드먼(Jerome I. Friedman), 켄들(Henry Kendall), 테일러(Richard E.Taylor)를 중심으로 한 연구팀이 드디어 이 문제를 해결했다. 그들은 스탠퍼드 전자가속기로 전자의 속도를 광속도에 가깝게 끌어 올렸고, 다시 이를 이용해 양자와 중성자에 공격을 가했다. 그들은 이 실험으로 1990년에 노벨 물리학상을 수상했다.

실험 결과 전자의 일부가 마치 러더퍼드의 'α선 산란실험'처럼 다시 튕겨져 나왔고, 이에 물리학자들은 양자와 중성자 내부에 아주 작고 단단한 입자가 있을 것이라는 결론을 도출해냈다.

이 실험을 기반으로 1964년, 미국의 물리학자 머리 겔만(Murray Gell-Mann)과 G. 츠바이히(George Zweig)가 각각 중성자와 양자는 쿼크(quark)라는 최소단위로 구성되어 있다는 의견을 제시했다. 또한 쿼크가 분수단위의 전하와 질량을 가지고 있으며, 그 전하가 전자의 1/3 또는 2/3, 스핀이 1/2이라고 발표했다.

머리 겔만이 제시한 쿼크모형에 따르면 양자와 중성자는 모두 업(up)과 다운(down)이라는 두 가지 종류의 쿼크로 구성되어 있었다. 이 외에도 K와 같은 일부 입자들은 스트레인지(strange)라는 쿼크를 포함하고 있기도 했다. 1970년 이전에 발견된 입자들은 대부분이 이 세 가지 쿼크의 서로 다른 조합으로 이뤄졌다고 할 수 있다.

▲ 중국계 미국 물리학자 새뮤얼 팅
본적은 중국 산둥성 르자오시로
1936년 1월 27일 미국 미시간 주
앤아버에서 태어났다. 리히터와
각자 독립적으로 J, ψ라는 새로운
입자를 발견해 1976년에 공동으
로 노벨 물리학상을 수상했다.

평가

쿼크모형이 제시되면서 우리는 물
질 구조를 새롭게 인식하게 되었
다. 물질구조를 입증하고, 아원자세
계의 혼란을 잠재운 것도 쿼크의
발견 덕분이다.

쿼크의 발견은 획기적인 의미를 지니고 있다. 겔만의 쿼크모형은 여러 입자현상을 성공적으로 설명해내며 물질구조에 대한 이해를 높이는 데 한 몫을 담당했다.

1970년 이후 과학자 글래쇼(Sheldon Lee Glashaw)와 일리오폴로스(Illiopoulos), 마이아니(Maiani)는 머리 겔만의 쿼크모형으로는 설명할 수 없는 현상들이 있음을 발견했다. 그리하여 그들은 네 번째 종류의 쿼크가 존재해야 이론과 실험 사이의 차이를 설명할 수 있다고 주장했다. 그들은 새로운 쿼크에 '참(charm)'이라는 이름을 붙여주기도 했다.

1974년, 물리학자 새뮤얼 팅과 리히터(Richter)는 각자 참쿼크로 구성된 입자를 발견해 J와 ψ(프라이)라고 명명했고, 이로써 1976년에 나란히 노벨 물리학상을 수상했다.

J입자의 발견은 세상에 세 가지 쿼크만 존재한다고 여겼던 과학계의 생각과 물질의 기본구조에 대한 인식을 뒤바꿔놓았고, 이로써 입자물리학의 새 장을 열었다. 그 후 물리학자들은 다섯 번째 쿼크 보텀(bottom)과 여섯 번째 쿼크 톱(top)을 발견해 입자물리학의 표준입자를 확립했다.

쿼크와 전자를 다시 분해할 수는 없는지, 그들이 정말 최종구조인지에 대해서는 아직 이렇다 할 정론이 없다. 하지만 아직까지 쿼크와 전자가 내부구조를 가지고 있다는 어떠한 조짐도 발견되지 않아 우리는 그들을 기본입자라 믿고 있다.

어쩌면 이는 임시적인 답안일지도 모른다. 우리의 기술이 아직 그 정도로 발전하지 못했기 때문에 혹은 다른 이유 때문에 쿼크와 전자 내부의 비밀, 예를 들어 질량이 어떻게 에너지로 전환되는지, 그 사이엔 어떤 비밀이 있는지 파헤치지 못하는 것일 수도 있다.

자연계에는 왜 자유로운 쿼크가 없는지, 입자의 질량은 어디서 비롯되는지 등의 문제 역시 여전히 풀리지 않는 수수께끼로 남아 우리의 끊임없는 노력을 요구하고 있다.

제2장

수학

▶ 고대 원시부락사회에서는 돌멩이로 숫자를 나타냈다. 추장이 모든 사람에게 돌멩이를 하나씩 나눠줬는데, 이로써 돌멩이와 사람이 일대일 대응관계가 되었다.

발견시기
기원전 1300년

발견자
고대 중국인

▲ 기원전 3100년, 이집트 전쟁의 승리를 상징하는 기념석판. 우측 위쪽에 자리 잡은 사람을 보면 왼손 쪽에 여섯 송이의 연꽃이 그려진 접시가 있는데, 여기서 여섯 송이의 연꽃은 6,000명의 포로를 포획했음을 뜻한다.

수학역사상 가장 훌륭한 발견
십진법

십진법은 하느님의 언어이다.

라이프니츠(Gottfried Wilhelm von Leibniz)

'10, 100, 1000'과 같이 10배마다 자릿수를 하나씩 올려가는 방법은 세계 각국에서 가장 일상적으로 사용되고 있는 기수법이다. 십진법이라 불리는 이 기수법은 유치원에 다니는 꼬마도 사용할 수 있을 정도로 보편화되어 있어 마치 기수법이 탄생했을 때부터 줄곧 사용되어 온 것 같지만 사실은 그렇지 않다. 진법을 확립하는 데에만 수천 년의 고된 탐구 과정을 거쳐야 했고, 이를 세계적으로 보편화하는 데 다시 천 년이라는 시간이 걸렸다.

오래 전 인류는 이진법, 오진법, 십진법, 십육진법, 육십진법 등 여러 진법들을 사용했다. 이렇게 다양한 기수법 중에서 십진법이 세계 각국의 인정을 받게 된 것은 사용률이 절대적으로 높았기 때문은 아니었다. 1920년, 한 수학자가 그때까지 발견된 307가지의 계산법에 대해 통계를 내린 결과 146가지의 계산법만이 십진법을 채용한 것으로 나타났다. 지역별, 민족별로 각자의 자연환경과 사회환경이 달랐고, 그들이 함께 모여 같은 진수를 사용하자고 논의할 수 있는 조건도 아니었기에 1보다 큰 자연수는 모두 진법의 기수가 될 수 있었던 것이다.

그 중에서도 가장 오랜 역사를 가진 진법은 이진법이다. 이진법은 두 개의 기수만으로 숫자를 나타내는 방식으로 오늘날 컴퓨터에 널리 사용되고 있어 우리에게 비교적 익숙한 기수법이기도 하다. 토러스해협제도의 일부 부족들은 아직도 이 오래된 기수법을 사용하고 있다고 한다.

한편, 오진법은 한 손의 손가락이 다섯 개인 데서 비롯된 기수법이다. 우리에게 비교적 익숙한 오진법으로는 로마숫자가 있다. 로마숫자는 5배마다 새로운 부호가 등장하는데, 예를 들어 V는 5를, X는 10을 나타낸다. 남미의 볼리비아 주민들은 지금까지도 오진법을 사용하고 있다.

한 손의 손가락만으로 숫자를 나타내기엔 역부족이라는 사실을 깨달았을 때, 사람들은 두 손의 손가락을 모두 사용하기 시작했고, 기원전 1700년에 이르러 고대 이집트에서 십진법이 탄생했다.

하지만 고대 이집트인은 십진수를 발명했을 뿐 '자리 잡기'의 개념을 확립하진 못했다.

고대 이집트에서는 10, 100 등 10의 배수를 1에서 9까지의 숫자와는 달리 부호로 표현했다. 예를 들어 i는 10의 배수를, n은 100의 배수를 뜻했다. 즉, 그들의 십진수는 자릿수를 올리는 것이 아니라 부호를 바꾸는 것이었다. 십진법은 십진수와 '자리 잡기'라는 두 가지 개념을 포함하는데 여기서 '자리 잡기'란 숫자의 위치 이동으로 자릿수 올림을 표현하는 체계를 말한다. 예를 들어 3의 경우 일의 자리에 있을 때는 3×1을, 십의 자리에 있을 때는 3×10을, 백의 자리에 있을 때는 3×100을 나타낸다. 십진법은 수의 크기에 상관없이 10이하의 숫자로만 모든 수치를 나타내야 한다. 고대 이집트의 숫자 체계는 이처럼 십진법과 간발의 차이를 보였는데, 그 약간의 차이가 관건이었다.

기원전 2500년, 고대 바빌론 사람들이 제일 먼저 '자리 잡기에 의

◀ 손가락으로 숫자를 나타내는 방법은 오늘날 우리의 일상생활에도 자주 사용된다. 그림은 1494년 전, 손가락을 이용한 유럽 각국의 숫자 표현법이다.

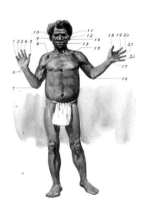

▲ 고대의 일부 부족들은 신체의 각 부위로 숫자를 표현했다. 신체와 우리가 평소에 세는 숫자가 일대일 대응관계를 가진 셈이다.

한 기수법'을 사용했다. 그러나 안타깝게도 그들이 사용한 기수법은 육십진법으로 십진법에 비해 복잡했다.

인류의 문명을 한 단계 진화시킨 곳은 고대 중국이었다. 기원전 1300년 상商나라 시대, 중국은 십진법을 사용하기 시작했다. 출토된 갑골문에는 이런 말이 새겨져 있다. '팔일신해윤과벌이천육백오십육인八日辛亥允戈伐二千六百五十六人.' 8일 한밤중에 벌어진 전투에서 총 2,656명의 적을 물리쳤다는 뜻이다. 여기서 쓰인 기수법은 현재 우리가 사용하고 있는 십진법과 완전히 일치한다.

서기 6세기, 중국에서 탄생한 십진법은 인도로 전해졌고 그 후 아랍인에 의해 다시 유럽에까지 전파되었다. 하지만 당시 유럽의 많은 국가들은 십진법의 편리함을 인식하지 못했다. 르네상스 이후 과학기술이 빠르게 발전함에 따라 십진법은 비로소 세계 각국의 인정을 받으며 널리 보급되었다.

십진법은 중국이 인류에 남긴 훌륭한 업적이다. 이약슬李約瑟 박사의 말처럼 "십진법이 없었다면 지금처럼 통일된 기수법을 사용할 수도 없었을 것이다." 심지어 마르크스(Karl Heinrich Marx)는 고대 중국이 완성한 '십진법'이 인류문화에 남긴 업적은, 중국의 '4대 발명(나침반, 화약, 제지, 인쇄술을 가리킨다-역주)'과도 필적할 만하다고 여겼다.

그러나 현재 컴퓨터에 이진법이 활용되고 있듯이 어쩌면 필요에 따라서 혹은 기수법의 변화에 따라서 언젠가는 새로운 체계가 현재의 십진법을 대체하게 될 날이 올지도 모른다.

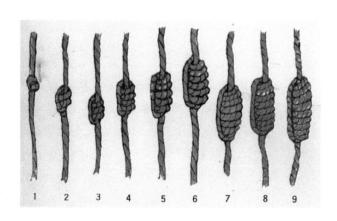

▶ 매듭기수법, 매듭 하나가 1을 뜻한다.

▲ 피라미드 축조과정에서 기하학적 측량은 반드시 필요한 요소였다. 측량가가 공구를 이용해 피라미드 축조에 쓰일 돌을 측량하는 모습이다.

불후의 걸작

유클리드기하학

기하학에는 왕도가 없다.

유클리드

'기하幾何'라는 단어는 '얼마'라는 뜻을 가진 의문대명사이다. 그러나 수학에서의 기하학은 가장 오랜 역사를 가진 기초분야로 공간의 형태와 크기, 위치의 상호관계를 연구하는 학과이다. 기하는 그리스어의 토지(γεω)와 측량(μετρια)을 합친 'γεωμετρια'에서 비롯된 단어로 말 그대로 토지측량을 뜻했다. 이후에는 라틴어로

발견시기
기원전 3세기

발견자

유클리드(Euclid, 기원전 약 330년~기원전 약 275년)
고대 그리스에서 가장 유명하고 영향력 있는 수학자이다. 젊은 시절 아테네아카데미에서 공부했으며 플라톤을 스승으로 두었다. 그는 기원전 7세기 이후부터 그리스의 풍부한 기하학자료를 정리해 《기하학원본》을 집필했다. 이를 통해 엄밀한 논리체계를 확립해 기하학을 하나의 독립적인 과학으로 만들었다.

▼ 유클리드 묘비의 표지

'geometria'라 쓰였다. 기하학이라는 중국어 명칭은 명나라의 이마두利瑪竇와 서광계徐光啓가 《기하학원본(Stoikheia)》을 공동 번역할 당시, 서광계가 'geometria'를 음·의역한 것에서 비롯되었다.

다른 여러 과학과 마찬가지로 기하학 또한 생산 활동에서 비롯되었다. 평면, 직선, 직각, 원, 장, 단, 뿔 등 고대 사람들이 생산 활동을 통해 축적한 각종 개념을 바탕으로 형성된 학문이 바로 기하학이다. 고대 중국, 바빌론, 이집트, 인도, 그리스가 모두 기하학의 주요 발상지였다.

원시적인 기하학 개념은 대부분 경험으로 깨달은 것이라 초보적이고 난잡한 편이었다. 체계적이지 못했던 기하학이 체계적인 과학의 한 분야로 거듭날 수 있었던 데에는 고대 그리스 학자의 노력이 컸다.

먼저 플라톤은 논리학적 사고방식을 기하학에 도입해 원시적인 기하학 지식을 체계적이고 엄밀하게 발전시켰다. 그 후 그의 제자 아리스토텔레스가 '삼단논법'의 연역추리방법을 제시하여 기하학의 발전, 특히 명제논증에 엄청난 영향을 미쳤다. 우리는 지금도 초급기하학을 공부할 때 삼단논법의 형식을 이용해 문제를 푼다.

그러나 플라톤과 아리스토텔레스의 노력은 기하학 확립에 그저 주춧돌을 놓아주었을 뿐이었다. 기하학을 진정한 학문으로 우뚝 세운 사람은 바로 고대 그리스의 수학자 유클리드였다.

기원전 300년 경, 유클리드는 당시에 알 수 있었던 모든 기하학적 사실들을 세세히 수집해 그중 자타가 공인하는 일부 기하학 지식을 정의와 공리로 삼았다. 그리고는 플라톤과 아리스토텔레스가 제시한 논리적 추리방법에 따라 일련의 정리를 유도해 연역체계를 만들고, 수학역사상 길이 빛나는 저서 《기하학원본》을 집필했다. 《기하학원본》의 발표는 유클리드기하학의 확립을 상징했다.

유클리드기하학은 최초로 공리화된 구조를 확립했는데, 이 방법은 수학의 거의 모든 분야에 스며들어 수학 발전에 어마어마한 영향을 미치며 현대수학의 주요특징으로 자리 잡았다.

하지만 현재의 기준으로 《기하학원본》을 평가한다면, 논리적으로 적잖은 빈틈이 있다. 《기하학원본》에

저술된 여러 정의 자체가 모호하다는 문제가 있고, 공리체계 역시 완벽하지 못하다. 많은 증명들이 직관에 기대어 완성됐는데 그 다섯 번째 공리인 평행의 공리가 가장 전형적인 예라 하겠다. 이 밖에도 각각의 공리가 독립적이지 못하다. 즉, 다른 공리에 의한 전체 공리 체계의 논리구조에 혼란을 초래할 수 있다.

▲ 고대 이집트의 측량공구

이러한 빈틈은 1899년 독일의 수학자 힐베르트의 대작《기하학의 기초》가 출판되고 나서야 비로소 완벽해졌다. 힐베르트는 이 저서를 통해 유클리드기하학의 완벽하고 빈틈없는 공리체계, 즉 힐베르트공리체계를 세우는 데 성공했다. 이 체계의 확립으로 유클리드기하학은 완벽한 논리 구조를 지닌 기하학 체계로 거듭났으며, 이는 유클리드기하학의 보완작업이 끝이 났음을 뜻하기도 했다.

유클리드기하학은 뚜렷한 직관과 엄밀한 논리연역법을 결합했다는 특징 때문에 청소년의 논리적 사고능력을 키우는 데 좋은 교재가 되었다. 실제로 갈릴레이, 데카르트, 뉴턴, 아인슈타인 등 수많은 과학자들이 유클리드기하학을 공부함으로써 많은 이익을 얻었다.

17세기 이후, 해석기하학이 출현함에 따라 유클리드기하학의 공리도 정리를 증명하듯 입증되었다.

평가

유클리드기하학의 탄생은 기하학이 이미 엄밀한 이론체계와 과학적 방법을 갖춘 학과가 되었음을 뜻했다. 이는 수학발전역사상 매우 의미 있는 일이자 인류문명역사에도 기념비적인 일이었다. 유클리드기하학은 비단 기하학, 수학, 과학의 발전뿐만 아니라 서양인의 사고 방식에도 엄청난 영향을 미쳤다.

▲ 인도 괄리오르고성. 기원전 876년 인도 괄리오르의 한 비석에 영을 뜻하는 부호 '0'이 사용됐는데 이는 오늘날의 것과 아주 유사했다.

세계를 변화시킨 발견
'0' 의 발견

'0' 의 발견은 인류가 거둬들인 가장 위대한 성과이다.

발견시기
기원후 8세기

발견자
고대 인도인

　열 개의 아라비아숫자 중에서 '0' 은 가장 마지막에 발견된 숫자이다. '0' 이 발견됨으로써 보다 더 쉽게 숫자를 표현할 수 있게 되었고, 그만큼 빠른 수학연산이 가능해지면서 아라비아숫자는 세계에서 통용되는 기수부호로 자리 잡았다.

　'자리 잡기에 의한 기수법' 을 최초로 사용했던 고대 바빌론인은 1~59까지 총 쉰아홉 개의 숫자부호를 발명하긴 했지만 공교롭게도 그들이 발명한 부호 중에 '0' 이라는 부호는 없었다. 그렇다면 그들은 '0' 을 어떻게 표현했을까? 방법은 간단했다. 빈자리를 이용한 것이다. 예를 들어 205의 경우 2 5라고 써서 2와 5 사이에 빈자리 하나를 남겨 두었다. 그런데 이 방법은 205처럼 빈자리가 하나인 경우는

괜찮지만 2005만 되도 몇 자릿수인지 정확하게 분간하기가 어려웠다. 그러니 이 얼마나 불편한 방법인가!

고대 바빌론인은 숫자 오인으로 적잖은 불편을 겪었는데 이에 얽힌 웃지 못할 해프닝도 많다. 천여 년 후 기원전 312년~기원전 64년이 되어서야 그들은 드디어 '0'을 표현할 부호 '+'를 발명했다. '+'표 하나가 빈자리 하나를 뜻했다. 즉, 205를 2+5로 2005는 2++5로 표현해 오인할 일이 없어졌다.

▲ 인도의 수학자 겸 천문학자 브라마굽타(Brahmagupta, 598년~668년)의 조각상

콜럼버스가 신대륙을 발견하기 전 아메리카의 마야족은 20진법의 기수법을 사용했다. 서기 원년 초 그들은 이미 '0'을 표현하는 정확한 부호를 가지고 있었다. 조개 혹은 반쯤 뜬 눈처럼 생긴 이 부호는 두 숫자 사이는 물론 끝자리에도 사용할 수 있어 자릿수를 나타내는 역할을 톡톡히 수행했다. 그러나 이 부호는 단독으로 사용할 수도, 연산에 사용할 수도 없었다.

고대 그리스 역시 초기에는 바빌론처럼 빈자리를 이용해 0을 표현했다. 기원후 2세기, 대철학자 프톨레마이오스가 작은 원으로 숫자가 없는 이 빈자리를 표현했지만 고대 그리스인들은 마야족과 마찬가지로 0을 단독적인 숫자로 여기지 않았고, 작은 원으로 빈자리를 대신하는 방법도 전하지 못했다.

▲ 진구소(秦九韶, 서기 1202년~1261년), 자는 도고(道古)이며 안악(安岳)사람이다. 이야(李冶), 양휘(楊輝), 주세걸(朱世杰)과 함께 송나라, 원나라 시대의 4대 수학자라 일컬어진다.

고대 중국도 초기엔 빈자리로 0을 표시했다. 한자는 방과자라 한 글자가 한 자리를 차지하기 때문에 알파벳처럼 오인의 소지는 없었다. 고대 중국은 일찍이 '영零'이라는 글자를 발명했지만 그 본래 뜻에는 아무것도 없음을 나타내는 숫자 0의 의미가 포함되어 있지 않았다. 《설문해자說文解字》를 보면 '영'을 아주 작은 물방울로 이해했음을 알 수 있다. 이후 글자의 의미가 확대되어 '우리수(나머지)'라고 해석되었는데 '영정零丁', '영성零星', '영쇄零碎' 등이 모두 이러한 의미를 갖는 단어였다. 중국이 '영'을 숫자 '0'이라는 부호로 대신한 것은 명나라에 이르러서였다. 흥미로운 점은 숫자 '0'이 사용되기 전 중국도 동그라미로 0을 표기했다는 사실이다. 중국의 고서를 보면 글자가 비는 곳은 모두 '口'로 표시되어 있는데 훗날 사람들이 글을 쓰다가 은연중에 'ㅇ'로 쓰게 된 것이다. 중국 최초로 영을 ㅇ으로 표현한 건 금나라의 《대명력大明歷》(1180년)으로 207이 '二百ㅇ七'로 적혀있다.

현재 자타가 공인하는 숫자 '0'은 인도인이 발명했다. 빈자리나

▲ 마야부조에 새겨진 마야숫자

▶ 마야인의 두루마리

아무것도 없음을 뜻하는 의미의 범주를 뛰어넘어 가장 먼저 0을 단독적인 하나의 수로 사용한 것도 역시 인도사람이었다.

서기 6세기에 이미 십진법을 이용한 숫자표현법을 터득했던 인도인들도 초기엔 다른 민족과 마찬가지로 빈자리로 영을 표현했다. 하지만 그들은 곧 빈자리가 오해를 불러일으키기 쉬우며 306의 3과 6 사이에 몇 개의 빈자리가 있는지 정확하게 아는 사람이 없다는 사실을 발견했다. 그래서 기원후 3~4세기경 굽타시대 때 점으로 빈자리를 대신하고 이를 'Shunya'라고 명명했다. 그 후 인도인들이 십진법에 의한 기수법을 익혀감에 따라 점을 작은 원으로 바꾸고 영을 완전히 독립적인 숫자로 삼으면서 십진법이 완성되었다. 서기 876년 인도 괄리오르에서 발견된 한 비석에서 작은 원으로 영을 나타낸 흔적을 찾아볼 수 있는데, 이는 현재의 0과 아주 유사했다.

영을 하나의 숫자로 여기고 이를 독립적인 부호 0으로 나타내는 표현법은 수학역사상 자타가 공인하는 획기적인 발견이었다. 0이 사용되면서 인간은 주판의 속박에서 벗어났고, 오늘날의 산수를 탄생시켰을 뿐 아니라 숫자의 개념을 일반화하는 길을 마련해 주었다.

▶ 최초의 인도숫자부호

역사적 오해
아라비아숫자

열 개의 기호로 모든 숫자를 표현하려면 모든 기호가 절대적인 값을 가지고 있어야 할 뿐만 아니라 자릿수의 값이 있어야 한다. 이렇게 교묘한 방법이 인도에서 탄생했다. 우리는 간단해 보이는 이 방법의 진정한 가치를 종종 잊어버리지만, 사실 이는 우리가 가늠할 수 없을 정도로 기막힌 힘을 가지고 있다. 고대 그리스의 가장 위대한 인물로 손꼽히는 아르키메데스와 아폴로니오스(Apollonios, 기원전262년~기원전190년)가 관심을 가졌을 정도니 이 얼마나 대단한 발견인지 알 만하다.

프랑스의 저명한 수학자 라플라스(Pierre Simon de Laplace)

▲ 이탈리아의 수학자 피보나치
(Leonardo Pisano Fibonacci,
약 1170년~1250년)

세계적으로 통용되는 몇 개의 문자를 제외하면 아라비아숫자 1, 2, 3, 4, 5, 6, 7, 8, 9, 0이 단연 으뜸을 차지할 것이다. 어느 나라에 있든, 글자를 알든 모르든, 교육을 받았든 받지 않았든 상관없이 모든 사람들이 알고 있고, 또 사용할 수 있는 것이 바로 아라비아숫자이다. 진작부터 국제사회에 통용되고 있는 이 열 개의 숫자들은 정말이지 천재적인 발명이라 할 수 있다.

발견시기
기원후 5세기

발견자
고대 인도인

그러나 더할 나위 없이 친숙한 아라비아숫자에 대해 많은 사람들이 오해하고 있는 점이 있다. 바로 아라비아숫자를 아랍인이 발명했다고 생각하는 것이다. 사실 아랍인은 전 세계에 이를 전파시켰을 뿐, 정작 아리비아숫자를 만들어낸 주인공은 따로 있다. 바로 인도인이다.

기원전 3세기 인도사람들은 1부터 9까지의 숫자를 사용하기 시작했고, 굽타왕조(Gupta dynasty)에 이르러서 '0'이라는 숫자까지 발명해냈다. 이때부터 비교적 완벽한 열 개의 숫자를 갖추게 된 인도는 기수법으로 십진법을 사용하기 시작했고, 이들 숫자의 우수성은 곧 널리 알려지게 되었다. 최초로 열 개의 숫자가 전파된 곳은 이웃나라인 스리랑카와 미얀마, 캄보디아 등이었다.

이 숫자들을 아랍에 전파한 사람은 기원후 771년 인도의 막카(makka)라는 여행가였다. 타의 추종을 불허하는 우수성으로 숫자는 곧 알 콰리즈미(al-Khwārizmī, 약 780년~850년) 등의 아랍 수학자들

▲ 아라비아숫자는 아랍상인들의
활동으로 유럽에 빠르게 전파
되었다.

에게 인정을 받으며 천문학 서적에 광범위하게 활용되었고, 이로써 아랍 전체에 널리 보급되었다. 그리고 얼마 후 아랍인은 그들이 본래 기수부호로 사용했던 스물여덟 개의 알파벳 대신 인도숫자를 대대적으로 사용하기에 이르렀다. 또한 이를 수정, 보완해 숫자의 외형을 바꿔 보다 쉽게 쓸 수 있도록 만들었다.

9세기 아랍인이 스페인의 일부 지역을 점령하면서 인도숫자가 유럽까지 전파되는 계기가 마련되었다. 기원후 10세기 교황 게르베르트(Gerbet)는 인도숫자가 로마숫자에 타격을 주고 있다는 사실을 인식하지 못한 채 이를 유럽의 다른 나라에 전파했다. 그리고 1202년 이탈리아 수학자 피보나치(Leonardo Fibonacci)에 의해 유럽의 일반인들에게

까지 보편화되면서 아라비아숫자가 널리 사용되기 시작했다.

이렇게 유럽에서 '밀월기'를 맞이한 아라비아숫자는 곧 기독교회의 강력한 반대와 저지에 부딪혔다. 아라비아숫자가 로마숫자의 신성한 지위에 타격을 입히며 교회에 대한 사람들의 믿음을 뒤흔들고 있었으니 이러한 숫자를 기독교회가 받아들일 리 없었다.

하지만 유럽 사람들은 아라비아숫자의 우수성에 열광했다. 로마숫자나 고대 그리스숫자와는 비교도 할 수 없다는 듯, 아라비아숫자에 대한 유럽인의 편애는 엄청났다. 14세기에 이르러 중국의 인쇄술이 유럽에 전해지면서 아라비아숫자는 한층 더 빠른 속도로 유럽전역에 보급되었다. 다만 당시의 아라비아숫자는 현재와 같은 모습은 아니었다. 오늘날의 모습을 갖추기까지는 여러 과학자들의 땀과 노력이 있었다.

처음에 유럽 사람들은 아라비아숫자가 인도에서 비롯되었다는 사실을 알지 못한 채 이를 그저 아랍인의 공적이라고만 생각했다. 아라비아숫자는 바로 이러한 이유로 붙은 이름이었다. 훗날 사람들이 아라비아숫자가 전해진 경위를 알게 되었을 땐 이미 아라비아숫자라는 이름에 익숙해진 후였고 때문에 계속 이 명칭을 사용할 수밖에 없었다.

덧붙이자면 인도숫자가 중국에 전해진 시기는 9세기였다. 하지만

중국의 계산기수법이 인도의 위치기수법과 완전히 일치했기 때문에 중국의 선조들은 인도숫자를 채용할 필요를 느끼지 못했다. 아라비아숫자는 19세기 말 중국에 현대교육이 전파된 이후 비로소 현대교육시스템의 일부분으로 중국에 널리 보급되었다.

▲ 서양숫자의 변화

아라비아숫자는 간결한 십진법과, 단순한 필획, 편리한 필기로 수많은 과학자와 천문학자의 찬사를 받았다. 학생, 교사, 수학자, 과학자, 학자 등이 가장 사랑하는 부호가 된 아라비아숫자는 각국에서 유행의 바람을 일으키며 세계에서 통용되는 숫자가 되었다. 아라비아숫자의 탄생과 보급은 세계수학 발전에 날개를 달아 주었다.

평가

아리비아숫자는 비교적 적은 부호를 사용해 모든 수와 연산을 가장 편리하게 표현해냄으로써 수학의 발전에 큰 영향을 미쳤다. 일례로 아라비아숫자가 유럽으로 전해진 뒤 유럽의 수학은 비약적인 발전을 거듭했다.

◀ 서양으로 인쇄술이 전파되면서 아라비아숫자의 보급도 속도를 내기 시작했다.

발견시기
17세기

발견자

비에트(Viete, Francois, seigneurdeLa Bigotiere)
16세기 프랑스에서 가장 영향력 있는 수학자였다. 계통화된 대수부호를 최초로 도입해 방정식의 발전을 촉진시켜 '대수학의 아버지'라고 불린다. 비에트는 여러 대수부호를 탄생시켰으며, 알파벳으로 미지수를 표현해 3, 4차 방정식을 체계적으로 기술했다. 또한 근과 계수 사이의 관계에 주목하여 3차 방정식의 삼각법을 제시했다.

수학의 추상화를 상징하는 지표

대수학

대수는 수학의 꽃이다.

피보나치

'대수'를 나타내는 algebra라는 단어는 기원후 9세기 아랍의 수학자 겸 천문학자 알콰리즈미의 저서 《복원과 대비의 계산(ilm al-jabr wa 'lmuqabalah)》에서 비롯되었다. 이 책은 유럽에 전해진 후 라틴어로 《aljebra》라고 번역됐고, 그 후 여러 나라에서 사랑을 받으며 《algebra》라는 영어 역서도 출간됐다. 그리고 1859년 중국의 수학자 이선란李善蘭이 최초로 《algebra》를 번역해 '대수'라 지칭했다. 그때부터 '대수'는 수학의 한 분야를 나타내는 고유명사로 사용되었다.

고대 그리스 기하학이 수학에서 분리되어 하나의 분야로 인정받은 반면, 산술과 대수는 오랜 시간 동안 서로 맞물려 있었다. 대수의 특징을 가진 미지수의 값을 구하는 문제에서만 대수학의 역사적 흔적을 찾아볼 수 있는 것도 이러한 이유 때문이다.

미지수의 값 구하기라는 문제는 고대 바빌론 함무라비시대(Hammurabi, 기원전 18세기)에 최초로 등장했다. 출토된 흑판에는 2차 방정식 문제가 기재되어 있었으며, 심지어 3차 방정식과 비슷한 문제도 적혀있었다. 이뿐만 아니라 고대 이집트의 파피루스 책에서도 상형문자로 표현한 미지수를 발견할 수 있다. 책에서는 미지수를 '더미'라고 표현했는데 이는 한 무더기의 물건이라는 뜻이었다.

그러나 고대 그리스인은 미지수의 값을 구하는 문제를 그다지 중요하게 생각하지 않았다. 이 때문에 대수학은 기하학처럼 수학의 한 분야로 독립되지 못했고, 기하학과 같은 휘황찬란한 성과 역시 기대할 수 없었다.

4세기 후 그리스의 과학자들은 전반적으로 침체기에 접어들기 시작했다. 긴 어둠이 잠식했던 중세시대는 고대 그리스 과학자들이 일궈놓은 과학성과의 목을 조르는 듯했고, 수학 역시 예외는 아니었다. 하지만 이 시기 인도와 중동지역은 수학분야에서 가시적인 성과를 나타냈다. 인도의 브라마굽타(Brahmagupta)는 7~8세기에 이미 자신의 저서를 통해 2차 방정식 +이라는 근의 공식과 부정방정식에 대한 일반적인 풀이방법을 제시했다. 여기서 주목할 만한 사실은 인도인이 이미 약자와 일부 기호를 이용해 미지수와 연산을 표현했다는 점이다.

▲ 이선란. 동문관(同文館)에서 자신의 학생들과 함께 찍은 사진 (중앙에 앉아있는 사람이 이선란이다)

대수학이 하나의 독립적인 학문으로 분리될 수 있었던 건 중세기의 아랍인들 덕분이었다. 아랍의 수학자들은 동서양의 수학적 성과를 받아들여 2차 방정식의 해법을 체계적으로 연구하는 한편, 방정식 풀이를 통한 미지수 값 구하기를 대수학의 기본 특징으로 삼아 방정식을 푸는 변형법칙을 확립했다. 또한 3차 방정식의 기하학적 해법을 내놓기도 했다. 한편 유럽인들은 알 콰리즈미의 《대수학》이 유럽으로 전파된 후에야 미지수의 값 구하기를 중점적으로 연구하기 시작했고, 수학자 우마르 하이얌(Omar Khayyam)은 '대수학이 바로 방정식을 푸는 과학이다'라고 주장하기에 이르렀다. 그의 주장은 19세기 말까지 이어졌다.

중세기 유럽에서 대수학이 발전하는 데 큰 공헌을 한 사람은 이탈리아 수학자 피보나치였다. 그녀는 《주판서珠板書》(1202)를 저술해 유럽인들에게 아랍의 산술과 대수를 소개했고, 이로써 근대 대수학 연구의 서막을 열었다.

▲ 알 콰리즈미(al-Khwārizmī, 약 서기 783년~서기 850년), 아랍의 저명한 수학자이자 천문학자이며 지리학자이다. 수학분야에서는 《대수학》과 《인도의 계산술》이라는 두 편의 저서를 편찬했다.

보편적으로 사용되는 대수 부호가 생기기 전까지만 해도 대수학은 주로 문자로 표현됐다. 표현방식이 복잡함은 물론이요, 해석도 여러 가지가 나올 수 있어 대수학의 발전은 더디기만 했다. 그러나 13세기 이후 대수 부호가 하나 둘 발견됨에 따라 대수학은 점차 독립적인 학문으로 발전해나가기 시작했다. 먼저 아라비아숫자를 활용하게 되었고, 뒤이어 각종 부호들이 생겨나면서 날로 완벽해졌다. 예를 들어 15세기 말에는 '+', '−'부호가, 16세기 초에는 괄호 등과 같은 부호가 생겨났다. 3차 방정식과 4차 방정식의 해법 발견 역시 대수학, 특히 고차 방정식에 대한 연구에 불을 붙였고, 그 결과 대수학은 기하학처럼 수학에서 분리된 독립적인 학문이 되었다.

1591년 프랑스 수학자 비에트(Viete)는 대수 부호를 계통화하여 《해석학입문》이라는 책을 내놓았고 이는 서양 수학역사학자들에게

▲ 우마르 하이얌(Omar Khayyam, 1048년 5월 15일~1131년 12월 4일), 아랍의 저명한 수학자이자 천문학자 겸 시인이다. 본래 '하이얌'은 천막을 제조하거나 판매하는 직업을 말하는데, 이는 그의 아버지 또는 선조가 이 업종에 종사했다는 사실을 뜻한다.

최초의 부호대수학이라는 추앙을 받았다. 그 후 데카르트가 비에트가 확립한 부호체계를 수정하여 a, b, c, … 등으로는 지수를, x, y, z, … 등으로는 미지수를 표현했는데 이는 오늘날 사용되고 있는 대수부호와 거의 일치한다.

문자로만 식을 표현하는 데서 부분적으로 약어와 기호를 사용하고, 다시 현대부호를 사용하기에 이르기까지 길고 긴 여정을 지나온 대수학은 드디어 17세기 중엽, 기본적인 체계를 확립했다. 수학이 다시 한 번 비약적인 발전을 거듭한 순간이었다. 대수부호의 확립으로 더욱 추상화, 보편화된 대수학은 광범위하게 응용되며 수학의 빠른 발전을 이끌었다.

평가

대수부호의 확립으로 더욱 추상화, 보편화된 대수학은 광범위하게 응용되며 수학의 빠른 발전을 이끌었다.

▶ 알 콰리즈미의《대수학》표지

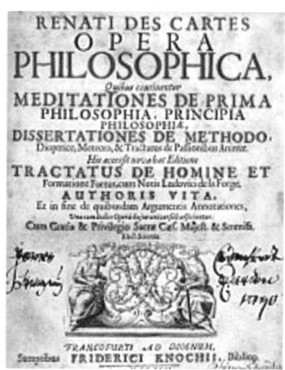

▲ 데카르트와 그의 저서 《방법서설》

수학의 전환점
해석기하학

데카르트의 변수는 수학의 전환점이라 할 수 있다. 변수가 있어 운동의 수학적인 설명이 가능해졌고, 변증법이 수학에 도입되었으며, 미분과 적분이 확립되었다….

엥겔스

발견시기
1637년

발견자

데카르트(René Descartes)
1596년 3월 31일 프랑스 투렌라에서 태어났다. 데카르트는 근대과학의 시조이자 유럽 근대철학의 창시자이다. 헤겔(Georg Wilhelm Friedrich Hegel)은 그를 '현대철학의 아버지'라 칭송했다. 탐구정신이 뛰어난 과학자이기도 했던 데카르트는 해석기하학을 확립해 수학역사에 한 획을 그었다.

　르네상스 이후 생산력과 과학기술이 빠르게 발전함에 따라 기존의 유클리드기하학으로는 더 이상 천문, 역학, 항해 등의 분야에서 그 수요를 만족시킬 수 없게 되었다. 이에 사람들은 재빨리 새로운 도구를 찾아 새로운 기하학 문제를 해결할 필요가 있었다.
　행성이 태양주변을 돌 때 원형이 아닌 타원형으로 돈다는 케플러의 발견이나 물체를 던지면 물체가 포물선 운동을 한다는 갈릴레이의 발견은 모두 기존의 유클리드기하학으로는 설명할 수 없는 문제들이었다. 당시 사람들은 타원형과 포물선 모두 원추곡선이라는 사실은 알았지만 유클리드기하학의 오래된 방법으로는 도무지 연구에 손을 델 수가 없었다.

그리하여 어떻게 이 문제를 해결하느냐가 과학자들의 이슈로 떠올랐다. 또한 천문학이 발달함에 따라 수학적 방법으로 어떻게 천체의 운동을 기술하느냐라는 문제 역시 주요 관심사가 되었다.

청년 데카르트는 진작부터 이러한 문제들을 고심하고 있었다. 군대복역기간에도 훈련만 없다 하면 홀로 침대에 누워 해결방법을 모색하느라 여념이 없었다. 그러던 어느 날, 침대에 누워있던 그는 자신의 머리 위를 이리저리 날아다니는 파리 한 마리를 발견했다. 파리가 나는 모습을 가만히 바라보던 그의 머릿속에 불현듯 수직관계를 이루는 세 개의 판만 있으면 파리의 위치를 측정할 수도 있겠다는 생각이 들었다. 두 벽과 바닥이 만나는 점으로 파리의 위치를 파악할 수 있다는 사실을 깨달은 것이었다. 사실 당시 사람들이 이미 위도와 경도를 사용하고 있었음을 감안하면 이 발견은 그리 신기하지도 또 그리 독창적이지도 않았다.

▲ 1996년 모로코에서 발행된 데카르트 우표

그러나 데카르트는 이 발견을 토대로 좌표를 발명했다. 좌표계를 이용하면 평면상의 모든 점을 x와 y라는 두 개의 직선 축을 이용해 표현할 수 있었다. 공간상의 점의 경우엔 x, y, z라는 세 개의 직선 축이 필요했는데 여기서 z축은 상하를 나타내는 단위였다. 데카르트는 보다 심층적인 연구를 통해 데카르트좌표계를 통과한 모든 곡선들이 특수한 방정식을 나타내며, 모든 방정식은 특수한 곡선을 나타낸다는 사실을 발견했다. 1637년 데카르트는 이 발견을 자신의 저서 《방법서설(Discours de la méhode)》의 시론인 《기하학》에 기술해 해석기하학의 기점으로 삼았다.

데카르트의 《기하학》을 해석기하학책이라고 보기에는 확실히 부족한 점이 많다. 하지만 이보다 더 중요한 것은 이 책이 새로운 생각을 이끌어내고 수학역사의 새로운 한 장을 써내려가는 데 큰 공헌을 했다는 사실이다.

데카르트가 해석기하학을 확립한 건 우연이 아니었다. 그리고 그와 함께 해석기하학의 창시자라는 영예를 나눠야 할 사람이 한 명더 있다. 바로 데카르트와 동시대를 살았던 프랑스의 아마추어 수학

▲ 페르마(Pierre de Fermat, 1601년~1665년), 프랑스의 수학자로 '아마추어 수학자의 왕'이라 칭송 받는 인물이다.

자 페르마(Pierre de Fermat)
이다.

데카르트가 살던 시대의 과학자들은 기하학적 사고 방식에 사로잡혀 있었고, 이런 그들에게 대수학은 새롭기만 한 학문이었다. 그러나 해석기하학의 확립으로 '변수'와 같은 일련의 새로운 개념들 이 도입되면서 수학은 새로운 발전단계에 접어들었다. 또한 좌표법의 발명으로 사람들은 대수를 응용한 각종 방법을 통해 기하학 문제를 해결하는 데 성공했다. 기하학의 난제라고 여겨왔던 문제들도 대수를 응용하기만 하면 술술 해결되었다. 이로써 각각 독립적인 분야였던 기하학과 대수학이 결합되어 도형과 기호를 하나로 묶었다. 이는 수학발전역사상 중대한 돌파구이자 기념비적인 의미가 있는 전환점이기도 했다. 바로 이 도형과 기호의 결합이 뉴턴, 라이프니츠의 미적분 발견에 길을 열어주었으니 말이다.

엥겔스의 말처럼 "데카르트의 변수는 수학의 전환점이라 할 수 있다. 변수가 있어 운동의 수학적인 설명이 가능해졌고, 변증법이 수학에 도입되었으며, 미분과 적분이 확립됐다." 또한 변수의 발견이 해석기하학의 기반이 되기도 했다.

평가

해석기하학의 출현으로 고대 그리스시대부터 이어져 오던 대수학과 기하학의 관계에 큰 변화가 발생했다. 서로 대립관계에 있던 '도형'과 '기호'가 하나로 묶이면서 기하곡선과 대수방정식이 결합되었다. 데카르트의 이 천재적인 발상은 미적분확립에 기반을 다져주었고, 이로써 변수라는 새로운 분야를 개척하게 되었다.

▲ 라이프니츠(Gottfried Wilhelm von Leibniz, 1646년 7월 1일~1716년 11월 14일), 독일 역사상 가장 유명한 수학자이자 물리학자, 역사학자, 철학자이다. '세계적으로도 보기 드문 과학천재'라 일컬어지는 그는 미적분학의 창시자 중 한 사람이기도 하다.

▼ 바닥에서 수학계산을 하고 있는 뉴턴

인간의 정신적 승리

미적분과 분석수학

한 자 길이의 몽둥이를 매일 부러뜨려도 만년이 지나도록 없어지지 않는다一尺之捶, 日取其半, 萬世不竭.

장주莊周

수학을 한 그루의 나무에 비유한다면 초등수학은 나무의 뿌리, 수학의 여러 분과는 나뭇가지, 그리고 나무줄기의 주요부분은 바로 미적분이라 할 수 있을 것이다.

미적분이라는 학과는 17세기에 확립되었다. 그러나 미분적, 적분적 사상은 일찍이 고대 때부터 싹을 틔워 기본적인 수학연산 두 가지를 형성했다.

고대 각국의 초기 수학문헌을 살펴보면 적분적 사고를 통해 면적과 부피를 구하는 문제에 접근했음을 알 수 있다. 기원전 3세기 고대 그리스의 수학자겸 물리학자 아르키메데스는 포물선의 곡선, 원형과 타원형체, 포물면체, 나선 등의 면적과 부피를 연구할 때 갈수록 얇고 많은 직사각형으로 곡면을 분할하여 면적을 구하는 '실진법(method of exhaustion)'을 이용했다. 중국 위진魏晉시대의 유휘劉徽도 《구장산술주九章算術註》(263년)에서 그 유명한 '할원술割圓術(원을 쪼개 원주율을 구하는 방법-역주)'을 제시했다. 이러한 원시적 적분법은 17세기까지 사용되었다.

한편 미분학의 기초인 극한이론은 고대 때부터 비교적 분명한 기술이 이루어졌다. 중국 장주의 저서 《장자莊子》 '천하편天下篇'에 담긴 '한 자 길이의 몽둥이를 매일 부러뜨려도 만년이 지나도록 없어지지 않는다一尺之捶, 日取其半, 萬世不竭.'라는 내용과, 고대 그리스의 유명한 '제논의 패러독스' 중 하나인 '아킬레우스와 거북이의 경주'등이 바로 그 예이다. 현대적 의미에 가까운 미분사상은 주로 곡선의 접선을 구하는 과정에서 나타났다. 광학을 연구하던 중 렌즈에 굴절법칙과 반사법칙을 응용해야 할 필요가 있었고, 이 때문에 접선과 법선法線에 관한 문제를 언급하게 된 것이다. 데카르트, 하위헌스, 뉴턴, 라이프니츠 등은 모두 관련 분야의 연구를 진행했고, 그 중에서

▲ 1996년 독일에서 발행된 라이프니츠 우표

도 특히 데카르트와 페르마(1601년~1665년)는 접선을 할선割線의 특수상황으로 간주하며 미분계산의 윤곽을 잡았다.

영국의 수학자겸 물리학자인 뉴턴은 선인들의 업적과 데카르트가 확립한 해석기하학과 변수를 기초로 미적분을 발명했다. 1665년 5월 20일자 원고에서 뉴턴은 '유율법(Method of Fluxions)'을 언급했는데 혹자는 이 날을 미적분이 탄생한 지표로 삼았다. 하지만 미적분에 관련한 뉴턴의 논문은 1687년 이후에야 공식 발표됐고, 뉴턴보다 늦게 미적분을 발명한 독일의 수학자 라이프니츠가 1684년과 1686년에 관련 논문을 먼저 발표하면서 미적분 발명권은 라이프니츠에게 돌아갔다. 지금은 뉴턴과 라이프니츠가 각자 독립적으로 미적분을 완성했다는 사실을 알고 있지만 당시엔 누가 먼저 발명했느냐를 두고 장장 100년에 달하는 논쟁이 벌어졌다.

▲ 코시(Augustin Louis Cauchy, 1789년~1857년), 19세기 전기의 프랑스 수학자이다. 미적분의 엄밀한 기초를 다지고 복소변수함수론의 주요정리와 실변수와 복소변수의 미분방정식풀이에 관한 존재를 증명했다.

물론 뉴턴과 라이프니츠가 확립한 미적분은 아직 초기단계에 머물러 있었다. 그들의 가장 큰 공적은 접선문제(미분학의 중심문제)와 구적문제(적분학의 중심문제)라는 전혀 관계없는 두 개의 문제를 하나로 묶어두었다는 점이다. 미적분을 연구할 때 뉴턴은 운동역학에 중점을 둔 반면 라이프니츠는 기하학적으로 문제에 접근했다. 뉴턴과 라이프니츠 모두 각자의 미적분 부호체계를 확립했지만 '역사상 가장 위대한 부호학자'라 불리는 라이프니츠에 비해 뉴턴의 부호체계는 부족함이 많았다. 실제로 지금 우리가 사용하는 미적분 부호는 대부분 라이프니츠가 만든 것들이다.

역사적으로 중대한 이론들은 모두 긴 시간을 두고 완성되었듯이

뉴턴과 라이프니츠의 이론 역시 보완이 필요했다. 그들은 무한無限과 무한소無限小라는 문제에서 서로 다른 견해를 가지고 있었는데 각자의 의견 자체도 모호했다. 뉴턴의 무한소는 때론 0이 됐고, 또 때로는 0이 아닌 유한한 수가 되기도 했다. 라이프니츠 역시 그럴듯한 설명을 내놓지 못했다. 이렇듯 기초적인 결함은 결국 수학의 2차 위기를 불러왔다.

　무한한 발전가능성을 가진 새로운 과학분야에서 여러 과학자들의 이름을 찾아볼 수 있듯이 미적분의 역사에서도 빛나는 이름을 찾아볼 수 있다. 스위스의 자코브 베르누이(Jakob Bernoulli)와 그의 형제인 요한 베르누이(Johann Bernoulli), 오일러, 프랑스의 라그랑주(Joseph Louis Lagrange), 코시(Augustin Louis Cauchy) 등 바로 이들의 노력이 있었기에 엄밀한 극한이론이 확립됐고, 미적분이 한 단계 더 발전할 수 있었다.

　유클리드기하학과 대수학은 모두 일종의 '상수'의 수학이다. 미적분이야 말로 진정한 '변수'의 수학이요, 수학의 대혁명이라 할 수 있다. 미적분이 발전하면서 생겨난 분석수학은 고등수학의 주요 분파로써 역학의 변속문제뿐만 아니라 근대와 현대과학기술 분야에서도 무수한 공적을 쌓으며 제 역할을 톡톡히 해내고 있다.

　마르크스와 엥겔스는 미적분의 확립을 매우 중시했으며, 엥겔스는 다음과 같이 미적분을 찬양하기도 했다. "모든 이론 성과 중에서 17세기 후기 미적분의 발견처럼 인간의 위대한 정신적 승리라 할 만한 이론은 다시없을 것이다."

평가

엥겔스는 미적분의 확립을 '인간의 위대한 정신적 승리'라고 칭송했다. 이처럼 미적분은 수학의 발전 역사상 가장 위대한 업적이라 할 수 있다.

▶ 뉴턴의 원고

수학역사상 가장 기묘한 일장
복소수의 개념

허수는 신기한 비밀이자 기이한 은신처이다. 이는 대략 존재와
허위의 경계에 있으면서 두 가지의 성질을 모두 가지고 있다.

라이프니츠

수학역사상 복소수개념의 진화는 가장 기묘하다고 할 만하다. 16
세기 중엽 사람들이 음수와 무리수의 개념을 아직 완전히 이해하고
받아들이지 못했을 때, 과감한 수학자들은 이미 새로운 영역을 향해
촉각을 곤두세우고 있었다. 논리적 연속성도, 탄탄한 기반도 없었지
만 예리한 직감에 기대면 그걸로 충분했다. 이것이 바로 수학의 추
상성이 가진 매력이자 인간의 대단함을 보여주는 점이다.

복소수의 개념은 10을 둘로 나누고, 이 두 수를 곱해 40을 만드는
방정식에서 비롯됐다. 16세기 수에 대한 사람들의 이해에 따르면 이
방정식을 풀 방법은 없었다. 하지만 이탈리아 밀라노의 학자이자 3
차 방정식의 풀이공식을 발견한 카르다노(Girolamo Cardano)는
1545년 《아르스 마그나(Arsmagna seu de regulis algebrae)》라는 저
서를 출간해 이 방정식의 해법을 제시하며 처음으로 음수를 개방開
方했다. 그가 제시한 해법은 $5 \pm \sqrt{-15}$였다. 당시
그 자신도 음수의 제곱근을 구하는 건 가상의
식으로 별다른 의미가 없다고 생각했지만 이는
방정식의 조건을 만족시키는 표현법이었다. 그
가 말한 대로 "산술은 이처럼 오묘한 것이다. 산
술의 결과는 우리가 흔히 말하듯 정교하지만 반
드시 유용하다고 할 수는 없다."

17세기 중엽 데카르트는 《기하학》(1637년 발
표)에서 '허의 수'와 '실의 수'를 서로 대응시키
며 '허수(imaginary number)'라는 명칭을 만들
어 냈고, 음수의 제곱근을 구하는 데 이를 사용
했다. 이때부터 허수는 널리 알려지게 되었다.
하지만 복소수의 개념은 아직 형성되지 않았다.

복소수의 대략적인 개념을 처음으로 확립한

발견시기
1832년

발견자

가우스(Karl Friedrich Gauss, 1777
년~1855년)
독일의 수학자이자, 천문학자, 물리
학자로 아르키메데스, 뉴턴과 함께
역사상 가장 위대한 수학자로 손꼽
히며, 수학의 왕자라 불린다.

▼ 강의 중인 이탈리아 밀라노의
학자 카르다노(Girolamo
Cardano), 3차 방정식의 풀이
공식을 발견했다.

▲ 독일이 발행한 가우스의 얼굴
이 새겨진 10마르크 화폐

사람은 미적분을 발견한 라이프니츠였다. 그는 최초로 −1의 제곱근을 허수의 기수로 삼았다. 1702년, 그는 말했다. "허수는 신기한 비밀이자 기이한 은신처이다. 이는 존재와 허위의 경계에 있으면서 두 가지 성질을 모두 가지고 있다."

18세기에 이르러 수학자들은 점차 허수에 대한 믿음을 가지게 되었다. 장소를 막론하고 수학의 추리과정에 복소수를 사용하게 되었고, 그 결과가 모두 정확함이 증명됐기 때문이었다. 이로써 복소수의 응용범위도 점점 광범위해졌다. 프랑스 수학자 드무아브르(Abraham de Moivre, 1667년~1754년)가 1730년 '드무아브르의 정리'로 유명한 복소수의 계산공식을 발견하자 사람들은 복소수의 수학적 지위를 생각하기 시작했다.

가장 먼저 부호 i로 -1의 제곱근을 표현하고, 허수단위를 만든 수학자는 오일러(Leonhard Euler)였다. 1748년 그는 《미분학 원리 Institutiones Calculi Differential》에서 처음으로 이 부호를 만들어내 수학계의 인정을 받았다. 그 후 1779년 노르웨이의 한 측량학자가 〈방향에 관한 분석표시〉라는 논문을 썼지만 그의 생각은 학술계의 주목을 받지 못했다.

'허수'는 사실 아무런 근거도 없이 생각해낸 것이 아니었다. 허수는 확실히 존재하는 수였다. 이러한 허수의 지위가 인정받게 된 데에는 수학자 가우스(Karl Friedrich Gauss)의 공이 컸다. 1799년 가우스는 대수의 기본정리를 증명하다 복소수를 인정해야만 순조로운 증명이 가능하다는 사실을 발견했고, 그 후 1806년 허수의 표시법을 발표했다. 그는 평면상에 서로 수직으로 만나는 두 직선을 그린 후 그 가로축을 실수축, 세로축을 허수축이라 이름 짓고, 이 평면상의 점 (a, b)를 복소수 c 즉, a+bi로 나타냈다. 이처럼 각 점이 복소수와 대응되는 평면을 '복소수 평면'이라고 하는데 훗날 '가우스 평면'이라 불리기도 했다.

▲ 아일랜드의 수학자 해밀턴
(Hamilton, 1805년~1865년)

1831년 가우스는 실수(a, b)를 이용해 복소수 a+bi를 나타냈고 복소수의 연산을 만들어 이를 실수와 같이 '대수화' 했다. 1832년 그는 처음으로 '복소수'라는 명사를 제시했다. 가우스는 복소수를 평면

위의 점으로 여겼을 뿐 아니라 일종의 벡터로 여겼고, 복소수와 벡터 사이의 일대일 대응관계를 이용해 복소수의 기하학덧셈과 곱셈을 기술했다. 이때서야 복소수이론은 비교적 완벽하고 체계적인 모습을 갖춰가게 되었다.

여기서 짚고 넘어 갈 사실은 복소수 a+bi가 진정한 의미의 'a+bi'는 아니라는 것이다. 덧셈표를 사용한 것은 역사적 우연일 뿐, bi를 a에 더할 수는 없다. 아일랜드 수학자 해밀턴(Hamilton)은 이러한 사실에 대해 다음과 같이 설명했다. "복소수 'a+bi'는 실수의 켤레서수(a, b)로, 켤레서수에 사칙연산을 나타낸 것에 불과하다. 이들 연산은 결합률, 교환율, 분배율을 만족시킨다. 때문에 복소수가 논리적으로 실수의 기초 위에 세워진다면 그나마 남아있던 신비성마저도 완전히 사라질 것이다."

복소수이론을 탐구하고 발전시키려는 여러 수학자들의 끊임없는 노력으로 허수는 비로소 신비의 베일을 벗고 그 본 모습을 드러냈다. 원래 허수는 허구의 수가 아니었던 것이다. 이로써 허수는 수학체계라는 대가족의 일원이 되었고, 수학체계는 실수계에서 허수계로까지 확충되었다.

과학과 기술이 진보함에 따라 복소수이론의 중요성이 날로 대두되고 있다. 복소수이론은 수학자체의 발전에 큰 영향을 미쳤음은 물론 비행기 날개의 상승력에 대한 기본정리나 댐의 누수문제 증명 등 여러 생산 분야에도 이론적인 근거를 제공하고 있다.

평가

허수의 도입으로 '의미 없는' 근의 공식이 사실은 의미 있는 공식이었음이 밝혀졌다. 우리가 허수와 실수를 똑같은 진실로 받아들이고 그저 각각 하나의 복소수평면에 속한 가로축과 세로축이라고 생각할 때, 모든 대수방정식은 실수와 허수에게 있어 일종의 대칭성을 갖는다. 그리고 이 대칭성은 그 누구라도 깰 수 있다.

발견시기
1832년

발견자
로바쳅스키(Lobachevskii, 1792년
12월 1일~1856년 2월 24일)
러시아의 수학자로 비유클리드기하
학을 창안했다. '기하학의 코페르니
쿠스'라 불린다.

가설에서 비롯된 새로운 기하학
비非유클리드기하학

직선 밖의 한 점을 지나 이 직선에 평행한 직선은 적어도 두 개
가 존재한다. 그러나 리만기하학의 평행선의 공리는 '같은 평면
위의 두 직선은 반드시 만난다'이다.

로바쳅스키기하학의 평행선의 공리

평행선의 공리는 유클리드가 《기하학원본》에서 제시한 제5공리이
다. 《기하학원본》에서는 스물아홉 번째 명제에만 이용됐을 뿐, 그
후에는 다시 사용되지 않았다. 다시 말해서 《기하학원본》 중 제5공
리에 기대지 않고도 스물여덟 개의 명제를 나타낼 수 있다는 뜻이
다. 시간이 흐르면서 과학자들은 제5공리가 앞의 네 공리에 비해 설
명이 장황해 쉽게 눈에 들어오지 않는다는 사실을 발견했다. 《기하
학원본》의 주석자와 평론가까지도 제5공리를 공리가 아닌 정리로
간주해 앞의 네 공리로 증명할 수 있는지 살펴보자고 제안할 정도였
다. 이것이 바로 기하학 발전 역사상 유명한 '평행선 이론'에 관한
논쟁의 시작이었으며, 이 논쟁은 장장 2천여 년 동안 지속되었다.

제5공리를 증명하고, 유클리드가 완성하지 못한 일을 매듭짓기 위
해 기원전 3세기부터 19세기 초까지 과학자들은 엄청난 열정을 쏟
아 부었다. 그들은 가능한 모든 방법을 동원했다 하더라도 과언이
아닐 정도로 열심이었지만 그들의 노력은 모
두 실패로 돌아가고 말았다.

유클리드기하학 제5공리에 대한 증명과정
에서 사람들은 제5공리가 과연 증명 가능한
것인지, 정확한 공리인지 의문을 갖기 시작
했다. 그리고 이렇게 증명과 의심이 공존하
는 가운데 비유클리드기하학이 탄생했다.

가장 먼저 비유클리드기하학을 생각한 사
람은 독일의 수학자 가우스였다. 그는 먼저
제5공리의 증명이 불가능함을 발견하고 제5
공리가 성립되지 않을 경우 어떻게 되는지
가설을 세워 비유클리드기하학을 연구했다.

▲ 로바쳅스키의 조각상

▶ 비유클리드기하학 중의 정사각
형과 삼각형

하지만 새로운 이론이 당시 엄청난 영향력을 행사하던 교회에 의해 타격을 입고 박해를 받을까 두려웠던 가우스는 자신의 연구 성과를 공개적으로 발표하지도, 훗날 비유클리드기하학이라는 신 이론을 제기한 로바쳅스키와 보여이를 대놓고 지지하지도 않았다. 그저 친구에게 보내는 편지에 자신의 생각을 밝힌 게 전부였다. 그래서 그는 유클리드기하학의 천년 전통을 뒤엎고 새로운 세계를 열 기회를 잃었다. 혹은 이 기회를 다른 사람에게 순순히 양보한 셈이라 하겠다.

▲ 보여이(Bolyai János, 1802년
~1860년), 헝가리의 수학자로
비유클리드기하학을 창안했다.

젊은 로바쳅스키에게는 절호의 기회였다. 1820년대 러시아 카잔 대학교의 시간강사였던 로바쳅스키는 제5공리를 증명하는 데 새로운 접근법을 사용했다. 그는 유클리드 평행선의 공리에 모순되는 명제 즉, 직선 밖의 한 점을 지나 이 직선에 평행한 직선은 적어도 두 개가 존재한다는 명제를 제시해 이로 제5공리를 대신했다. 그런 다음 이를 유클리드기하학의 나머지 네 공리와 함께 하나의 공리체계로 묶어 추론을 시작했다. 만약 이 체계를 기반으로 한 추론 결과에 모순점이 나타난다면 제5공리를 증명할 수 없다는 답이 나오게 돼 있었다. 일종의 반증을 도입한 것이다. 하지만 결과는 예상 밖이었다. 로바쳅스키는 직관적으로는 비상식적이지만 논리적으로는 전혀 문제가 없는 명제들을 도출해 냈다.

이렇게 로바쳅스키는 그의 이름을 딴 비유클리드기하학, 로바쳅스키기하학을 확립했다. 로바쳅스키가 창시한 비유클리드기하학에서 수학자들은 아주 중요하고, 보편적인 의미를 가진 결론을 도출할 수 있었다. 바로 논리적으로 서로 모순되지 않는 가설은 전혀 다른 새로운 기하학의 성립가능성을 제공한다는 사실이었다.

로바쳅스키기하학이 창시된 시기와 거의 동시에 헝가리 수학자 보여이도 제5공리가 증명 불가능한 공리라는 사실과 비유클리드기하학을 발견했다. 보여이는 1832년 아버지의 저서에 부록의 형식으로 자신의 연구결과를 발표했다.

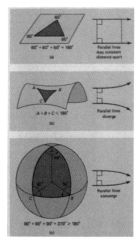

▲ 기발한 비유클리드기하학

하지만 비유클리드기하학은 직관적으로 비상식적인 명제가 많았기 때문에 줄곧 사람들의 인정을 받지 못했다. 예를 들어 '같은 직선 상의 수직선과 사선이 반드시 교차되지는 않는다.', '같은 직선에 수직이 되는 두 직선의 양끝을 연장했을 때 무한 연장이 가능하다.', '비슷한 다각형이 존재하지 않는다.' 등의 명제가 바로 그것이었다. 이러한 명제들은 실제로 유클리드기하학과 현저한 차이를 보였다.

로바쳅스키기하학이 인정을 받게 된 해는 1868년이었다. 그 해 이탈리아 수학자 벨트라미(Eugenio Beltrami)가 《비유클리드기하학의 해석시론》이라는 논문을 발표하여 비유클리드기하학이 유클리드 공간의 곡면(예를 들면 의구면)에서 실현이 가능하다는 사실을 증명한 것이다. 이와 함께 그는 비유클리드기하학 명제를 그에 상응하는 유클리드기하학 명제로 '번역'할 수 있다고 지적했다. 만약 유클리드기하학이 모순되지 않는다면 비유클리드기하학 역시 모순되지 않는다는 의견이었다. 그제야 지난 30여 년 동안 아무런 관심도 받지 못했던 비유클리드기하학이 학술계의 주목을 받으며 심층적인 연구대상으로 거듭났다. 로바쳅스키의 독창적인 연구 또한 이를 계기로 학술계의 높은 평가와 찬사를 받았으며, 그는 '기하학의 코페르니쿠스'라 일컬어졌다.

창조적이고 위대한 성과라 할 수 있는 비유클리드기하학은 유클리드기하학이 지배하던 기존의 국면을 타파하고, 기하학에 대한 사람들의 인식을 근본적으로 확대, 변화시켰다. 비유클리드기하학의 확립은 근 백 년 동안 수학의 발전을 이끌었으며 현대물리학, 천문학 그리고 시공간에 대한 관념에 막대한 영향을 미쳤다.

▶ 로바쳅스키 메달

평가

비유클리드기하학은 유클리드기하학이 지배하던 기존의 국면을 타파하고, 기하학에 대한 사람들의 인식을 근본적으로 확대, 변화시켰다. 또한 20세기 초 시공간에 관한 물리적 관념의 변혁에도 막대한 영향을 미쳤다.

▲ 이탈리아 수학자 페아노
(Giuseppe Peano), 1858년
8월 27일 피에몬테의 쿠네오에
서 태어나 1932년 4월 20일
토리노에서 숨을 거뒀다. 평생
을 불(Boole)이 창시한 기호논
리체계발전에 힘썼다.

현대 컴퓨터기술의 기초

수리논리학

순純 수학은 불(Boole)이 자신의 저서 《사고의 법칙》에서 발견한
것이다.

러셀(Russell)

17세기 부호대수학의 탄생은 더욱 정확하고 편리한 수학계산을
가능하게 만들었으며, 계산방법을 보다 체계적으로 만들기도 했다.
한편 해석기하학의 확립은 기하학문제를 대수화함으로써 기하학의
영역을 대대적으로 확대시켰고, 이로써 일부 천재들만의 소유물이
었던 교묘한 추리를 기계화된 수학연산으로 바꿔놓았다. 이러한 상
황에서 계산방법을 이용해 인간의 논리추리과정을 대신할 순 없을
까라는 의견을 제기하는 사람도 있었다. 이렇게 되면 수학연산을 통
해 사건의 옳고 그름을 판단할 수 있다는 주장이었다.

사실 이러한 방법은 오늘날 우리의 생활에 널리 응용되고 있다.
사고력게임이나 추리장르의 드라마와 영화가 우리 생활에서 넘쳐나
고 있으며 많은 사람들이 사고력게임을 하나의 여가생활 혹은 IQ를
높이는 도구로 삼고 있을 정도니 말이다. 사고력게임을 즐기든 추리
장르의 영화나 드라마를 보든 우리는 은연 중에 논리추리에 수학적
계산을 응용하고 있다.

발견시기
1847년

발견자

조지 불(George Boole, 1815년 11월
~1864년)
아일랜드의 수학자이자 철학자이다.
그는 구두장이의 아들로 태어나 어려
서부터 부모님을 도와 가족을 부양했
지만 학업을 소홀히 하는 법이 없었
고, 결국엔 19세기의 대표적인 수학
자 중 한 명이 되었다. 그의 가장 큰
업적으로는 기호논리학의 창시를 꼽
을 수 있는데, 이는 현재 컴퓨터에 활
용되고 있다. 때문에 컴퓨터 언어 중
의 논리연산을 불 연산이라고 부르며
그 결과를 불 값이라 한다.

▲ 프레게(Friedrich Ludwig Gottlob Frege, 1848년 11월 8일~1925년 7월 26일), 독일의 수학자이자 논리학자, 철학자로 수리논리학과 분석철학의 창시자이기도 하다.

논리추리의 대수화를 최초로 시도한 수학자는 데카르트였다. 그와 동시대를 살았던 영국 철학자 홉스(Thomas Hobbes)도 추리가 계산적인 성질을 가지고 있다고 생각했다. 하지만 이들 모두 이러한 생각을 체계적으로 발전시키지는 못했다.

현재 수리논리학의 창시자로 인정받고 있는 사람은 미적분의 창시자 중 한 명인 라이프니츠이다. 그는 '보편대수' 확립을 가정하여 추리과정을 수학처럼 공식을 이용해 계산했고, 이로써 정확한 결론을 얻었다. 그가 도출해낸 결과는 수리논리학의 뼈대라고 할 만한 것이었지만 당시 사회에서는 활용되지 않았다. 그러나 '보편대수'는 현대 수리논리학 중 일부 내용의 시작점이 되었다.

본격적으로 논리를 대수화한 인물은 영국의 과학자 불이었다. 그는 1847년 《논리적 수학분석》을 출판해 '불 대수'를 확립하고 부호

▶ 1854년 불은 《사유법칙》을 출판해 부호와 논리의 이유를 설명했다. 이는 훗날 컴퓨터의 기본 개념이 되었다. 그림은 《사유법칙》 속의 삽화이다.

체계를 만들어 논리의 여러 개념을 나타냈다. 불은 일련의 연산법칙을 확립했고, 대수를 이용해 논리문제를 연구하여 수리논리학의 기초를 다졌다.

현대 수리논리학에 가장 큰 공헌을 한 사람은 독일 예나대학교의 교수이자 수학자인 프레게(Friedrich Ludwig Gottlob Frege)였다. 1884년에 출판된 프레게의《산술의 기초》를 보면 그는 명제의 연산을 완벽하게 발전시켰을 뿐만 아니라 양사의 개념과 실질적 내포의 개념을 도입해 공리체계를 확립했다. 이는 역사상 최초의 부호논리 공리체계라 할 수 있다. 《산술의 기초》는 비록 총 88페이지에 불과한 소책자지만 현대 수리논리학의 완벽한 기초를 포함하고 있다. 부호체계가 자잘하고 복잡해서 널리 보급되지는 못했지만 20세기 초 러셀이 이를 수정하면서 프레게의 작업은 다시금 주목을 받았다.

수리논리학이 하나의 독립적인 학과로 발전할 수 있었던 데에는 이탈리아 수학자 페아노(Giuseppe Peano)의 공이 컸다. 1889년 페아노는 라틴어로《새로운 방법으로 기술한 산술원리》를 저술하여 논리연산과 수학연산에 처음으로 서로 다른 부호를 사용했다. 또한 범주명제와 조건명제를 구분했으며, 양사이론을 도입해 현대 수리논리학의 가장 기본적인 이론체계를 확립함으로써 수리논리학을 하나의 독립적인 학과로 만들었다.

평가

수리논리학은 현대 컴퓨터기술의 기초이다.

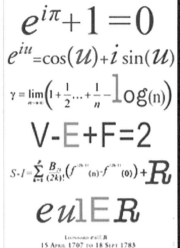

▲ 오일러(Leonhard Euler, 기원후 1707년~1783년), 18세기 최고의 과학자이자 역사상 위대한 수학자 두 명 중 한 명(다른 한 명은 가우스)으로 '분석의 화신'이라 불린다.

발견시기
1851년

발견자

리만(Georg Friedrich Bernhard Riemann, 1826년 9월 17일~1866년 7월 20일)
19세기의 가장 창조적인 독일 수학자이자 수학물리학자이다. 복소함수론과 리만기하학을 확립하고, 미적분이론을 정비했다.

쾨니히스베르크의 다리건너기 문제가 불러온 신 수학

토폴로지

우리가 항상 이야기하는 평면과 곡면은 종이의 양면처럼 일반적으로 두 개의 면을 가지고 있다. 그러나 독일의 수학자 뫼비우스(August Ferdinand Möbius, 1790년~1868년)는 1858년에 뫼비우스 곡면(즉, 뫼비우스의 띠)을 발견했고, 이 곡면은 서로 다른 두 가지의 색으로 두 개의 면을 구분할 수 없었다.

토폴로지는 프랑스 수학자 라이프니츠가 1679년에 제시한 명사로, 당초엔 지형과 지모 등을 연구하는 관련학과를 뜻했다. 영어 표현인 'Topology'를 직역하면 지지학地誌學이다. 토폴로지는 초기에 '형세기하학', '연속기하학', '일대일 연속변환군에서의 기하학' 등의 이름으로 번역됐는데 이들은 듣기 좋은 이름도, 이해하기 쉬운 이름도 아니었다. 이러한 이유로 과학계는 1956년 이후부터 영어 표현 그대로 토폴로지라는 명칭을 사용하기 시작했다.

최초의 토폴로지는 기하 토폴로지라고 불리기도 했다. 이는 기하학에 속하는 한 분파였지만 일반적인 기하학과는 큰 차이를 보였다.

토폴로지는 점, 선, 면 사이의 위치관계나 그들의 도량이 아닌 도형의 변화를 연구했다. 다시 말해서 점, 선, 면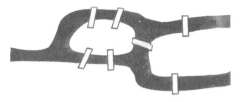

의 개수만을 생각한 것이다. 토폴로지에서는 모든 도형의 크기와 모양이 변화할 수 있다고 보았고 이것이 바로 토폴로지의 출발점이었다.

토폴로지는 18세기 초 그 유명한 쾨니히스베르크의 다리건너기 문제에서 비롯되었다. 쾨니히스베르크(Köigsberg)는 원래 동프로이센(Ost Preussen)의 수도였다. 그러나 1945년 포츠담선언에 따라 동프로이센의 일부 지역이 소련으로 분할귀속 되면서 이듬해 칼리닌그라드(Kaliningrad)로 이름이 바뀌었다. 이 지역에는 도심을 가로지르는 프레골랴라는 강이 있었는데 이 강에는 일곱 개의 다리가 있어 강 중간에 위치한 두 개의 섬과 강변을 연결해 주었다. 주민들은 이 다리를 자주 산책했고, 그러던 중 호기심 많은 사람들이 흥미로운 문제를 제시했다. 한 번에 모든 다리를 한 번씩만 지나 일곱 개의 다리를 모두 산책하고 다시 원래의 자리로 돌아올 수는 없을까라는 문제였다. 이것이 바로 그 유명한 쾨니히스베르크의 다리건너기 문제이다. 간단해 보이는 이 문제는 당시 많은 사람들의 관심을 받았다. 그러나 많은 사람들이 온갖 방법을 시도해 봤음에도 모든 다리를 한 번씩만 지나 다시 출발지로 돌아오는 데 성공한 사람은 단 한 명도 없었다.

당시 쾨니히스베르크의 다리건너기 문제에 관심을 보인 수학자가 있었는데 바로 오일러였다. 1736년 오일러는 모든 다리를 한 번씩 지나 원래의 자리로 돌아올 수는 없다는 답을 내놓았다.

여기서 중요한 건 오일러가 내놓은 답이 아니라 그가 답을 얻을 때 독특한 방법을 사용했다는 점이다. 오일러는 먼저 두 개의 작은 섬과 강의 양안을 네 개의 점으로 간주하여 문제를 간소화했다. 이렇게 하면 복잡한 일곱 개의 다리와 강을 네 개 점 사이의 연결선으로 간단히 정리할 수 있었고, 한 번에 일곱 개의 다리를 돌아 원점으로 돌아올 수 있느냐라는 문제 또한 오늘날 우리가 이야기하는 한붓그리기 문제로 만들 수 있다. 이것이 바로 토폴로지의 서막이었다.

▲ 푸앵카레(Jules-Henri Poincaré, 1854년 4월 29일~1912년 7월 17일), 프랑스의 가장 위대한 수학자로 19세기 말과 20세기 초의 대표 과학자로 손꼽힌다. 가우스 이후 수학과 그 응용에 관해 두루 지식을 갖췄던 마지막 인물이기도 하다.

이를 기반으로 오일러는 다면체의 꼭짓점 개수를 v, 그 변의 개수를 e, 그 면의 개수를 f라 하면 f+v−e=2인 관계가 성립한다는 다면체의 법칙을 발견했다. 이 법칙을 근거로 그는 다섯 가지 종류의 정다각형 즉, 정사각형, 정육각형, 정팔각형, 정십이각형, 정이십각형만이 존재한다는 결론을 도출해냈다.

사색문제四色問題와 뫼비우스의 띠 역시 토폴로지의 발전과 관계가 있는 문제였다. 하지만 이 문제들을 통합해서 생각하고 이들로 이론을 형성한 사람은 없었다.

19세기 중엽에 이르러 리만이 복소함수를 연구하면서 함수와 적분을 연구하는 데 토폴로지 연구가 반드시 필요하다고 강조했고, 이로써 현대 토폴로지의 체계적인 연구가 시작됐다. 1851년부터 리만은 유명한 기하학 개념인 '리만 면面'을 제시했고, 일반 토폴로지를 확립하여 현대 토폴로지의 기반을 마련함으로써 토폴로지를 하나의 독립적인 학과로 만들었다.

그 후, 푸앵카레(Jules Henri Poincaré)는 분석학과 역학, 특히 복소함수의 균일화와 미분방정식이 결정하는 곡선에 관해 연구하던 중 조합토폴로지를 확립했다.

19세기에서 20세기로 넘어가면서 토폴로지는 조합토폴로지와 일반토폴로지라는 두 개의 연구 분야를 형성했다. 그리고 현재 전자는 미분토폴로지로, 후자는 대수적 토폴로지로 진화했다.

토폴로지의 기본내용은 현대수학의 상식으로 자리 잡은 지 오래이며, 토폴로지의 개념과 방법은 물리학, 생물학, 화학 등의 분야에서 직접적이고 광범위하게 응용되고 있다.

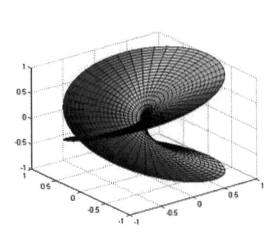

평가

토폴로지는 연속성을 가진 수학에 근본적인 변화를 가져왔을 뿐 아니라 산발적인 수학에도 엄청난 영향을 미쳤다. 토폴로지의 기본 내용은 이미 현대수학의 상식으로 자리 잡았고, 토폴로지의 개념과 방법은 물리학, 생물학, 화학 등의 분야에서 직접적이고 광범위하게 응용되고 있다.

What part does God play in your picture of the universe?

I have no need of that hypothesis.

발견시기
1713년

발견자
파스칼과 페르마

▲ 자 코 브 베 르 누 이 (Jakob Bernoulli, 1654년 12월 27일 ~1705년 8월 16일), 스위스의 수학자로 미적분, 무한소, 상미분방정식, 좌표기하학, 미분기하학, 확률론 등에 많은 업적을 남겼다. 뉴턴과 라이프니츠 이후 미적분에서 중요한 인물 중한 명이다.

분담금 분배로 생긴 학문
확률론

생활 속에서 중요한 대부분의 문제들은 사실 따지고 보면 확률의 문제에 불과하다. 우리는 그저 일부분의 사실만을 정확하게 이해하고 있을 뿐 우리가 가진 거의 모든 지식은 불확실하다고 할 수 있다. 심지어는 수학자체의 귀납법이나 유추법 혹은 진리를 발견할 때 필요한 첫 번째 수단 역시 모두 확률론을 기반으로 확립되었다. 따라서 인류의 지식체계는 확률이론과 관계가 있다.

19세기 프랑스의 저명한 수학자 라플라스

동전을 위로 100번 던졌더니 100번 모두 앞면이 나왔다. 그렇다면 101번째로 동전을 던졌을 때 정면과 뒷면 중 어느 쪽이 나올 가능성이 클까? 아마 뒷면이 나올 가능성이 크다고 생각하는 사람이 많겠

PIERRE DE FERMAT 1601·1665   RF

$x^n + y^n =$

$x^n + y^n = Z^n$

4,50 F
0,69 €

$x^n + y^n = Z^n$
n'a pas de solution pour des entiers n ▸ 2

지만 정확히 얘기하자면 정면과 뒷면이 나올 가능성은 각각 50%로 똑같다. 동전을 던져 어느 면으로 떨어지느냐는 임의의 사건이다. 그리고 앞면과 뒷면이 나올 각각의 가능성을 측정하는 것이 바로 우리가 일반적으로 이야기하는 확률이다. 우리는 종종 어떠한 일에 대해 그 일이 발생할 가능성이 얼마나 되는지, 가능성이 몇 퍼센트나 되는지 등을 이야기하는데 이 모든 것이 확률의 실례라 할 수 있다.

우리는 아주 오래 전부터 임의의 사건에 대한 가능성을 측정해왔지만 17세기 이전까지 그 속에 숨겨진 오묘함을 심층적으로 연구한 사람은 없었다. 17세기, 과학자들이 확률문제를 깊게 연구하게 된 계기는 다름 아닌 도박판의 분담금 분배문제 때문이었다.

▲ 콜모고로프(Andrei Nikolaevich Kolmogorov, 1903년 4월 25일~1987년 10월 20일)

최초로 분담금 분배문제를 해결한 주인공은 프랑스의 수학자 파스칼(Blaise Pascal)과 페르마였다. 노름꾼도 아닌 그들이 분담금 분배문제를 해결하게 된 건 친구의 부탁 때문이었다. 1654년 파스칼의 친구인 프랑스 귀족 마일러는 주사위도박을 하던 중 급한 일이 생겨 중간에 그만둘 수밖에 없었다. 하지만 아직 승부가 가려지지 않은 상태였기 때문에 분담금 분배문제에 대한 논란을 피할 수 없었다. 이 문제를 합리적으로 해결할 사람은 수학자밖에 없다고 생각한 마일러는 파스칼에게 문제해결을 부탁했다.

이 문제에 흥미를 느낀 파스칼은 문제에 관한 자신의 생각을 친구 페르마에게 알렸다. 그 후 두 사람은 순열조합방법을 기반으로 복잡한 도박문제를 연구했다. 3년에 걸친 분석 끝에 그들은 분담금 분배문제 등 도박과 관련한 문제들을 해결하는 데 성공했다. 무엇보다도 중요한 점은 그들이 제시한 확률론의 일부 기본원리를 통해 확률론의 탄생이 앞당겨졌다는 사실이다. 이로써 파스칼과 페르마는 확률론의 선구자가 되었다.

네덜란드의 저명한 물리학자이자 수학자인 하위헌스 역시 관련 문제에 관심을 가졌다. 1657년 그는 자신의 연구내용을 바탕으로 최초의 확률론 전문서적이라 할 수 있는 《찬스게임의 계산에 관하여》를 저술했다.

18세기와 19세기, 과학이 발전함에 따라 사람들은 생물, 물리, 사회현상에 주목하기 시작했다. 이러한 일련의 현상들은 찬스게임과 유사한 점이 많았고, 본래 오락을 위해 탄생한 확률론은 이렇게 여러 분야에까지 응용되면서 크게 발전했다. 이로써 확률과 관련한 중요 정리가 제시, 확립되면서 이론적 기반을 완비해 나갔다.

마지막으로 확률론을 수학의 한 분과로 확립시킨 사람은 스위스의 수학자 자코브 베르누이였다. 그는 자신의 주요저서인 《추론의 예술(Ars Conjectandi)》에서 확률론의 첫 번째 극한정리인 베르누이 대수법칙을 확립해 경험적 확률과 수학적 확률의 관계를 설명했다. 이로써 베르누이는 확률론이 더 광범위한 분야에서 응용될 수 있도록 다리를 놓아 주었다. 그 후 프랑스 수학자 라플라스가 다시 확률론의 두 번째 기본 극한정리(중심극한정리)를 내 놓았다. 라플라스는 선인의 연구결과를 총괄해 확률론의 기본정리를 체계적으로 설명하기도 했다. 또한 《분석 확률론》이라는 훌륭한 저서를 완성하여 확률론의 기반을 다져주었다.

▲ 라플라스(Pierre Simon de Laplace, 1749년~1827년), 프랑스의 저명한 천문학자이자 수학자로 천체역학을 집대성한 장본인이기도 하다. 라플라스는 수학적 방법으로 행성의 궤도가 주기적으로 변화한다는 사실을 증명했는데 이것이 바로 유명한 라플라스의 정리이다.

모든 학과가 그만의 엄격한 논리체계를 갖추듯 확률론도 공리체계를 갖추었다. 수학자들이 이를 연구하기 시작한 이후 3세기가 지난 20세기 초의 일이었다. 1933년 구소련의 수학자 콜모고로프(Andrei Nikolaevich Kolmogorov)가 최초로 확률적 추측론의 정의를 내리고 일련의 공리체계를 확립한 것이다. 그의 이론들은 현대 확률론의 기반이 되어 확률론이 엄격한 논리체계를 가진 수학의 한 분과로서 빠른 발전을 이룩하는 데 결정적인 역할을 했다.

확률은 도박업에서 탄생해 초기엔 도박업에 응용되기도 했지만 그 후에는 인구통계에게 널리 활용되었다. 그 후 확률과 통계가 점차 발전함에 따라 지금은 자연과학, 경제학, 의학, 금융보험, 인문과학에까지 응용되고 있다.

평가

확률론은 수학적 방법으로 임의의 사건을 연구한 것이다. 확률론의 출현은 불확정적이고 새로운 수학의 탄생을 상징하며 인간의 인식세계에 창문을 열어주었다.

발견시기
1873년 12월 7일

발견자

칸토어(Georg Cantor, 1845년 3월 3
일~1918년 1월 6일)
독일의 수학자로 집합론을 창시한
인물이다. 그는 무한세계에 대한 철
학적 연구에 20년이라는 시간과 노
력을 쏟아 부었다. 반복적인 수정작
업을 거친 결과 비교적 완벽한 집합
이론을 탄생시켰고, 이로써 현대수
학의 발전에 튼튼한 기반을 마련했
다. 철학자 겸 수학자인 러셀은 칸토
어의 업적을 두고 "이 시대가 자랑
할 만한 가장 거대한 작업이다."라
는 찬사를 보냈다.

1+1이 반드시 2와 같지는 않다
집합론

나는 무한량을 하나의 실체로 보는 것에 반대한다. 이는 수학에
서 단 한 번도 허용되지 않았던 일이다. 소위 무한이란 표현방
식에 지나지 않는다.

칸토어(Georg Cantor)

1+1＝2, 이는 초등학교 1학년 학생도 풀 수 있는 산술문제이다.
하지만 우리 생활 속에는 1더하기 1이 2가 되지 않는 경우가 허다하
다. 가장 흔한 예로는 두 무리의 양들을 하나로 합친 경우를 들 수
있다. 한 무리와 한 무리를 더해도 결과는 두 무리가 아닌 한 무리이
기 때문이다. 이러한 현상을 이해하려면 집합이라는 완전히 새로운
개념의 도입이 필요하다.

'집합'은 독일의 저명한 수학자 칸토어가 제시한 개념이다. 그는
집합에 대해 '정도의 차이가 있는 사물을 합쳐 하나의 전체로 보는
것을 집합이라 하며, 그 중 각각의 사물을 집합원소라 한다.'고 정
의했다.

'집합'이라는 개념이 출현하게 된 데에는 미적분의 이론적 기초
확립의 영향이 컸다. 17세기 말 뉴턴과 라이프니츠가 미적분을 발견
한 때부터 200여 년 동안, 이 새로운 과학은 비약적인 발전을 이룩하
며 풍성한 성과를 거두었다. 그러나 그 발전 속도가 너무 빨랐던 탓
인지 미적분의 기초이론에 많은 문제가 있었다. 19세기 초 과학계에
서는 수학의 기초를 재정립하자는 바람이 불었다. 이러한 상황에서
칸토어는 그 동안 수학자들이 한 번도 연구한 적이 없는 '실수의 점
집합'을 탐구하기 시작해, 1874년에 '집합'이라는 개념을 제시했다.

칸토어는 일찍이 1873년 12월 7일, 데데킨트(Julius Wilhelm
Richard Dedekind)에게 보낸 편지에서 유리수의 집합은 셀 수 있으
며, 자연수의 집합과 일대일 대응이 가능하다고 언급했다. 이는 최
초의 집합론으로 훗날 사람들은 이 편지에 적힌 날짜 즉, 1873년 12
월 7일을 집합론이 탄생한 날로 정했다.

그 후 칸토어는 실수의 '집단'은 셀 수 없다는 사실을 성공적으로
증명해냈는데 이는 집합론 확립에 결정적인 역할을 했다. 칸토어는

▲ 데데킨트(Julius Wilhelm
Richard Dedekind, 1831년
10월 6일~1916년 2월 12일),
독일의 수학자이다.

연달아 예닐곱 편의 논문을 발표하며 집합론의 기반을 다져 나갔다. 특히 1883년에 발표한 논문에서 초한적 수라는 개념을 성공적으로 도입하여 셀 수 있는 기수 뒤에는 실수 기수가 온다는 연속체계가설을 제시했다. 이 가설은 20세기 수학의 기초발전에 중대한 영향을 미쳤다. 칸토어가 이 가설에 대한 증명을 내놓지 못했는데도 말이다.

칸토어의 집합론은 전통적 수학 관념에 대한 과감한 도전이라 할 수 있을 정도로 창조적이었다. 때문에 그의 이론은 탄생 초기 많은 사람들의 반대와 공격에 부딪혔으며, 그는 모욕을 감당해야 했다. 일부 수학의 권위자들은 칸토어의 개념을 '안개 속의 안개'라 비하하며 칸토어를 미치광이라 비웃었다. 정신적으로 엄청난 스트레스에 시달리던 칸토어는 정신분열증을 일으켜 정신병원으로 후송됐다.

그러나 진짜 금은 제련을 두려워하지 않는다는 말처럼 칸토어의 집합론은 결국 세상의 인정을 받았다. 20세기 초에 접어들어 집합론은 현대수학의 기초로 자리 잡았고, 수학자들은 산술공리체계에 집합론의 개념을 빌리면 수학이라는 전체 건물을 세울 수 있다고까지 생각했다. 1900년 수학자 푸앵카레는 신바람이 나서, "… 수학은 이미 산술화되었다. 오늘날 우리는 절대적인 엄격함에 도달했다고 할 수 있다."고 말했는데 이러한 광경은 흡사 고전물리학에 대해 낙관했던 19세기 말의 분위기와 같았다.

하지만 이렇게 낙관적인 분위기는 그리 오래가지 못했다. 1902년 러셀이 그 유명한 '러셀 패러독스'를 제기하여 수학역사상 3차 위기를 불러왔기 때문이다. 집합론에 빈틈이 있다는 소식은 순식간에 퍼져 나갔다.

위기 발생 후, 수학이라는 건물의 토대는 금방이라도 무너져 내릴 듯했다. 이에 수학자들은 위기해결방법을 찾기 위해 동분서주했다.

그러던 중 1908년 체르멜로(Ernst Zermelo)가 공리집합론 즉, ZF공리체계를 제시하여 사태를 수습했다. 집합론의 공리체계 확립은 패러독스의 출현을 피해 3차 수학위기를 성공적으로 극복한 집합론의 승리 그 자체였다.

▲ 독일의 수학자 체르멜로(Ernst Zermelo), 1871년 7월 27일 독일 베를린에서 태어나 1953년 5월 21일 독일 프라이부르크에서 생을 마감했다. 공리집합론의 창시자이다.

▲ 왼손인가 오른손인가

무한세계를 향한 칸토어의 모험은 결코 사라지지 않는 업적이라고 할 수 있다. 그는 무한집합이라는 단어를 수학에 도입해 미개척지를 일구고, 교묘하기 이를 데 없는 신세계를 열었다. 무한집합에 대한 연구로 그는 '무한'이라는 수학의 판도라의 상자를 열었다.
　　　　구소련의 수학자 콜모고로프

집합론은 수학의 기본 분파로 수학에서 중요한 지위를 차지하고 있으며 집합론의 기본개념은 수학의 모든 분야에 활용되고 있다. 만약 현대수학을 휘황찬란한 건물에 비유한다면, 집합론은 그 건물을 구성하는 주춧돌이라 할 수 있다. 물론 집합론의 창시자인 칸토어 또한 20세기 수학발전에 가장 큰 영향을 미친 과학자로 손꼽힌다.

저명한 수학자들의 평가처럼 "집합론은 무한에 대한 가장 깊은 통찰로 수학천재의 최우수 작품이요, 인간의 지능 활동이 일궈낸 최고의 성과이다. 또한 칸토어의 무한집합은 지난 2,500년간의 수학 역사 중에서 가장 독창적인 업적이다."

▶ 버트런드 러셀(Bertrand Arthur William Russell, 1872년~1970년), 영국의 철학자이자 수학자, 사회학자이다. 20세기 서양에서 가장 유명하고 영향력 있는 학자이자 사회운동가이기도 하다.

▲ 위너박물관의 사진자료

현대과학의 통합발전 추세

사이버네틱스와 정보이론

사이버네틱스는 동물과 기계의 제어와 통신을 연구하는 과학이다.

위너(Norbert Wiener)

사이버네틱스의 발견시기
1947년

발견자
위너

정보이론의 발견시기
1948년

발견자
섀넌

　2차 세계대전 초기 비행기 제조분야에 독보적인 기술을 보유하고 있던 파시스트독일은 공중전에서 절대적인 우세를 차지했다. 당시엔 지금처럼 자동으로 목표를 추적하여 적의 비행기를 격추시킬 만큼 다양한 포탄이 없었기 때문에 독일군의 비행기가 습격을 해 오면 고사포부대를 앞세워 맹렬한 폭격을 가하는 게 전부였다.

　그러나 고사포를 이용해 독일군의 비행기를 격추시킬 확률은 아

▲ 위너(Norbert Wiener, 1894년~1964년), 20세기의 가장 위대한 수학자로 정보이론의 선구자이자 사이버네틱스의 창시자이다. 계산, 통신, 자동화 기술, 분자생물학 등 광범위한 연구를 진행했으며 이 분야에서 모두 큰 성과를 거뒀다.

주 낮았다. 비행기의 속도가 포탄의 속도와 거의 맞먹을 정도로 빨랐기 때문이다. 포병이 목표물을 조준해 포탄을 쏘아 올려봤자 적군의 비행기는 이미 사격범위를 벗어나 멀리 달아난 후였다. 적군의 비행기를 격추시킬 확률을 높이려면 비행기의 비행방향을 미리 예상할 필요가 있었다. 즉, 비행방향을 정확하게 예측하는 문제가 방공시스템의 성능을 높이는 관건이었다.

이를 위해 미국과 영국은 과학자들을 대거 투입하여 관련연구를 진행했다. 운 좋게도 그 일원이 된 위너는 화포제어시스템에 확률과 통계 등의 수학적 방법을 적용해 최상의 예측방법을 내놓았다. 그러나 예측방법은 어디까지나 예측방법일 뿐 100% 적중은 불가능했다. 어쨌든 비행기는 조종사의 임의대로 움직이기 때문이다.

젊은 시절 동물학을 공부한 적이 있어 동물의 신경계통에 대해 잘 알고 있었던 위너는 화포의 자주제어시스템이 동물의 신경계통과 일치하는 점이 많다는 사실을 깨달았다. 1943년 위너는 다른 두 명의 동물학자와 함께《행동, 목적과 목적론》이라는 논문을 썼고, 이를 통해 신경계통과 자주제어시스템의 관계를 명확히 밝혔다. 이는 사이버네틱스에 관한 첫 번째 논문이기도 했다.

이를 기초로 수년간 여러 분야의 관련지식을 탐구, 종합한 끝에 위너는 1947년에 드디어《사이버네틱스》를 완성했다. 이 획기적인 저서는 새로운 학과인 사이버네틱스의 탄생을 의미했다.

사이버네틱스 'Cybernetics'라는 영어단어 역시 위너가 만들어냈다. 이 단어는 고대그리스어의 'mberuhhtz'에서 유래한 것으로 본래 '방향을 잡는 방법과 기술'이라는 뜻이었다. 훗날 고대그리스 철학자 플라톤이 이 단어의 의미를 '사람 혹은 국가를 관리하는 과학'이라고 확대시켰고, 1834년 프랑스 물리학자 앙페르가 과학을 분류하면서 다시 이를 '제어이론'이라 바꾼 후 프랑스어로 'Cybernetigue'라 번역했다. 위너는 암페어가 만든 'Cybernetigue'에서 영감을 얻어 사이버네틱스라는 단어를 만들었다.

사실 사이버네틱스를 전면적으로 이해하기란 쉬운 일이 아니다. 예를 들면 다음과 같다. 1960년대 말, 미국은 10여 년의 노력 끝에 드디어 달에 사람을 보내는 데 성공했다. 이것이 바로 그 유명한 '아폴로계획'이다. 달 표면과의 충돌로 인한 우주선 내부의 기물파손을 막기 위해서는 우주선이 달 표면에 닿을 때의 속력이 0이 되어

▲ 위너의《사이버네틱스》표지

야 하며, 가능한 한 연료도 절약해야 한다. 우리가 일반적으로 이야기하는 '달의 연착륙'을 해야 하는 것인데 바로 이 문제가 사이버네틱스가 해결해야 할 최적의 방안에 관한 문제였다.

사이버네틱스의 확립은 20세기의 가장 위대한 과학적 성과로 손꼽히는 만큼 이론적으로도 실질적으로도 모두 중요한 의미를 지닌다. 현대과학의 통합발전 추세를 반영하며 현대과학기술에 새로운 사고의 맥락과 과학적 방법을 제시한 사이버네틱스는 탄생 이후 눈부신 발전을 이룩했고, 현재 경제, 사회, 군사, 인구, 에너지, 생산관리 등의 분야에서 광범위하게 응용되고 있다.

사이버네틱스가 탄생하고 1년 후, 위너의 제자이자 미국 벨 전화연구소(Bell Telephone Laboratories)의 과학자이던 섀넌(Claude Elwood Shannon)은 통신엔지니어링이라는 시각으로 정보량의 문제를 연구하여 1948년 논문 《커뮤니케이션의 수학적 이론(The Mathematical Theory of Communication)》을 발표했다. 그는 논문을 통해 통신기술 중의 정보코드문제를 해결하고 정보 엔트로피의 수학공식을 제시해 정보의 전송과 추출문제를 양적으로 기술함으로써 정보이론의 이론적 기반을 마련했다. 《커뮤니케이션의 수학적 이론》의 발표는 정보이론탄생의 지표가 되었고, 이로써 섀넌은 '정보이론의 아버지'라 일컬어지게 되었다.

▲ 클로드 섀넌(Claude Elwood Shannon, 1916년~2001년), 정보이론과 전자통신시대의 서막을 연 인물이다. 2차 세계대전 시기엔 암호해독가로 활약했다. 섀넌 이론의 중요한 특징으로는 엔트로피(entropy)의 개념을 꼽을 수 있다. 그는 엔트로피와 정보콘텐츠의 불확정 정도가 등가관계에 있음을 증명했으며, 부호논리와 스위치이론을 확립했다.

평가

사이버네틱스의 확립은 20세기의 가장 위대한 과학성과로 현대사회의 여러 신개념 및 신기술과 밀접한 관계를 가지고 있다.

◀ 강의 중인 위너

제 3 장

천문학

▶ 에라토스테네스의 지구둘레 측정실험

발견시기
기원전 3세기 추정

발견자

에라토스테네스(Eratosthenes, 기원전 275년~ 기원전 193년)
고대 그리스의 철학자, 시인, 천문학자, 지리학자이다. 이집트국왕에게 초빙되어 황실교사를 담당했으며, 알렉산드리아도서관의 1급 연구원을 지냈다. 기원전 234년부터 병으로 세상을 떠날 때까지 도서관 관장을 역임했다. 측지학과 지리학 분야에 뛰어난 업적을 남기고 '지리학'이라는 단어를 처음으로 사용했던 그는 서양의 지리학자들에게 '지리학의 아버지'라는 칭송을 받고 있다.

센세이션을 일으키지 않았던 고대의 기적
지구의 둘레

에라토스테네스의 지구둘레 측정실험은 인류 역사상 가장 아름다운 물리실험으로 손꼽힌다.

　고대사회에서 지구의 형태와 크기에 관한 문제는 그야말로 핫이슈였다. 수많은 천문학자와 지리학자가 저마다 의견을 내놓았는데 일례로 이오니아학파는 대지가 원판 혹은 원통모양이라고 주장했고, 피타고라스학파는 구의 형태라고 주장했다. 그러나 아리스토텔레스가 《오르가논(Organon)》이라는 책에서 피타고라스학파의 주장을 인정한 이후부터 학자들은 보편적으로 대지가 구의 형태를 나타내고 있다는 사실을 받아들였다.

　지구가 구의 모양이라는 사실을 알고 난 후 사람들은 지구의 둘레 측정을 시도하기 시작했다. 그러나 지구둘레측정에 이렇다 할 실험적 근거가 없다 보니 초반엔 천문관측에 기대 지구둘레를 추산하는 게 대부분이었다. 그 중 가장 대표적인 인물이 바로 유독스(Eudoxe)였다. 그는 동일 자오선상의 두 지점에서 관측한 어느 천체의 고도차를 바탕으로 지구의 원주를 약 40만 그리스 리里라고 추산했다. 그의 방법은 이론적 근거도 없고 추산 값도 너무 커서 과학적인 가치는 없었지만, 지구둘레 측정을 향해 내딛은 의미 있는 한 걸음임에는 틀림이 없었다.

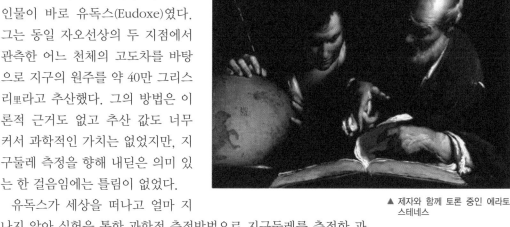

▲ 제자와 함께 토론 중인 에라토스테네스

유독스가 세상을 떠나고 얼마 지나지 않아 실험을 통한 과학적 측정방법으로 지구둘레를 측정한 과학자가 나타났다. 바로 알렉산드리아도서관의 관장이었던 에라토스테네스(Eratosthenes)였다. 그는 기원전 3세기 고대그리스 학술계에서 명성이 자자했다.

에라토스테네스는 하지夏至가 되면 태양이 알렉산드리아 남부의 시에네(현재의 Aswan-역주)와 수직을 이루기 때문에 그날 정오가 되면 시에네의 모든 물건에 그림자가 생기지 않는다는 말을 들었다. 하지만 알렉산드리아 도심에서는 하짓날에도 모든 물건에 짧은 그림자가 생겼다.

이 기이한 현상은 그의 호기심을 자극했다. 에라토스테네스는 자세한 분석을 통해 하짓날 정오에 시에네에는 직사광선이 내리쬐는 반면, 알렉산드리아 도심에는 비스듬한 빛이 든다는 사실을 발견했다. 이러한 현상이 나타나는 이유는 바로 지구가 구의 형태를 하고 있기 때문이었다. 지극히 사소한 현상이었지만 그는 이를 통해 지구둘레가 얼마인지 측정할 수 있을 거라 미루어 짐작했다. 아르키메데스가 욕조 속에서 부력의 법칙을 발견한 것처럼 말이다.

에라토스테네스는 얼마 후 자신의 생각을 실행에 옮겼다. 하지 당일 그는 두 지역에서 동시에 태양의 위치를 관찰해 땅에 생긴 사물의 그림자 길이를 비교 분석한 후 지구의 원주를 계산했다. 이 방법은 천문학과 측지학을 적절히 결합하여 천재적인 구상이라 불리기도 했다. 단순히 천문관측에만 기대 추산을 해왔던 기존의 방법은 기구의 정밀도와 천체의 굴절률에 쉽게 영향을 받을 수밖에 없었는데 에라토스테네스의 방법은 이러한 폐단을 없애 훨씬 완벽하고 정확한 측정결과를 얻을 수 있었다.

당시 에라토스테네스의 실험은 아주 성공적이었는데, 이는 시에네와 알렉산드리아가 마침 동일한 자오선 상에 위치한 것과 연관이 있었다. 시에네에는 깊은 우물이 하나 있었는데 하짓날 정오가 되면 우물에 직사광선이 내리쬤다. 이는 태양이 천정天頂에 위치해 시에네와 수직관계에 있음을 뜻했다. 에라토스테네스는 시에네를 관찰하는 동시에 알렉산드리아에 있는 오벨리스크의 그림자 길이를 측정해 햇빛과 오벨리스크 사이의 협각이 7° 12′ 즉, 원주각 360°의 1/50임을 산출해냈다. 그 후 그는 사람을 고용해 두 지역 간의 거리를 쟀고, 5,000 그리스 리里라는 결과를 얻었다.

▲ 지난 몇 백 년 동안 활용되었던 해시계. 햇빛에 의한 물체의 그림자 위치변화를 통해 시간을 측정했다.

두 지역 간의 거리를 알았으니 지구의 둘레를 구하기란 식은 죽 먹기였다. '50×5000그리스 리' 즉, 25만 그리스 리였다. 그 후 수정을 거쳐 252,000그리스 리라는 값을 구했다. 이를 오늘날의 기준으로 환산하면 39,360킬로미터이다.

에라토스테네스의 계산결과를 현재 과학자들이 정밀한 기구로 측정해 낸 지구 경선수치 40,009킬로미터와 비교해 보면, 그 오차가 5%도 안 된다. 2,000여 년 전에 이러한 결과를 얻어냈으니 지리학 역사에 길이 남을 만한 훌륭한 성과가 아닐 수 없다.

에라토스테네스는 가장 간단한 기구와 설비를 이용해 가장 근본적이고 단순한 결론을 도출해냈고, 그의 실험은 2002년 물리학자들이 뽑은 '가장 아름다운 10대 물리실험'의 하나로 선정됐다. 따지고 보면 그가 사용한 계산방법도 추산의 일종으로 정밀한 측정법은 아니다. 하지만 그의 실험방법은 기하학 방법과 간단한 기구만으로도 측정목표에 도달할 수 있으며, 특히 직접적인 측정이 불가능한 사물에 대해서는 더더욱 그러하다는 사실을 알려줌으로써 천문학 측정에 불을 밝혀주었다.

평가

에라토스테네스는 비교적 과학적인 방법으로, 현재의 측정값과 비교해도 얼마 차이나지 않을 만큼 정확한 결과를 도출해냈다. 2,000여 년 전에 이러한 결과를 얻었으니 가히 기적이라 할 만하지만 당시의 인식수준 탓에 센세이션을 일으키지는 못했다.

발견시기
1543년

발견자

코페르니쿠스
(Nicolaus Copernicus, 폴란드이름:
Mikolaj Kopernik, 1473년~1543년)
현대천문학의 창시자이자 지동설의
주창자이다.

천문학의 근본적 변혁
지동설

용감하게 진리를 탐구하는 것은 인간의 천직이다.

코페르니쿠스

16세기 이전, 사람들은 아리스토텔레스와 프톨레마이오스(Claudius Ptolemaeus)가 주장한 '천동설'의 영향을 받아 정지상태의 지구를 중심으로 다른 천체들이 등속원주운동을 하고 있다고 믿었다. 해가 동쪽에서 떠서 서쪽으로 지고 달과 별도 그런걸 보면 '천동설'은 그럴듯한 주장이었다. 천동설 이전에 이렇다 할 우주관이 확립되지 않은 상황에선 모두가 천동설이 일리 있는 주장이라 생각했을 것이다. 어쨌든 우리는 우리가 딛고 서 있는 지구가 회전하고 있다는 사실을 감지할 수 없기 때문이다.

그러나 때론 표면적인 지식과 실질적인 관찰이 서로 다른 경우가

▲ 《천체의 회전에 관하여》의 초
판사진

있다. 비록 육안으로 볼 수는 없으나 하늘엔 항상 무수히 많은 별들이 떠 있다는 사실이 그 대표적인 예이며, 그 별들이 때로는 빠르게 또 때로는 느리게 움직이고 있고 심지어는 지구와 가까워졌다가 멀어지기도 한다는 사실 역시 이러한 경우다. 참고로 여기서 이야기하는 별이란 바로 5대 행성인 수성, 화성, 금성, 목성, 토성을 뜻한다. 프톨레마이오스는 이처럼 기이한 현상들을 설명해 '천동설'이 합리적인 학설임을 증명하기 위해 일부 천체들은 지구주변에서 등속운동을 하면서 자체적으로 작은 원주운동을 한다고 주장했다. 그는 지구를 둘러싼 원 궤도를 '이심원'이라 명명하고, 이 이심원을 따라 '주전원'이 돌고 있다고 보았다.

오늘날의 관점으로 프톨레마이오스의 천동설을 살펴보면 억지논리라고 할 수밖에 없다. 하지만 당시 '천동설'은 《성경》의 천국과 인간세상, 지옥에 관한 내용을 절묘하게 버무려 절대적인 영향력을 행사하던 교황청의 전적인 지지를 받았다. 교황청은 천동설과 하느님의 천지창조를 하나로 묶어 《성경》과 같이 신봉함으로써 사람들을 교란시키고 자신들의 지위를 굳건히 했다.

그러나 잘못된 사실은 아무리 숨기고 덮으려 해도 결국에는 그 허점이 드러나는 법이다. 천문관측이 날로 정확해지면서 천문학자들은 프톨레마이오스의 천동설로 행성의 기이한 움직임을 설명하려면 80여 개의 이심원과 주전원이 필요하다는 사실을 발견하게 되었다. 이에 일부 천문학자들은 천체의 움직임이 그렇게 복잡하지는 않을 거라며 천동설을 의심하기 시작했다. 그맘때 즈음 천문학자들은 지구가 사실은 매일 자전운동을 하고 있으며, 동쪽에서 떠서 서쪽으로 지는 천체의 움직임은 그저 가현假現운동일 뿐이라는 사실을 깨닫게 되었다. 바로 이러한 상황에서 태양 중심설이라고도 불리는 코페르니쿠스의 지동설이 탄생했다.

약 1515년 초기 코페르니쿠스는 논문을 통해 처음으로 천체운동에 대한 자신의 생각을 밝혔다. 그는 모든 전체의 공동 궤도 혹은 중심이 존재하지 않는다고 생각했다. 지구는 그저 달 궤도의 중심

▲ 코페르니쿠스 동상

일 뿐이며 우주의 중심은 아니라는 주장이었다. 이뿐만 아니라 그는 모든 천체가 태양 주변을 돌며, 우주의 중심은 태양 근처에 있다고 믿었으며 하늘에서 벌어지는 모든 운동은 지구의 운동에 의해 발생한 것이라 주장하기도 했다. 이외에도 코페르니쿠스는 태양, 달, 5대 행성의 시운동(apparent motion)을 기술했다. 코페르니쿠스의 지동설은 천체가 동쪽에서 떠서 서쪽으로 지는 자연현상뿐 아니라 행성의 기이한 움직임까지도 간단명료하게 설명해내며 많은 사람들의 주목을 받았다.

교회의 박해가 두려웠던 코페르니쿠스는 자신의 학설을 퍼뜨리기보다는 심층적인 연구에 몰두했다. 그는 대대적으로 자료를 수집해 1533년에 《천체의 회전에 관하여(De revolutionibus orbium coelestium)》의 초고를 완성했지만 인쇄할 엄두는 내지 못했다. 하지만 당시 로마 교황청은 이미 코페르니쿠스의 학설에 당황하고 있었다. 교황 클레멘스7세(Clemens VII)는 '지동설'의 기본원리를 알고 난 후 놀라움을 금치 못했으며, 어떻게 해서든 코페르니쿠스의 원고가 인쇄되는 걸 막으려 했다.

▲ 프톨레마이오스의 우주체계

확실히 환경도 열악하고 교황청의 박해가 두려운 것도 사실이었지만 그렇다고 덮어놓고 타협만 할 일은 아니었다. 1541년, 결국 그는 드디어 자신의 저서를 출판하리라 마음먹었다. 그리고 1543년 5월 24일 인쇄를 마친 원고가 오랜 투병중인 코페르니쿠스의 병상 앞에 놓여졌다. 그는 힘없이 떨리는 손으로 책을 부여잡았고, 그로부터 한 시간 후 세상과 작별을 고했다.

코페르니쿠스는 이 책에서 프톨레마이오스의 이론을 비판하고, 천체의 움직임에 대한 과학적 설명으로 기독교가 주장하는 천지창조설을 근본적으로 부정함으로써 천문학에 근본적인 변혁을 불러왔다. 지동설의 확립은 지난 수천 년 간 학계가 정론이라고 신봉했던 프톨레마이오스의 천동설에 보기 좋게 한 방을 날리며 천문학역사의 새로운 시대를 열었다.

하지만 고정관념에 사로잡힌 당시 사람들에게 견고한 대지가 운동을 하고 있다는 점은 좀처럼 받아들이기 어려운 사실이었다. 이 때문에 《천체의 회전에 관하여》가 출판되고 반세기가 지나도록 지동설은 좀처럼 주목 받지 못했다. 거기다 천주교가 지동설을 이단으로 간주하는 바람에 이를 지지하는 사람은 더욱 적을 수밖에 없었

평가

코페르니쿠스의 지동설은 우주에 대한 당시 사람들의 인식을 바꿔놓았을 뿐 아니라 유럽 중세기 신학의 이론적인 기반을 뒤흔들어 놓았다. 이를 계기로 신학으로부터 '해방' 된 자연과학은 비약적인 발전을 거듭했다.

다. 그러나 이후 갈릴레이, 케플러, 뉴턴 등 과학자들의 노력이 이어지면서 결국엔 지동설이 천동설을 대신하게 되었다.

지동설은 인간이 우주를 인식하게 된 중요한 이정표로 천문학의 혁명을 이끌었다. 다시 말해서 지동설은 우주관의 일대 변화를 이끈 학설이자 종교교의에 대한 과학적 진리의 승리였다.

발견시기
1609년~1632년

발견자

케플러
(Johannes Kepler, 1571년~1630년)
독일의 저명한 천문학자로 '천계의 입법자', '천체역학의 창시자'라 불린다. 케플러 일생의 최고의 업적은 행성운동 제1, 2, 3법칙을 발견하여 뉴턴의 만유인력법칙 확립에 기반을 마련해 준 것이다. 수학적 방법을 통해 우주를 탐구한 그는 천문학 발전에 크게 기여했다.

고전천문학의 초석
행성운동법칙

지난 16년 간 내가 그토록 탐구하고자 했던 것이 바로 이것이다. 나는 이 목적을 달성하기 위해 튀코와 협력했다.

케플러

과학자들은 문제를 탐구할 때 종종 고정관념에 의한 오류를 범한다. 코페르니쿠스도, 아인슈타인도 고정관념에서 자유롭진 못했다. 코페르니쿠스는 자신이 예측한 행성운동이 실제 관측결과와 다르다는 사실을 잘 알고 있었지만 여전히 행성의 운동궤도가 원형이라고 생각했다. 아인슈타인은 일반상대성이론에 의해 우주가 계속 팽창한다는 결과를 얻었으면서도 이를 굳이 정지 상태라고 고쳐 썼다.

이는 어쩌면 개인의 잘못이 아니라 과학탐구역사 전반에 존재하는 인간 자체의 결함일지도 모른다. 그러나 때론 이러한 결점을 만회하는 과정에서 새로운 과학적 발견이 이루어지기도 했다. 케플러

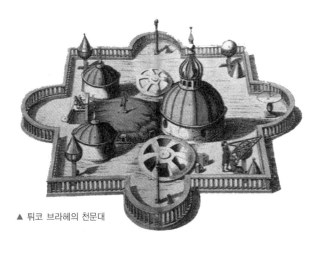
▲ 튀코 브라헤의 천문대

의 행성운동법칙은 바로 이러한 과정에서 탄생했다.

케플러가 스승 튀코가 남긴 많은 관찰 자료를 넘겨받아 행성연구에 모든 정신을 쏟아 부었을 당시 행성운동에 대한 이론은 주로 코페르니쿠스의 지동설과 프톨레마이오스의 천동설, 그리고 튀코의 학설로 나뉘었다. 튀코는 망원경이 발명되기 바로 이전에 활약했던 천문학자이다. 그의 꼼꼼함과 정확한 관찰력은 타의 추종을 불허했고, 때문에 그의 기록은 엄청

▲ 튀코 브라헤(Tycho Brahe, 1546년~1601년), 덴마크의 천문학자이자 점성술사이다.

난 가치를 지니고 있었다. 케플러는 튀코의 기록을 수학적으로 자세히 분석하면 어떤 행성운동이론이 정확한지 가려낼 수 있을 것이라 생각했다. 그러나 몇 년 동안 심혈을 기울여 계산한 결과 케플러는 튀코의 관찰기록과 기존의 세 학설이 모두 맞아 떨어지지 않는다는 사실을 발견했다. 그의 희망이 일제히 사라진 순간이었다.

하지만 케플러는 포기하지 않았다. 기존의 바람이 이루어지지 않았다면 새로운 학설을 세워 새로운 희망을 품으면 되는 일이었다. 그렇다면 새로운 학설을 위한 돌파구는 무엇일까? 문제의 돌파구는 화성의 회전궤도에 있었다. 케플러는 지동설을 지지하는 사람으로서 당연히 화성이 태양을 중심으로 원형궤도에서 등속원주운동을 한다고 믿었다. 그러나 이러한 계산은 실제 관측 데이터와 전혀 맞아 떨어지지 않았다. 다시 말해서 화성이 계속 궤도를 이탈했던 것이다. 실패에 실패를 거듭한 후 케플러는 화성의 궤도를 타원형으로 수정해 보았다. 그러자 화성의 궤도가 훨씬 안정적으로 변했고, 실제 관측 데이터와도 비슷하게 맞아 떨어졌다.

이렇게 새로운 방법으로 화성의 운행위치를 관측하던 중 케플러는 문제점을 발견했다. 계산으로 얻은 화성의 위치가 스승인 튀코의 관측데이터와 8분 라디안의 차이를 보인 것이다. 8분 라디안은 화성이 0.02초의 순간회전을 하는 각도와 맞먹었다. 자신의 계산이 틀린 걸까? 아니면 스승님이 잘못 안 걸까? 케플러는 이 작은 차이도 놓치지 않으려고 여러 번 계산을 해 보았지만 8분 라디안이라는 차이

▲ 튀코 브라헤의 대형 플라네타리움(planetarium)

는 여전히 좁혀지지 않았다. 케플러는 튀코가 일에 있어서 조금의 빈틈도 없는 사람이라는 사실을 굳게 믿었다. 만약 실제 값과 차이가 났다면 반복적으로 비교를 했을테고, 그럼 이런 차이를 발견하지 못했을 리 없다고 생각했다.

수차례의 실패 끝에 케플러는 행성들이 서로 다른 타원궤도를 그리며 운동하고 있으며, 태양이 이 타원들의 초점이 된다는 결론을 내렸다. 행성의 속도가 행성-태양 사이의 거리와 관계가 있다는 것이 그의 주장이었다. 1609년 케플러는 《신新천문학》이라는 책을 출판하여 자신이 정립한 제1, 제2법칙을 제시했다. 케플러의 제1법칙은 모든 행성들이 태양을 초점으로 타원궤도를 그리며 운동한다는 것이었고, 케플러의 제2법칙은 행성과 태양을 연결하는 동경이 같은 시간 안에 같은 넓이를 휩쓸고 지나간다는 것이었다.

▲ 케플러의 제1법칙

우리는 제1법칙을 통해 행성의 운행궤도가 어디에서 나타나는지 알 수 있으며, 제2법칙을 통해 행성이 궤도를 따라 운동할 때의 속력변화와 때에 따른 행성의 위치를 알 수 있다.

케플러는 행성의 위치를 측정하는 데 만족하지 않고 행성간의 공통점을 연구해서 행성 공전주기의 제곱은 공전궤도의 긴반지름의 세제곱에 비례한다는 케플러 제3법칙을 발견했다. 케플러의 법칙은 케플러가 10여 년 동안 땀과 노력을 쏟아 만들어낸 값진 결과였다. 그의 말처럼 그는 이 목적을 달성하기 위해 튀코와 협력했고, 결국엔 갈릴레이가 평생 동안 얻지 못한 답을 얻는 데 성공했다.

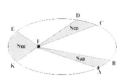
▲ 케플러의 제2법칙

행성운동법칙은 천문학의 또 한 차례의 혁명이었다. 천체가 등속원주운동을 한다고 굳게 믿어왔던 지난 몇 천 년 간의 고정관념을 깨트린 이 법칙은 케플러의 과감한 창조정신이 유감없이 발휘된 결과물이기도 했다. 케플러의 법칙은 프톨레마이오스의 주전원이라는 개념을 철저히 무너뜨리고, 코페르니쿠스의 태양 중심적 우주체계를 보다 완벽하게 만들었다. 또한 우리가 행성운동을 분명하게 인식할 수 있는 계기를 마련해주며 고전천문학의 초석을 다졌고, 수십 년 후 뉴턴이 만유인력의 법칙을 발견하는 데에도 이론적 기초를 제공해주었다.

평가

케플러의 법칙은 고전천문학에 초석을 마련해 주었고 수십 년 후 뉴턴이 만유인력의 법칙을 발견하는 데에도 이론적인 기초를 제공해주었다.

▲ 뉴턴과 핼리의 우정

17세기 자연과학의 가장 위대한 성과
만유인력의 법칙

내가 남들보다 조금 더 멀리 보고 있다면, 그것은 내가 거인의
어깨 위에 서 있기 때문이다.

뉴턴

발견시기
1682년

발견자

아이작 뉴턴(Isaac Newton, 1642년
12월 25일~1727년 3월 20일)
영국의 물리학자이자 수학자, 천문
학자, 자연철학자, 연금술사로 '역
사상 가장 위대한 과학자'라고 불린
다. 고전역학이론을 집대성하고 미
적분을 창시한 인물이기도 하다.

케플러가 케플러의 법칙을 통해 행성운동의 기본 법칙을 밝힌 후,
유럽의 학자들은 '행성이 태양 주변에서 타원궤도를 그리며 운동하
는 데에는 도대체 어떠한 힘이 작용한 걸까?'라는 문제를 두고 고심
하기 시작했다. 이 문제의 해답을 얻으려면 단순한 현상에 기대서가
아니라 운동역학을 이용한 접근법이 필요했다.

17세기 후반에 들어서 일부 학자들은 천체 사이에 상호작용을 하
는 인력이 존재하며, 바로 이 인력이 행성을 운동하게 하는 힘이라
는 사실을 깨달았다. 그중 영국 왕립학회 회장이었던 로버트 훅은
행성에 대한 태양의 인력이 행성과 태양 사이의 거리의 제곱과 반비
례한다는 예측을 내놓기도 했다. 이 문제를 두고 그와 렌
(Christopher Wren), 핼리(Edmund Halley) 등의 과학자들은 틈만 나
면 격렬한 논쟁을 벌였다. 하지만 그들 모두 문제를 증명할 길이 없
었고, 인력의 크기에 대해서도 아는 바가 없었다.

1684년 8월 에드먼드 핼리는 뉴턴의 집을 찾아갔다. 천체 사이의
인력크기와 천체 간 제곱거리의 반비례관계로 어떻게 행성의 타원
운동이라는 결론을 얻을 수 있는지 증명해 달라고 부탁하기 위해서
였다.

그런데 핼리는 뉴턴에게서 생각지도 못한 대답을 들었다. 이미 몇

년 전에 문제에 대한 답을 얻었는데 당시 계산했던 종이를 어디다 뒀는지 몰라 당장은 보여줄 수 없다고 말한 것이다. 뉴턴의 말에 따르면 어느 날 달빛 아래서 산책을 하던 중 사과 하나가 그의 머리로 떨어졌다고 했다. 아픈 머리를 어루만지며 무심코 하늘의 달을 올려다 본 그는 '사과나무의 사과는 아래로 떨어지는데 왜 하늘의 달은 떨어지지 않을까?'라는 의문을 가지게 됐고, 이 문제가 발단이 되어 만유인력에 대한 연구를 시작하게 되었다고 말했다.

▲ 우표 속의 뉴턴

핼리는 뉴턴의 말을 믿었다. 뉴턴처럼 비상한 머리를 가진 사람이 이 문제를 해결했다고 해서 신기할 일도 아니라는 생각이었다. 그리하여 핼리는 뉴턴에게 다시 한 번 계산을 해 달라고 부탁했다. 그로부터 3개월 후, 핼리는 문제의 답이 적혀있는 편지를 받았다. 이것이 바로 《운동에 관하여》였고, 이 글엔 뉴턴이 물체의 운동역학과 천체역학에서 거둬들인 성과가 고스란히 담겨 있었다.

▲ 19세기에 그려진 이 그림은 울즈소프의 정원에 앉아 '사과는 사과나무에서 아래로 떨어지는데 왜 달은 하늘에서 떨어지지 않는지'를 생각하고 있는 뉴턴의 모습을 표현했다.

뉴턴의 편지를 읽은 핼리는 뉴턴이 천문학자들이 오랫동안 골머리를 앓던 문제를 말끔하게 해결해냈음을 단박에 알아차릴 수 있었다. 핼리는 뉴턴에게 이를 다시 체계적인 한 권의 책으로 만들어 달라 부탁했고, 뉴턴은 흔쾌히 그의 청을 수락하고는 그 즉시 집필에 들어갔다. 그리고 3년의 노력 끝에 드디어 원고가 완성됐다.

이 책이 바로 《프린키피아》라고도 불리며 세계역사를 바꿔놓은 책 중 하나로 손꼽히는 《자연철학의 수학적 원리(Philosophiae Naturalis Principia Mathematica)》였다. 행성의 운동을 설명하고, 우주만물에 적용되는 운동법칙을 정리한 이 책은 고전물리학의 '성경'으로 여겨졌다. 원고는 총 세 편으로 구성되어 있으며 만유인력은 두 번째 편에 담겨 있다. 뉴턴은 만유인력에 대해 이야기함과 동

▲ 19세기의 천문기구

시에 데카르트의 소용돌이모형으로는 행성운동을 정확하게 관측할 수 없다는 사실을 증명했다. 만유인력의 법칙을 논증하는 과정에서 뉴턴은 자신이 새롭게 발명한 미적분을 활용해 케플러 제2법칙 즉, 구심력 문제를 증명했고, 뒤이어 구심력이 물체와 초점 사이 거리의 제곱과 반비례함을 증명해냈다. 뉴턴은 이를 기반으로 하여 보다 심층적인 논증을 통해 최종결론을 도출했다.

질량을 가진 모든 물체는 물체 사이에 질량의 곱에 비례하고 두 물체의 질점(물체의 질량이 총집결한 것으로 간주되는 이상적인 점-역주) 사이 거리의 제곱에 반비례하는 인력이 작용하는데 이는 물체의 종류 또는 물체 사이에 존재하는 매질娒質과는 관계가 없다는 것이었다.

이것이 바로 만유인력의 법칙이다.

천체운동의 법칙을 밝힌 만유인력의 법칙은 천문학과 우주의 운동을 계산하는 데 광범위하게 활용되었다. 핼리혜성, 해왕성, 명왕성의 발견 역시 만유인력의 법칙을 응용해서 거둬들인 성과라고 할 수 있다. 이 외에도 뉴턴은 만유인력의 법칙과 기타 역학법칙을 바탕으로 지구의 양극이 편평한 형태를 나타내는 원인과 복잡한 지축의 운동을 성공적으로 설명해냈다.

▶ 링컨셔 울즈소프에 위치한 이 농가가 바로 뉴턴의 고가이다. 이 집은 아직도 당시의 모습을 고스란히 간직한 채 울즈소프에 자리하고 있다.

▲ 1900년 하버드 대학교의 천문대. 레빗이 일했던 곳

우주의 '육분의'

세페이드변광성

세페이드변광성(Cepheid variable)을 발견하기만 하면, 별과 그 별이 위치한 항성단의 거리를 측정할 수 있다.

수학 문제를 풀 때 어떤 방법을 사용해서 답이 나오지 않으면 으레 다른 방법을 대입해 본다. 일상생활 속의 문제들을 해결하는 데 있어서도 마찬가지이다. 되도록이면 여러 관점에서 문제를 생각해 보고 간단명료한 해결 방법을 찾는다. 그리고 이렇게 간단명료한 해결방법은 대부분 예상치 못했던 곳에서 찾게 되는 경우가 많다. 과학연구에서도 뜻밖의 성과를 거둔 사례가 많다. 태양의 크기를 직접 측정할 수는 없었지만 지구나 다른 행성의 운동을 통해 태양의 크기를 추산할 수 있으며, 또 그 과정이 그렇게 복잡하지만은 않다는 사실을 발견한 것이 그 예이다. 특히 '세페이드변광성'의 발견은 생각

발견시기
1912년

발견자
헨리에터 레빗
(Henrietta Swan Leavitt, 1868년 7월 4일~1921년 12월 12일)
미국의 여성 천문학자이다. 농아인 그녀는 세페이드변광성을 연구해 '주기와 광도의 관계'를 발견했다.

▲ 세페우스자리(Cepheus), 백조자리의 북쪽, 카시오페이아자리의 서쪽에 자리 잡고 있다. 대부분이 은하에 잠겨 있는 세페우스자리는 1년 내내 보이는 주극성별자리이다.

지 못한 곳에서 해결방법을 찾게 되는 경우가 많다는 사실을 입증해 주는 좋은 예라 할 수 있다.

변광성은 시간에 따라 밝기가 변하는 항성으로 우주에서 쉽게 찾아볼 수 있다. 고대문헌에도 기록이 남아 있지만 변광성의 변화방식에 주목한 건 20세기 초에 들어서였다.

여성 천문학자 헨리에터 레빗(Henrietta Swan Leavitt)은 별에 대한 자세한 목록을 만들기 위해 각종 자료를 수집하다 밝기 변화의 시간 간격이 길수록 변광성이 더 밝게 빛난다는 점에 주목하게 되었다. 상대적으로 어두운 변광성은 변광주기가 하루 이틀 정도인 반면 상대적으로 밝은 변광성은 몇 개월의 시간이 지나서야 밝게 또는 어둡게 변화했던 것이다.

밝은 변광성의 밝기 변화주기가 어두운 변광성의 변화주기보다 길다는 사실을 발견한 것은 천문학에 있어 큰 의의를 지닌다.

광원에서 멀어질수록 빛이 약해진다는 것은 모두가 알고 있는 사실이지만 이는 쉽게 착각을 불러일으킬 수도 있다. 즉, 강한 빛은 강한 광원에서 나오고, 약한 빛은 약한 광원에서 나온다고 생각하기 십상이다. 예를 들어 당신과 두 친구가 손전등(하나는 강한 빛을 내고, 하나는 약한 빛을 내는)으로 실험을 한다고 가정해보자. 두 친구에게 각자 손전등을 하나씩 들려주고 당신에게서 멀리 떨어지도록 한 뒤, 친구들에게 전화를 걸어 손전등을 켜라고 했을 때 한 쪽에서는 강한 빛이 다른 한 쪽에서는 약한 빛이 비쳤다. 이때 두 친구가 얼마나 멀리 갔는지 모른다고 가정한다면 그 순간 당신은 강한 빛을 비추는 쪽이 강한 광원, 약한 빛을 비추는 쪽이 약한 광원을 가진 손전등이라고 판단할 가능성이 있다. 그러나 당신이 본 강한 빛이 약한 광원에서 나온 빛일 가능성도 배제할 수 없다. 약한 빛의 손전등을 가진 친구가 강한 빛의 손전등을 가진 친구에 비해 당신과 훨씬 가까운 거리에 있다면 약한 광원에서 나온 빛이 더 밝아 보이기 때문이다.

따라서 손전등의 빛만으로는 어느 쪽이 강한 광원을 가진 쪽이고, 어느 쪽이 약한 광원을 가진 쪽인지 알 수 없다. 두 손전등과의 거리가 먼지 가까운지 알지 못하는 상황이니 말이다.

이번엔 약한 빛의 손전등을 가진 친구는 1초마다, 강한 빛의 손전등을 가진 친구는 5초마다 불을 깜빡이기로 미리 약속을 하고 당신에게서 멀리 떨어지게 한 다음 10분 뒤에 손전등을 깜빡였다고 생각해보자. 이 경우엔 어느 쪽이 강한 빛을 내는 손전등인지 확실히 알 수 있을 것이다. 다시 말해서 빛이 깜빡이는 간격을 미리 알고 있으면 겉으로 보이는 밝기에 헷갈릴 일이 없기 때문에 어느 쪽이 밝은 빛이고 어느 쪽이 약한 빛인지 판단할 수 있다는 뜻이다.

레빗은 세페우스자리 즉, 북두칠성 주변에서 변광성을 발견하고 이를 '세페이드변광성'이라 이름 붙였다. 그리고 1912년 세페이드 변광성의 변광주기와 실제 광도의 관계를 정리했다.

평가

세페이드변광성의 발견은 외부은하의 거리 측정에 문을 열어 주었다.

다른 천문학자들은 이 발견이 얼마나 중요한 의미가 있는지 단번에 직감했다. 이 변광성의 변광주기를 관측하기만 하면 이 별의 실제 광도를 알 수 있고, 이 별의 광도를 알면 우리와 별 사이의 거리를 계산할 수 있었기 때문이었다. 그 후 천문학자들은 성단과 항성계 안에 있는 세페이드변광성을 관측해 그들의 변광주기로 성단과 항성계의 거리를 측정하기 시작했다. 이로써 세페이드변광성은 우주의 '육분의(두 점 사이의 각도를 정밀하게 측정하는 광학기계-역주)'라는 이름을 가지게 되었다. 미국의 저명한 천문학자 허블(Edwin Powell Hubble)이 안드로메다대성운의 거리를 측정하여 이것이 은하계 밖의 천체라는 사실을 확인했을 때에도 바로 이 세페이드변광성이 이용됐다.

◀ 19세기 말에서 20세기 초, 레빗은 하버드천문대에서 일한 여성들 중 한 명이었다.

발견시기
1929년

발견자

에드윈 허블(Edwin Powell Hubble)
미국의 천문학자로 현대우주이론을
제시한 과학자 중에서 가장 유명한
인물이다. 외부은하를 발견한 장본
인이기도 하다. 1926년 그가 제시한
'허블 순차'라는 외부은하 형태분류
법은 오늘날까지도 계속 사용되고
있다. 1929년에는 '허블의 법칙'을
제시했으며, '은하수의 장군', '우주
변방 개척자'라 불린다.

▲ 메시에(Charles Messier,
1730년 6월 26일~1817년 4
월 12일), 프랑스의 천문학자이
다. 성운, 성단에 일련번호를
매겨 '메시에 목록'을 만들었
다.

▶ 안드로메다은하

'우주과학'의 서막을 열다
외부은하

'광활한 우주'에는 '무한한 세계와 항성계'가 있다.

칸트(Immanuel Kant)

저低배율 망원경으로 '옅은 안개'처럼 보이는 천체를 처음 관측했
을 때만해도 이 천체는 은하계의 성운과 별반 차이가 없는 듯했다.
그러나 그 후 고高배율 망원경으로 관찰했을 때 이 천체가 가스와 먼
지로 구성된 성운이 아니라 항성 하나하나가 모여 형성된 천체라는
것을 알 수 있었다. 소용돌이 같은 모양에 은하계와 유사한 체계를
가지고 있는 이 천체는 은하계 밖에 존재한다 하여 '외부은하'라고
불렸다.

외부은하의 발견은 200여 년 전으로 거슬러 올라간다. 17세기 사
람들은 흐릿한 모습이 마치 옅은 안개처럼 보이는 천체를 잇달아 발
견해 냈고, 이들을 '성운'이라 불렀다. 사람들은 그 '성운'들이 모
두 은하계의 범주 안에 존재한다고 믿었다. 18세기에 들어서 독일의
철학자 칸트와 영국, 스웨덴의 두 천문학자는 소위 성운이라고 하는
천체가 은하계처럼 항성으로 구성되어 있지만 지구와의 거리가 너

무 멀어 항성 하나하나를 분별해낼 수 없을 뿐이라는 의견을 내놓았다. 칸트는 이들에게 직접 '우주의 섬'이라는 좋은 이름을 붙여주기까지 했다. 그러나 당시 망원경의 배율로는 그들의 주장을 입증할 방법이 없었다.

▲ 허블은 이 2.4미터짜리 반사망원경으로 외부은하를 발견했다.

'우주의 섬'의 존재가 입증된 시기는 19세기 후기 망원경의 배율과 정밀도가 향상되면서부터였다. 그 후 천문학자들은 안드로메다은하에 수많은 신성이 있음을 발견했다. 안드로메다은하는 안드로메다자리 내부에 위치하고 있으며, 프랑스 천문학자 메시에(Charles Messier) 목록에서의 일련번호는 M31이다. 안드로메다은하는 별을 잘 아는 사람이라면 초겨울 밤 육안으로도 확인이 가능하다. 물론 아주 모호한 반점으로 밖에는 안 보이지만 말이다.

안드로메다은하에서 날이 갈수록 많은 신성들이 발견되자 과학자들은 안드로메다은하가 틀림없이 헤아릴 수 없을 만큼 많은 항성으로 구성되어 있을 것이라는 예측을 내놓았다. 만약 안드로메다은하의 신성이 가장 밝을 때의 광도와 은하계에서 발견한 다른 신성의 광도가 같다면 안드로메다은하가 우리가 알고 있는 은하계의 범주보다 훨씬 바깥쪽에 위치한다는 사실을 대략적으로 예측할 수 있다고 주장하기도 했다. 하지만 신성의 광도로 거리를 측정하는 방법은 믿을만한 방법이 못됐고, 이 때문에 신성이 은하계의 범주 안에 있느냐, 밖에 있느냐에 대한 문제는 여전히 논쟁의 여지가 있었다.

논쟁의 근본적인 문제는 '거리'에 집중됐다. 하지만 그 별들은 우리와 너무 먼 거리에 있었기 때문에 일반적으로 사용하는 삼각시차법도 무용지물이었다. 이에 천문학자들은 거의 속수무책이었다.

그러나 20세기 초 세페이드변광성의 변광주기가 발견되면서 천문학자들은 별의 거리를 정확하게 측정할 수 있었다. 이 발견은 그야말로 '산 넘어 산이요, 물 건너 물이라 이제 길이 없는가 보다고 생각했더니 버드나무 그늘이 우거지고 꽃이 활짝 피어있는 또 하나의 마을이 나온 셈山重水復疑無路, 柳暗花明又一村'이라는 옛 말처럼 모두가 길이 없다고 생각하는 순간에 나타난 한 줄기 빛과 같았다.

1924년 미국의 천문학자 허블은 당시 세계 최대인 구경 2.4미터

▲ 허블의 우주 망원경

망원경을 이용해 안드로메다은하 가장자리에서 '육분의'라 불리는 세페이드변광성을 찾아냈다. 그는 세페이드변광성의 변광주기와 광도의 연관관계를 이용해 안드로메다은하의 정확한 거리를 계산해 사실은 안드로메다은하가 은하계 밖에 존재하며, 은하계처럼 셀 수 없이 많은 항성들로 항성계를 구성하고 있다는 사실을 증명했다. 이로써 백여 년 가까이 미궁 속에 빠져있던 '우주의 섬'에 관한 문제가 정확한 답을 얻게 되었고, 이를 시작으로 '우주과학'의 서막이 열렸다.

외부은하의 발견은 우주에 대한 인간의 인식에 날개를 달아주었다. 그 후 허블은 외부은하에 대한 심층적인 연구를 통해 우주가 계속 팽창하고 있다는 사실을 발견했고, 이를 바탕으로 '허블의 법칙'을 확립했다. 또한 외부은하가 지구에서 멀수록 후퇴 속도가 빨라져 거리-속도가 비례한다는 '허블의 공식'을 내놓기도 했다. 이는 우주가 끊임없이 팽창하고 있음을 보여주는 증거로 이후 '우주대폭발설' 즉, 빅뱅이론 탄생에 초석을 마련해 주었다.

지금까지 발견된 외부은하는 약 10억 개에 달하며, 그 중 유명한 외부은하로는 안드로메다 외부은하, 사냥개자리 외부은하, 대大마젤란은하, 소小마젤란은하, 처녀자리 외부은하 등을 꼽을 수 있다. 총 1000억 개 이상의 외부은하가 존재한다고 추정되고 있으며, 그 모습이 드넓은 바다에 떠있는 섬과 같다하여 칸트가 붙인 이름대로 '우주의 섬'이라 불리기도 한다.

▶ 별을 관측하고 있는 미국의 천문학자 에드윈 허블

가장 영향력 있는 우주기원론
빅뱅이론

우주의 모든 물질과 복사는 150억 년 전 대폭발에 의해 비롯되었다.

우주는 언제 어떻게 형성되었을까? 앞으로는 어떻게 변화할까? 오래 전부터 오늘날까지 우리는 광활한 우주의 탄생 비밀을 탐구하고 있다.

지금까지 제기된 여러 학설 중에서 가장 설득력 있고, 또 가장 영향력 있는 해석은 바로 빅뱅이론이다. 빅뱅이론은 천체관측 후에 제시된 일종의 가정이었지만 이를 뒷받침해줄 증거들이 속속들이 발견되고 있는 상황이다.

20세기 초 대형천체망원경을 이용해 은하 밖의 항성계를 관측하게 되면서 미국의 천문학자 허블은 1929년에 외부은하의 존재와 함께 항성계에서 일반적으로 적색편이현상이 나타난다는 사실을 발견했다. 물리학에서의 도플러효과에 따르면, 적색편이현상은 항성계에 서로 분리되려는 움직임이 존재함을 뜻했다. 다시 말해서 우주 전체가 팽창운동을 하고 있다는 의미였다. 이는 아인슈타인이 일반상대성이론에서 예언한 바와 완전히 일치하는 결과였다.

이 때부터 과학자들은 우주가 팽창하고 있다는 사실을 받아들이는 한편 우주가 왜 팽창하는지, 어떠한 힘이 항성계를 서로 분리시키려 하는지를 탐구하기 시작했다.

처음으로 문제에 대한 해석을 내놓은 사람은 벨기에의 천문학자 르메트르(Lemaitre)였다. 1932년, 그는 최초로 현대 빅뱅이론을 제시했다. 지금으로부터 약 150억 년 전엔 우주의 모든 것이 작은 덩어리(그는 이를 원시적 원자라 했다)였는데, 이 작은 덩어리가 대폭발하여 사방팔방으로 흩어지면서 지금의 우주가 형성되었다는 내용이었다.

발견시기
1932년

발견자

르메트르(Georges Lemaitre, 1894년 7월 17일~1966년 6월 20일)
벨기에의 천문학자이자 우주학자로 빅뱅이론을 주장했다. 주요 저서로는 《우주의 진화》(1933년)와 《원시원자가설》(1946년)이 있다.

▲ 르메트르와 아인슈타인

르메트르의 빅뱅이론은 단순한 공상이 아니다. 이는 허블 상수에 대한 측정 결과를 바탕으로 하고 있다. 허블 상수 측정으로 얻은 데이터는 100억~200억 년 전의 어느 날부터 우주가 팽창하기 시작했음을 나타내고 있으며, 여러 천체에 대한 나이조사 결과 역시 빅뱅이론을 뒷받침해주고 있었다. 천문관측 결과 일부 구상성단의 나이가 거의 90억~150억 년으로 나타났고, 오늘날까지 관측된 모든 천체의 나이가 200억 년 미만이었기 때문이다. 이러한 사실은 우주의 탄생에 시간적 발단이 있음을 뜻했다.

▲ 우주 대폭발의 순간

▲ 가모(G. Gamov, 1904년 ~1968년), 구소련 출신의 미국 물리학자이다. 1948년 말 우주 대폭발설을 제시하여 우주가 원시적인 열 핵폭발에 의해 비롯되었으며, 화학원소는 폭발 후의 중성자포획 과정에서 생성되었다고 지적했다.

르메트르가 세워놓은 기초를 바탕으로 1948년 가모(Gamov)가 한층 더 체계적인 이론을 제시했고, 이 이론은 다시 일부 과학자들에 의해 다음과 같이 수정, 발전되었다.

'우주는 작고, 온도와 밀도가 높은 '특이점'의 대폭발에 의해 탄생했다. 태초엔 온도가 너무 높아 에너지를 제외하고는 아무것도 생산해 내지 못했지만 냉각과 외부로의 확산을 통해 에너지의 형태가 변화하기 시작했다. 대폭발 후 짧은 시간 동안 지수 함수적으로 급격히 팽창하면서 온도와 밀도가 빠르게 떨어진 것이다. 그 후 우주에는 각종 소립자들이 만들어졌고, 약 30만년이라는 시간 동안 냉각된 전자와 원자핵이 결합하여 첫 번째 원자가 만들어졌다. 그 중 약 20%의 원자핵이 비교적 무거운 헬륨원자핵이었으며, 나머지 80%는 수소로 구성된 수소원자핵이었다. 이 외의 화학원소는 이들보다 훨씬 뒤에 생성되었다. 그 후 150억 년이라는 긴긴 진화 끝에 성단과 항성계, 은하계, 태양계, 행성, 위성 등이 탄생하며 오늘날의 모습을 갖추었고, 인류 또한 우주의 진화과정에서 탄생했다. 대폭발 이전엔 시간과 공간이 존재하지 않았으며 폭발 순간 팽창하기 시작한 우주와 함께 그 안의 모든 것들이 팽창한다. 은하가 우리에게서 점점 멀어지는 것처럼 보이는 이유도 우주 공간 자체가 지속적으로 팽창하고 있기 때문

이다.'

1960년대 미국의 천문학자 펜지어스(Arno Allan Penzias)와 윌슨(Robert Woodrow Wilson)은 우주배경복사를 발견했다. 그들은 우주배경복사가 우주 대폭발이 남긴 흔적이라는 사실을 입증해 빅뱅이론에 강력한 증거를 제공해 주었다. 그들은 이 공로를 인정받아 1978년에 노벨 물리학상을 수상했다.

▲ 1960년대 우주배경복사를 발견한 미국의 천문학자 펜지어스와 윌슨이 함께 한 사진

빅뱅이론은 아직 완벽하다고는 할 수 없지만 우주에 대한 근본적인 문제를 설명해 주는 이론이자 현대 우주과학의 주류임에는 틀림이 없다. 물론 우주가 폭발하기 시작했을 때와 폭발 전의 모습이 어떠했는지를 알기 위해서는 더 많은 실험을 통해 빅뱅이론을 보다 완벽하고 합리적인 이론으로 만들려는 노력이 필요하다.

평가

현대우주과학에서 가장 영향력 있는 학설이다.

▲ 허셜(Friedrich William Herschel, 1738년~1822년), 영국의 천문학자이자 클래식작곡가이며 음악가이다. 항성천문학의 창시자이기도 한 그는 '항성천문학의 아버지'라 불린다.

발견시기
1930년대~1960년대

발견자

찬드라세카르(Subrahmanyan Chandrasekhar, 1910년~1995년) 인도 출신의 미국 천체 물리학자이다. 주로 이론천체물리학과 자기유체역학분야의 연구에 종사했으며, 항성의 진화에 대한 '찬드라세카르의 한계'를 제시했다. 항성의 구조와 진화과정에 대한 연구, 특히 백색왜성의 구조와 변화를 정확하게 예언하여 1983년 노벨 물리학상을 수상했다. 양전닝과 리정다오의 스승이기도 했다.

항성은 영원하지 않다
항성의 진화

항성도 탄생, 성장, 죽음의 과정을 거친다.

고대천문학 역사를 살펴보면 항성은 줄곧 고정적인 위치를 가진 영원불변의 별로 여겨졌다. 일례로 1543년 코페르니쿠스는 《천체의 회전에 관하여》라는 책에서 태양은 정지 상태를 유지한다고 주장했다. 그러나 그 후 망원경의 정확도가 향상되어 항성연주시차가 발견되었고, 사람들은 태양을 비롯한 태양계가 은하계를 돌며 중심운동을 하듯 항성들 또한 쉴 새 없이 고속운동을 하고 있다는 사실을 알게 되었다.

항성이 운동을 한다는 사실은 항성이 자연적인 존재도, 영원불변의 존재도 아니라는 의미였다. 즉, 항성도 탄생, 성장, 죽음의 과정을 거친다는 뜻이었다. 이로써 과학자들은 항성의 진화에 대해 주목하기 시작했다.

사람들이 항성의 크기와 질량, 광도, 온도 등과 같은 파라미터를 정확하게 측정하게 된 건 19세기 중엽 망원경의 성능이 향상되면서부터였다. 물론 천왕성을 발견한 허셜(Friedrich William Herschel)이 일찍이 18세기 말에서 19세기 초, 항성의 진화에 관련한 문제를 언급한 바 있었지만 당시 여건상의 문제로 그는 간단한 추측을 내놓는데 그쳤다. 어쨌든 항성은 지구와 비교적 먼 거리에 위치해 있었고, 그만큼 태양이나 행성의 파라미터 측정에 비해 어려움이 따랐기 때문이었다. 그 후 1960년대에 접어들면서 사람들은 행성의 진화과정이 대략 다음과 같다는 사실을 알게 되었다.

항성의 탄생

항성은 수소를 주요성분으로 하는 기단에서 비롯된다. 밀도가 고르지 않은 이 기단은 자신의 강력한 중력에 의해 끊임없이 수축하는데 그 과정에서 기단 중심의 온도와 밀도가 열핵반응을 일으키기에 충분한 상태가 된다. 그러면 기단 내부에서는 수소폭탄이 폭발하는 것과 같이 거대한 열핵반응이 일어나 엄청난 에너지를 방출한다. 이렇게 수축을 멈춘 기단은 안정적인 부피를 갖게 되면서 항성이 된다. 태양도 이러한 과정을 거쳐 형성되었으며 안정적인 상태에서 약 45억 년을 지냈고, 앞으로 약 50억 년 동안은 이러한 상태를 유지할 수 있다.

항성의 중년

항성이 탄생하여 그 중핵의 수소를 완전히 소비하기까지 항성은 비교적 안정적인 상태에 놓이는데 이 기간을 항성의 중년이라고 한다. 태양보다 질량이 작은 항성은 표면의 온도가 비교적 낮아 붉은 색을 띠기 때문에 적색왜성이라는 이름을 가지고 있다. 적색왜성 내부의 수소연소는 수천억 년 동안 이루어질 정도로 그 속도가 느리다. 반면 질량이 큰 초거성의 경우 표면층의 중력을 견디는 데 비교적 많은 에너지를 필요로 하기 때문에 수소를 연소시키는 속도 또한 적색왜성에 비해 훨씬 빠르다. 초거성은 몇 백 년이면 중핵의 수소를 모두 연소시킨다.

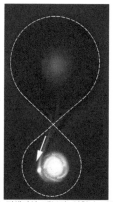

▲ 적색거성 내부의 엄청난 파동으로 표면층은 항성에서 떨어져나가기에 충분한 힘을 갖게 되고, 결국엔 백색왜성이 된다.

항성의 성숙

항성이 중핵의 수소를 모두 소비하고 나면 중핵 부분에서 일어나던 핵반응이 정지되고 헬륨핵 하나를 남기는데 이 때를 항성의 성숙기라고 한다.

항성의 만년과 죽음

질량이 작은 항성은 중년기가 몇 천억 년에 달한다. 우주의 나이를 훌쩍 뛰어넘을 정도로 중년기가 길기 때문에 그들의 최후를 관찰하기란 사실 불가능하다. 과학 시뮬레이션을 통한 추측에 따르면 질량이 0.5배M보다 작은 항성은 성숙기 이후 중력수축을 통해 내부의 수소를 연소시킨다. 연소를 마친 다음에도 헬륨반응은 일어나지 않으며, 천천히 냉각되다 결국엔 빛을 잃고 암흑왜성이 된다. 이러한 과정은 몇 백억 년에 걸쳐 이루어진다.

▲ 태양이 적색거성으로 변하면 수성, 금성, 지구, 화성을 전부 삼켜버릴 것이다.

중간 질량의 항성

질량이 0.5~3.4M인 항성은 중핵의 수소를 모두 소비한 후 표면층은 밖으로 팽창하고, 중핵은 안으로 수축해 적색거성이 된다. 중핵이 수축하기 때문에 중핵의 온도와 압력은 항성 형성과정에서처럼

▲ 시리우스B는 최초로 발견된 백색왜성으로 1925년에 발견되었다.

▲ 중성자별

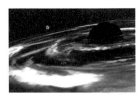

▲ 초신성 폭발

상승하게 된다. 중핵의 온도가 1억K에 달하면 중핵에서는 헬륨을 탄소로 바꾸는 핵반응이 진행돼 에너지를 재생산한다. 이렇게 항성은 잠시나마 생명을 연장한다. 적색거성 단계는 수백만 년 동안 지속되지만 이 단계에 있는 적색거성은 불안정한 변광성이 대부분이다.

적색거성 내부의 엄청난 파동으로 표면층은 항성에서 떨어져 나가기에 충분한 힘을 갖게 되고, 이로써 행성상 성운(planetary nebula)이 된다. 한편 행성상 성운의 중심에 남은 중핵은 점차 냉각되어 작고 치밀한 구조를 지닌 백색왜성이 된다. 백색왜성은 질량이 일반적으로 0.6M정도이지만 그 크기는 지구만 하다. 에너지원이 없는 상황에서 백색왜성은 오랜 세월 동안 잉여 에너지를 방출하며 점차 빛을 잃게 되고 결국 암흑왜성이 된다. 그러나 현재 우주의 나이를 미뤄보았을 때 아직 이러한 별은 존재할 수가 없다.

백색왜성의 질량이 너무 크면 전자를 밀어내는 힘이 중력을 감당하지 못하고, 결국 지속적인 중력붕괴 현상이 일어나게 된다. 이 경우 항성은 외부로 표면층을 날려 보내게 되는데, 이것이 바로 초신성의 폭발로 항성의 죽음을 의미한다. 다시 말해서 1.4M 이상의 백색왜성은 존재할 수 없다는 '찬드라세카르의 한계'가 성립된다.

큰 질량의 항성

5M 이상의 질량을 가진 항성은 표면층이 팽창해 적색 초거성이 된다. 그 후 중핵은 중력에 의해 압축되고, 이로 인해 온도와 밀도가 상승하면서 일련의 분열 반응을 일으킨다. 이 분열 반응은 갈수록 무거운 원소들을 생성해내고, 여기서 생성된 에너지는 항성의 중력붕괴를 잠시 막아준다. 항성의 다음 진화 단계는 정확하지는 않지만 이 분열 반응이 몇 분의 일초 안에 강력한 초신성 폭발을 유발할 것이라 추정되고 있다. 아직까지 초신성 폭발의 메커니즘이나 항성 잔해의 성분이 밝혀지지 않은 가운데 중성자별과 블랙홀이 항성진화의 마지막 단계일 가능성이 대두되고 있다.

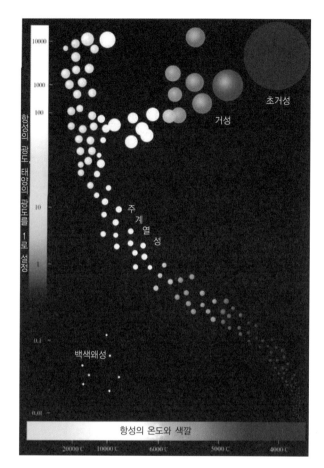

항성의 광도, 태양의 광도를 1로 설정

10000

1000

100

10

1

0.1

0.01

초거성

거성

주
계
열
성

백색왜성

항성의 온도와 색깔

20000 ℃　10000 ℃　6000 ℃　5000 ℃　4000 ℃

◀ 항성의 온도와 색깔

발견시기
1963년

발견자
미국 과학자

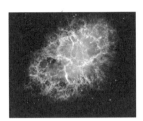

▲ 밝게 빛나는 항성과 흥미로운 분자가 형성되고 있다.

우주는 비어있지 않다
성간분자

1960년대 천문학이 일궈낸 여러 성과 중에서도 특히 중요한 네 가지가 있다. 바로 60년대 천문학의 4대 발견이라 불리는 성간분자, 준성, 극초단파배경복사, 펄서의 발견이다.

우주에 성간 물질이 존재하느냐는 문제는 줄곧 과학계의 논쟁거리였다. 뉴턴은 만유인력의 법칙을 제시할 당시 우주공간에 '에테르'라는 물질이 존재한다고 주장했고, 이를 이용해 우주에서의 중력을 설명했다. 그러나 20세기 초 아인슈타인의 상대성이론이 확립되면서 사람들은 고전역학에서 말하는 '에테르'라는 물질이 아예 존재하지 않는다는 사실을 깨닫게 되었다. 이 때부터 사람들은 천체와 천체 사이의 공간이 진공 상태라 생각하기 시작했고, 천문학자들 역시 광활한 우주공간엔 항성, 성단, 행성, 성운 등의 천체만이 존재한다고 믿었다.

별과 별 사이는 정말로 아무런 물질도 존재하지 않는 '진공' 상태일까? '아니다.' 성간에는 대량의 성간분자가 존재했다. 1937년 과학자들은 별빛이 천체와 천체 사이를 지난 후 빛의 파장 일부가 우주운(은하계 안에 존재하는 성간 물질의 집합체-역주)에 흡수된다는 사실을 알아냈다. 그 후 과학자들은 빛의 파장을 흡수한 물질이 우주운 속 메틸기(CH), 시안기(CN), 메틸리딘이온(CH)의 흡수스펙트럼임을 밝혔다. 이는 성간분자에 대한 최초의 기록이었지만 안타깝게도 당시 사람들은 이것이 성간물질임을 깨닫지 못하고 우주운이라고만 여겼다.

1963년 천문학자들은 전파망원경을 이용해 카시오페이아 자리의 차가운 성간 수소운에서 수신기(OH)를 찾아냈고, 배

▲ 이탈리아 국립 전파천문대

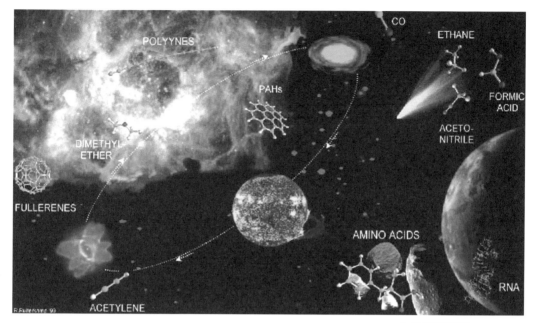

▲ 성간분자의 형성

경복사원의 흡수스펙트럼이 약 18센티미터의 파장을 나타냄을 밝혔다. 이는 전파천문방법이 차갑고 치밀한 성운 속 성간분자를 발견하는 데 더할 나위 없이 효과적인 연구 방법임을 증명해주는 결과였다. 그 후 1968년 천문학자들은 대형전파망원경을 이용해 은하의 중심부에서 암모니아(NH_3)와 물(H_2O)의 분자를 발견하는 데 성공했다. 이들은 티끌운 뒤에서 거대한 부피의 '분자운'을 형성하고 있을 만큼 많은 수량을 자랑했다. 그리고 얼마 후 천문학자들은 또다시 복잡한 유기분자인 포름알데히드(CH_2OHCHO)를 발견했다. 포름알데히드는 은하의 중심부뿐만 아니라 사수자리 대성운과 기타 지역에도 광범위하게 분포하고 있었다.

지금까지 천문학자들이 은하계 또는 은하계 밖의 성간에서 발견한 성간분자는 약 80여 종에 이른다. 그 중 대부분은 유기분자이며 질량이 가장 큰 것은 11개의 원자로 구성된 HC_9N이다.

성간분자와 그 스펙트럼의 발견은 1960년대 천문학의 4대 발견 중 하나로 손꼽히는 중대 발견으로 분자천체물리학과 분자천체화학이라는 새롭고도 다채로운 연구 분야의 문을 열어주었다. 또한 거대한 성운이 중력 붕괴하여 항성 또는 성단이 되는 과정 및 죽어가고 있

평가
성운의 특성을 이해하는 데는 물론
이고 생명의 기원에 얽힌 비밀을
파헤치는 데도 도움이 되는 성간분
자의 발견은 1960년대 천문학계를
뒤흔든 중대 사건이었다.

는 별이 성간에 물질을 내보내는 과정, 은하계의 구조 등을 관찰하고 우주화학을 발전시키는 데 중요한 역할을 했다.

성간분자 특히 유기분자의 형성과정과 지구상의 생명기원의 관계를 밝히는 것은 천문학의 새로운 분파인 성간화학의 중요한 과제가 된 지 오래이다. 특히 주목할 만한 점은 1970년 성간에 광범위하게 분포하고 있는 일산화탄소를 관측하는 데 성공하면서 광학에서 볼 수 있는 천체 사이에 성간매개 즉, 광학에서 볼 수 없는 차가운 우주가 존재한다는 사실을 깨닫게 되었다는 사실이다. 성간분자의 발견은 인간이 생명의 기원을 탐구하는 데에도 매우 중요한 의미를 가지고 있다.

일부 성간분자는 지구상에서는 찾아볼 수 없는 물질이거나 심지어 실험을 통해 합성해낼 수도 없어 과학자들을 곤혹스럽게 하고 있다. 이렇게 지구상에 존재하지 않는 성간분자가 어떠한 물리화학적 성질을 가지고 있는지, 광활한 우주에서는 어떠한 작용을 하는지, 생명기원과는 어떠한 관계가 있는지 등의 문제는 아직도 우리가 해결해야 할 숙제로 남아 있다.

▶ 미국 국립 전파천문대

◀ 아인슈타인과 미국의 이론물리
학자 로버트 오펜하이머(Julius
Robert Oppenheimer, 1904
년~1967년)가 함께 문제를 토
론하고 있다. 1939년 오펜하이
머는 질량이 큰 항성은 마지막
에 중성자별로 진화한다고 주
장했다.

발견시기
1968년

발견자
존 휠러(John Archibald Wheeler)

대항성의 최후
블랙홀

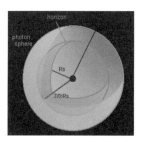

▲ 슈바르츠실트의 반지름
(Schwarzschild's radius)
중력을 가진 모든 질량의 임계
반지름. 천문학에서 한 천체의
반지름이 슈바르츠실트의 반지
름보다 작으면 블랙홀이 된다.

내가 생각한 바와 같이 우주에는 다른 평행한 분점이 존재하지
않았다. 모든 정보는 우주에 정확하게 기록되어 있다. 만약 당
신이 블랙홀에 뛰어 든다면 당신의 질량에너지는 결국 우주로
되돌아가게 될 것이다. 단, 매우 어수선한 상태로 말이다. 이러
한 정보에는 당신의 생김새와 같은 정보가 포함되겠지만 인간
이 이를 식별할 수는 없다.

스티븐 호킹

고대 중국에는 속세를 떠나 은거隱居생활을 하는 사람들이 있었다.
다른 사람들과 어울리는 것을 좋아하지 않았던 그들은 뭔지 모르게
심오한 느낌을 풍겼는데, 우리는 이러한 사람들을 은사隱士라 불
렀다.

광활한 우주공간에도 은사와 유사한 천체가 있다. 이들은 미지의

▲ 호킹 복사

베일에 둘러싸여 어떠한 정보도 노출하지 않는다. 설령 망원경을 이용한다 하더라도 우리는 이들을 관측할 수가 없다. 이들이 빛을 내지도, 빛을 반사시키기도 않는데다가 빛을 흡수하기 때문이다. 이들 위를 지나가는 광선은 그 즉시 흡수되어 다시는 빠져 나오지 못한다. 이 천체가 바로 우주의 신비로운 '은사' 블랙홀이다. 블랙홀은 질량이 큰 대다수 항성이 진화하여 만들어내는 마지막 산물로 작은 성냥갑만한 블랙홀이 지구 전체의 질량과 맞먹을 정도로 아주 조밀한 천체이기도 하다. 만약 태양과 같은 질량의 거대 항성이 블랙홀로 변한다면 그 반지름은 3킬로미터 미만으로 줄어들게 된다.

천문학자들은 초대형 항성이 진화를 거듭한 끝에 만들어낸 이 마지막 산물에 대해 끊임없는 논쟁을 벌여왔다. 1930년대 말 인도계 미국인 천문학자 찬드라세카르(Subrahmanyan Chandrasekhar)는 질량이 큰 항성이 중성자별이 된 후 더욱 수축하게 된다고 내다보았다. 그러나 그는 중성자별이 수축된 이후의 결과에 대해서는 명확하게 언급하지 않았다.

▲ 미국의 천문학자 슈바르츠실트 (M.Schwarzschild, 1912년 ~)

그러다 1950년대에 미국의 천문학자 슈바르츠실트가 항성진화의 마지막 산물에 대한 보다 심층적인 예측을 내놓았다. 초대형 항성이 폭발한 후 끊임없이 수축하는 과정에서 질량이 지속적으로 늘어남에 따라 그들의 중력도 가중되고, 그러다 빛조차 빠져나갈 수 없게 되었을 때 '붕괴된 별(collapsing star)'이 된다는 것이었다.

'붕괴된 별'이라는 명칭을 '블랙홀'이라 바꾼 사람은 바로 프린스턴 대학의 물리학자 휠러(John wheeler)였다. 아인슈타인의 '중력붕괴물체' 등과 같은 명칭을 그대로 인용하고 싶지 않았던 그는 1968년에 획기적이고 호소력 있는 명칭을 만들어 냈다. 이로써 사람들은 기존의 '얼어붙은 별', '붕괴된 별'이란 이름 대신 '블랙홀'이라는 이름을 기억하게 되었다. 이에 호킹은 '블랙홀'이란 이름을 붙인 건 '가히 천재적인 발상'이라 평가하기도 했다.

블랙홀은 일부 질량이 크고 특수한 초거성들이 중력 붕괴될 때 생성되는 산물이며 일반상대성이론에서 예측된 고밀도의 암흑 천체이기도 하다. 블랙홀 안에는 빛을 비롯한 모든 물질을 끌어당기는 아주 강력한 중력장이 숨어 있어 한 번 블랙홀에 빠지면 다시는 헤어나올 수가 없다. 이렇듯 빛이 나지 않으니 외부에선 당연히 사건 지평선(event horizon)안의 그 무엇도 볼 수가 없는 것이다.

하지만 블랙홀에 빠져 다시 탈출한 물질이 없다고 해서 블랙홀이 에너지를 방출하지 못한다는 뜻은 아니다. 영국의 저명한 물리학자 스티븐 호킹은 1974년에 블랙홀의 온도가 0도가 아니라 딥스카이(Deep sky, 아마추어 천문인들의 망원경으로 관측 가능한 태양계 너머의 성운, 성단, 은하 등의 천체를 일컫는 말-역주)의 온도보다도 높다는 사실을 증명해 냈다. 그는 주변의 비교적 따뜻한 물체 들이 모두 열량을 발산하는 것과 마찬가지로 블랙홀도 에너지를 방출하며, 전형적인 블랙홀의 경우 '호킹 복사(Hawking radiation)'를 통해 1018년 안에 빛을 증발(모든 에너지를 방출)시키게 된다고 주장했다.

▲ '우주의 아버지' 스티븐 호킹 (Stephen William Hawking, 1942년 1월 8일~), 영국 케임브리지 대학의 응용수학 교수 겸 이론물리학 교수이다. 당대에 가장 중요한 일반상대성 이론가이자 우주론자이기도 하다.

'블랙홀'은 오늘날 우리에게 가장 친숙한 천문학 명칭이다. 블랙홀은 물질의 마지막 진화 단계로, 블랙홀이 형성되면 우주 대폭발(Big Bang)이 일어나 에너지를 모두 방출한 뒤 다시 새로운 주기를 갖게 된다. 하지만 블랙홀의 실제 존재 여부에 대한 과학계의 논쟁은 끊이질 않고 있다. 오랜 시간 동안 블랙홀은 그저 가상의 물체 혹은 수학적 구상으로만 여겨졌다.

그러나 최근 들어 우주에 블랙홀이 존재한다는 증거가 점점 늘어나고 있다. 물론 이들은 직접적인 증거가 아니라 물질이 블랙홀의 사건 지평선 안으로 끌려 들어간 후 방출되는 복사를 통해 얻은 간접적인 증거이다. 예를 들면 주변 물질에 대한 블랙홀의 강력한 중력 작용이라든지 가까이 있는 광선과

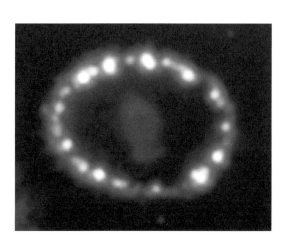

◀ 초신성의 폭발

평가

블랙홀은 20세기의 가장 도전적이
고 감격적인 천문학설이다.

기타 복사선 전파에 블랙홀이 미치는 영향 등을 통해 간접적으로 블랙홀의 흔적을 찾고 있다. 현재 과학계의 많은 인사들은 백조자리 X-1 중 하나가 블랙홀일 가능성이 높다고 추정하고 있다.

'블랙홀'은 20세기의 가장 도전적이고 감격적인 천문학설 임에 틀림없다. 지금도 많은 과학자들이 블랙홀의 신비한 베일을 벗기기 위해 노력하고 있으며 이에 따라 새로운 이론도 속속 발표되고 있다.

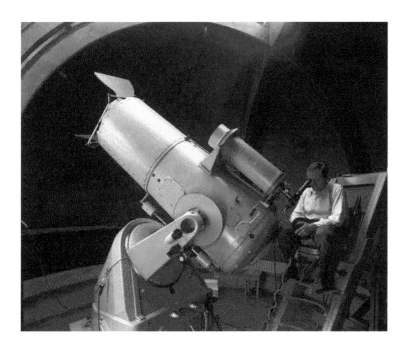

21세기 초 과학 최대의 수수께끼
암흑물질

암흑물질과 암흑에너지의 존재를 입증하기 위해 과학자들은 그동안 탐구를 게을리 하지 않았다. 만약 이들의 존재가 입증되고 더 나아가 연구에 큰 비중을 차지하게 된다면 거시적, 미시적 연구를 넘어서 우주의 물리법칙 연구로까지 연구 영역이 확대될 것이다. 그리고 이는 물리학의 발전을 이끌어 제5차 혁명을 일으키게 될 것이다.

발견시기
1933년

발견자
츠비키
(Fritz zwicky, 1898년~1974년)

물질세계엔 너무나도 많은 비밀이 숨어 있다. 원자의 진면목을 파헤치는 데만 천 년의 시간이 걸렸지만 원자 내부엔 또 다른 비밀이 숨어있었다. 원자는 다시 양자와 중성자, 전자로 나눌 수 있었던 것이다. 그 후 물질을 구성하는 기본 입자라 여겨졌던 양자와 중성자는 다시 쿼크라는 더 작은 물질로 분해될 수 있다는 사실이 발견됐다.

어쩌면 대부분의 사람들이 한 번 시작한 문제는 끝까지 파헤친다

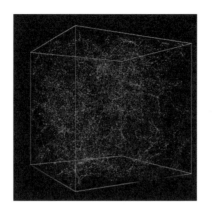

▶ 암흑물질 분포도

는 일념으로 물질의 구성에 대한 비밀을 탐구한 덕분에 우주의 구조를 찾아낼 수 있었는지도 모르겠다. 그러나 긴긴 과학탐구 여정에는 때때로 역발상이 필요한 경우가 있었다. 우리가 흔히 알고 있는 사실에도 도무지 믿기지 않는 이면이 숨어 있기 때문이다.

이처럼 확실히 존재하고 있기는 하지만 줄곧 입증되지 않은 물질 혹은 천체가 있었다. 바로 '암흑물질'이다. '암흑물질'은 우리가 알고 있던 기존의 물질구조를 뒤엎었고, 이에 우리는 우주의 신비에 다시 한 번 놀라지 않을 수 없었다.

▲ 축의 모형

광활한 우주에는 우리가 흔히 볼 수 있는 별, 항성계, 준성 등과 같이 빛을 내는 천체 외에도 빛을 내지 않는 물질과 천체가 존재하고 있다. 그들은 자체적으로 빛을 내지 못할 뿐만 아니라 반사, 굴절 또는 분광도 하지 못하며 전자파에 대해서도 반응하지 않는다. 이러한 물질이 바로 신비의 암흑물질이다. 과학자들의 예측에 따르면, 우주 속 암흑물질의 질량이 가시적인 물질의 질량보다 훨씬 크다. 암흑물질은 우주의 90% 이상을 차지하고 있는 것으로 추정되는데, 과학자들은 그 중 70%는 암흑에너지, 20%는 차가운 암흑물질로 이루어져 있다고 내다보고 있다.

놀라운 사실은 비단 암흑물질의 양뿐만이 아니다. 찬 암흑물질의 입자형성과 운동법칙은 기존의 입자물리 기준모형으로는 설명이 불가능할 정도로 난해하기 짝이 없다. 과학자들은 찬 암흑물질(DAMA)이 우주가 초기에 남겨놓은 약한 상호작용에 의해 생성된 중重입자일 가능성이 있다고 예측하고 있다. 그들의 존재가 우주 빅뱅이론을 뒷받침해주는 강력한 증거라고 내다보는 것이다.

암흑물질은 1933년 미국의 과학자 츠비키(Fritz Zwicky)가 처음으로 제시한 개념이다. 은하단을 관측하던 츠비키는 대형 은하단 중 항성계가 엄청난 운동속도를 보인다는 사실을 발견했다. 그는 계산을 통해 항성단의 질량이 관측 가능한 질량보다도 훨씬 크다는 사실을 알게 되었고, 이에 은하단엔 아직 관측되지 않은 물질이 대량으로 존재할 것이라는 결론을 내렸다. 츠비키는 관측되지 않은 물질을 암흑물질이라 명명했다.

1980년대 사람들은 여전히 암흑물질의 성질에 대해 아는 바가 없었지만 수십 년에 걸친 관측과 분석을 통해 암흑물질의 존재를 받아들이고 있었다.

80년대 말, 일부 과학자들은 암흑물질의 축의 모형을 제시했다. 이는 아주 안정적인 차가운 '미립자'의 일종으로 그 질량이 전자의 질량에 수백분의 일에 불과했다. 축의 모형이 성립되는 지는 실행가능하고 믿을 만한 실험으로 판단할 필요가 있다.

암흑물질의 발견은 물리학의 중대 성과이다. 이는 앞으로의 근대 물리학기초이론 발전에 큰 영향을 미쳐 우주의 형성비밀을 파헤치는 데 새로운 돌파구를 마련해 줄 것이며, 심지어는 기존 물리구성모형에 근본적인 변화를 가져올 가능성도 있다. 그날이 되면 현대물리학의 양대 주춧돌인 상대성이론과 양자이론을 포함해 수많은 물리이론에 대한 재수정이 불가피할 것이다. 중국 과학원의 회원인 하조휴何祚麻의 말처럼 물리학의 제5차 혁명을 불러올 수도 있다.

21세기에 접어들면서 암흑물질과 암흑에너지의 비밀을 파헤치는 것은 이미 전 세계 젊은 과학자들의 도전과제가 되었다. 세계 각국의 입자물리학자들의 노력으로 머지않아 암흑물질의 베일도 벗겨질 것이다.

▲ 우주의 물질 비율도

73% тъмна енергия   23% тъмна материя

3.6% междугалактичен газ
0.4% звезди,планети и др.

평가

'암흑물질'의 출현은 우주물리학자들에게 무한한 생각을 안겨주었다. 암흑물질은 우주연구 분야에서도 가장 도전적인 명제로 여겨지고 있다.

◀ 1948년 당시 세계 최대의 반사망원경－팔로마산 천문대에 있는 지름 5미터의 헤일망원경

발견시기
1834년

발견자
슈트루베와 베셀

▲ 슈트루베(Friedrich Georg Wilhelm von Struve, 1793년~1864년), 독일계 러시아 천문학자로 현대 쌍성연구의 창시자이다. 그가 천문학 분야에 남긴 가장 큰 업적은 1838년 직녀성의 시차를 관측한 것이다.

지동설 증명의 마지막 난제
항성의 연주시차

항성의 연주시차는 지동설을 입증하기 위한 마지막 난제이다.

코페르니쿠스의 지동설은 항성의 연주시차라는 아주 중요한 개념의 존재를 예언했다. 여기서 연주시차란 항성과 지구의 연결선이 지구궤도 반경과 수직을 이룰 때 항성과 태양의 평균거리 a에서 바라본 각을 말한다. 200여 년 동안 천문관측자들은 이 연주시차를 측정하기 위해 고군분투했다. 그 과정에서 영국의 천문학자 브래들리(James Bradley)와 허셜은 각각 광행차와 천왕성 발견이라는 뜻밖의 성과를 얻었다. 그러나 그들 모두 연주시차를 발견하지는 못했다.

천문학자들은 1834년이 되어서야 비로소 항성의 연주시차를 관측해 냈는데 사실 이는 망원경의 성능 개선과 밀접한 관계가 있었다. 브래들리의 망원경으로는 10미터 거리에 있는 미터자 정도 크기의 물체를 확인할 수 있었는데 이는 항성의 연주시차를 관측하기엔 턱없이 부족한 수준이었다. 항성은 정말로 멀고 먼 거리에 있었기 때문이다.

1834년 독일계 러시아 천문학자 슈트루베는 새로 만든 천체망원경으로 북쪽하늘에서 가장 밝게 빛나는 직녀성(거문고자리a)에 초점을 맞춰 그의 연주시차를 관찰했다. 3년 동안 세밀히 관찰한 결과 그는 드디어 직녀성에 0.25아크시컨트의 연주시차가 있음을 발견했다. 같은 시기 독일의 천문학자 베셀도 백조자리 61번열에 0.35아크시컨트의 연주시차가 있다는 사실을 관측해냈다. 물론 다른 천문학자들도 항성의 연주시차를 관측하는 데 성공했다.

간단히 보충설명을 하자면 당시 망원경의 정밀도로 0.25아크시컨트의 시차를 관측했다는 것은 20킬로미터 밖의 동전을 보는 것과 같았다. 브래들리가 사용한 망원경과는 비교도 할 수 없이 높은 정밀도였다. 그러니 200여 년 동안 발견하지 못했던 이 현상을 관측해낸 것도 그리 이상할 것 없는 일이었다.

항성의 연주시차가 발견됨에 따라 지동설을 입증하기 위한 마지막 난제가 해결되면서 코페르니쿠스의 학설은 보다 과학적인 기반 위에 설 수 있었다. 그러나 정작 중요한 사실은 따로 있었다. 항성의

▲ 베셀(Friedrich Wilhelm Bessel, 1798년~1844년), 독일의 저명한 천문학자이자 수학자이며 천체측량학의 창시자이다.

연주시차가 코페르니쿠스의 지동설을 입증하는 데 결정적인 역할을 한 것은 사실이지만, 당시 사람들은 이미 코페르니쿠스의 학설을 받아들인 상태였기 때문이다. 중요한 사실은 연주시차로 인해 항성과 지구의 거리를 측정할 수 있게 됨으로써 막연히 멀다고만 느껴왔던 항성이 실제로는 얼마나 먼지 알게 되었다는 점이다. 예를 들어 사수자리α의 시차가 가장 크게 나타났는데, 이를 통해 지구에서 가장 가까운 별이 사수자리임을 알게 되었다. 뿐만 아니라 별에 대한 거리측정으로 우주가 그 누구의 상상보다 더 광활하다는 사실을 깨닫게 되었는데 이는 이후 우주이론을 형성하는 데 큰 영향을 미쳤다.

평가

항성의 연주시차가 발견되어 지동설을 입증하는 데 결정적인 영향을 미침으로써 코페르니쿠스의 학설은 보다 과학적인 기반 위에 설 수 있었다. 그러나 이보다 더 중요한 사실은 연주시차의 발견으로 항성과 지구의 거리를 측정할 수 있는 방법이 생겼다는 것이다.

◀ 항성의 연주시차

제4장

화학

▲ 로모노소프의 고가

▲ 로모노소프의 실험장치

물질불멸의 신비
질량보존의 법칙

자연계에서 발생하는 모든 변화에는 잃은 쪽이 있으면 그만큼
을 얻는 쪽이 있다.

로모노소프

장작은 불에 타기 시작하면 형체가 사라져 결국엔 한 줌의 재만
남게 된다. 그러나 양초나 알코올은 불에 타기 시작해서 다 타고 없
어질 때까지 아무런 흔적도 남기지 않는다. 마치 온데간데없이 사라
진 것처럼 말이다.

화분이나 함지에 씨앗과 묘목을 심으면 이들은 일 년 후 또는 몇
년 후 꽃을 피우고 큰 나무로 자란다. 만약 이 화분 안에 담긴 흙의
전후 무게를 재어본다면 꽃과 나무가 마치 '무無'에서 탄생하기라도

한 듯 흙의 무게에는 아무런 변화가 없다는 사실을 발견할 수 있다.

이처럼 물질은 무無에서 유有가 되고 다시 유에서 무가 될 수 있는 것처럼 보였고, 이 때문에 아리스토텔레스는 무에서 유가 창출될 수 있다고 생각했다.

▲ 셸레의 장치

그러나 모든 사람들이 아리스토텔레스의 생각에 동의한 것은 아니었다. 데모크리토스(Democritus)는 무에서 유가 창출될 수는 없으며 존재하는 모든 물건은 사라지지 않는다고 주장했다. 고대 로마의 한 시인 역시 물질은 생기지도, 사라지지도 않는다며 다음과 같은 시를 지었다. '만물이 죽는 듯 보이지만 사실은 죽는 것이 아니요, 여전히 살아있다. 땅에 내린 봄비는 한 순간 그 모습을 감추지만 풀과 나무가 이를 머금어 새싹을 돋우고, 꽃을 피우고 또 열매를 맺는다.'

물질이 스스로 생겨났다 스스로 사라질 수 있느냐는 논쟁은 끝이 없었고, 산업혁명시기까지 계속되었다.

18세기에 들어서 생산기술이 빠르게 발전하자 과학 실험기구 역시 크게 개선되었다. 특히 정밀한 저울의 출현은 그때 막 시작된 근대 화학 연구에 엄청난 변화를 불러왔다. 물질의 성분과 성질을 측정하는 데 비교적 정밀한 연구가 가능해지면서 화학이라는 과학 분야는 빠른 발전을 이룩하게 되었다.

그리고 바로 이 물질에 대한 성분, 성질 연구 과정에서 화학자들은 질량보존의 법칙을 발견해냈다. 최초로 저울을 이용해 화학 반응의 중량 관계를 측정한 사람은 화학자 로모노소프였다. 1756년 그는 주석, 구리, 쇠의 부스러기를 전용 유리용기에 넣고 용기의 입구를 봉한 뒤 열을 가했다. 그 결과 주석은 융해되었고, 붉은색의 구리 부스러기는 암갈색의 분말이 되었으며, 쇠 부스러기 역시 까맣게 변해 있었다. 당시 유행하던 연소학설에 따르면 '연소燃素'가 용기 안으로 들어가 금속과 반응한 결과이므로 용기의 전체 무게가

발견시기
1756년

발견자

로모노소프(Mikhail Vasilyevich Lomonosov, 1711년~1765년)
러시아의 화학자이자 철학자로 러시아 과학사에 수많은 업적을 남겼다. 그 중에서도 대표적인 업적을 꼽자면 질량보존의 법칙 발견과 러시아 어법에 대한 체계적인 정리를 들 수 있다. '러시아 과학사의 표트르 대제'라 불린다.

증가해야 했다. 그러나 유리용기의 실험 전후 무게에는 아무런 변화가 없었다. 여러 차례 실험을 반복해 보았지만 결과는 마찬가지였다. 그리하여 로모노소프는 '반응에 작용한 모든 물질의 무게는 반응 후 산물의 무게와 같다' 는 결론을 도출해냈다. 이것이 바로 오늘날 누구나 알고 있는 화학의 초석 '질량보존의 법칙' 이다.

하지만 당시 러시아는 세계 과학의 중심에서 동떨어져 있었고, 이 때문에 로모노소프의 발견은 과학자들의 주목을 받지 못했다. 질량보존의 법칙은 1777년 프랑스 화학자 라부아지에(Antoine Laurent Lavoisier)가 로모노소프와 같은 실험을 진행해 화학적인 방법으로는 물질의 성분을 바꿀 수는 있어도 물질의 질량을 바꾸지는 못한다는 결과를 도출해내고 나서야 비로소 사람들에게 알려지게 되었다.

그러나 질량보존의 법칙에 대한 확실한 믿음을 심어주기엔 당시 실험조건이 너무나 열악했다. 1908년 독일의 화학자 란돌트(Landolt)와 영국의 화학자 맨리(Manley)는 보다 정확한 증명을 위해 사용할 용기와 반응 물질의 질량을 1000그램 정도로 설정하고 실험을 진행했다. 그 결과 화학 반응 전후의 질량 차이가 0.0001그램보다 작게 나왔다. 이렇게 정확한 실험을 거치고 나서야 과학자들은 질량보존의 법칙을 인정했다.

20세기 초 아인슈타인의 상대성이론과 질량-에너지의 관계공식이 제시되면서 질량과 에너지에 대한 사람들의 인식은 한 단계 업그레이드되었다. 현재 과학자들은 질량보존의 법칙과 에너지보존의 법칙을 하나로 묶어 질량에너지 보존법칙이라 부르고 있다.

평가

질량보존의 법칙은 보편적인 법칙으로 화학의 발전과 인식의 변화에 새바람을 몰고 왔다. 질량보존법칙의 발견은 야금 공업의 발전에 큰 역할을 했을 뿐 아니라 보다 심층적인 화학 실험을 가능케 했다.

▶ 0.0001그램까지 정확하게 분석할 수 있는 저울

지구에서 가장 중요한 화학 반응

광합성작용의 원리

광합성작용의 발견은 과학사의 한 페이지를 장식한 놀라운 발견이다.

우리는 일찍부터 땅에 파종을 하고 그에 적합한 조건이 충족되면 싹이 난다는 사실을 알고 있었다. 실제로 어떠한 식물은 몇 년 후면 큰 나무로 성장했고, 또 어떠한 식물은 1년 내에 꽃을 피우고 열매를 맺기도 했다. 이에 과학자들은 식물의 생장에 필요한 영양분 공급처인 자연에 눈을 돌리기 시작했다.

2,000여 년 전, 고대 그리스 철학자 아리스토텔레스는 식물체가 '토양즙'으로 구성되어 있다고 주장했다. 즉, 식물 생장에 필요한 물질이 전부 토양에서 비롯된다고 여겼던 것이다. 그의 영향을 받아 18세기 중엽까지 사람들은 토양이 식물의 영양 공급원이라 굳게 믿

발견시기
1771년

발견자

조지프 프리스틀리
(Joseph Priestley, 1733년~1804년)
영국의 화학자이다. 산소, 염화수소, 일산화탄소, 산화질소, 이산화탄소, 암모니아 등 열 가지 기체를 발견하여 현대화학의 이론적 기반을 다지는 데 중요한 데이터를 제공해주었다. 1771년 프리스틀리는 식물의 광합성작용을 발견하기도 했다.

으며 식물이 공기 중에서 무언가를 얻을 수 있다고는 생각지 못했다.

실험을 통해 최초로 아리스토텔레스의 오류를 입증한 사람은 네덜란드의 헬몬트(Helmond)였다. 1627년 그는 버드나무 분재의 무게를 재는 실험으로 버드나무가 자란 후에도 화분 속 흙의 무게에는 전혀 변화가 없다는 사실을 발견했다. 이에 헬몬트는 물이 나무를 자라게 한 원인이라 생각했고 식물의 무게는 흙이 아닌 물에서 비롯된다는 추론을 내놓았다. 하지만 안타깝게도 그는 공기 중의 물질이 유기물 형성에 영향을 미친다는 사실을 깨닫지 못했다.

공기와 식물의 관계에 가장 먼저 주목한 사람은 중국 명나라의 과학자 송응성宋應星이었다. 1637년 그는 《공기에 대하여論氣》를 통해 '사람이 먹는 음식물은 모두 공기에 의해 변화한다. 그러므로 다시 공기로 돌아갈 뿐이다人所食物皆爲氣所化, 故複于氣耳.'라고 언급했다. 그러나 당시 과학기술 수준의 한계로 실험을 통해 이를 증명하지는 못했다.

▲ 조지프 프리스틀리의 실험기구

서양에서는 1727년이 되어서야 영국의 식물학자 헤일스(Stephen Hales)에 의해 식물이 생장할 때 공기를 주요 영양분으로 한다는 관점이 제시되었다. 이러한 그의 관점을 바탕으로 녹색 식물이 공기 중에서 영양분을 흡수한다는 사실을 증명해낸 사람은 바로 조지프 프리스틀리(Joseph Priestley)였다. 1771년 프리스틀리는 식물이 촛불연소로 탁해진 공기를 정화시킬 수 있다는 사실을 발견한 프리스틀리는 그 후 식물이 산소를 만들어 낸다는 사실을 입증했다. 그러나 그 역시 빛이 생물의 생장 과정에 일으키는 중요한 작용을 깨닫지는 못했다. 그럼에도 현재 사람들이 1771년을 광합성작용이 발견된 해로 지정하고 있는 이유는 그의 실험이 훗날 광합성작용의 원리를 발견하는 데 길을 열어주며 광화학 연구의 기반이 되었기 때문이다.

식물의 녹색 부분이 빛 아래 있어야 공기정화작용을 할 수 있다는 사실을 가장 먼저 깨달은 사람은 네덜란드의 과학자 잉겐호우스(Jan Ingenhousz)로, 그 시기는 1779년이었다. 그 후 1804년 프랑스의 소쉬르(Saussure)는 정량연구를 통해 이산화탄소와 물이 식물 생장의 주요 원료임을 증명했다. 이는 버드나무의 생장을 돕는 것이 물이라고 말했던 헬몬트의 추론을 입증하는 결과였을 뿐 아니라 광합성작용의 본질에 대한 인식을 새로운 단계로 끌어올리는 결과이기도 했다.

1845년 독일의 마이어(Meyer)는 식물이 태양을 화학에너지로 전환시킬 수 있다는 사실을 발견했다. 그 후 1864년 독일의 작스(Sachs)는 광합성작용으로 산소뿐 아니라 유기물인 녹말도 생성된다는 사실을 발견했다. 이 때서야 사람들은 식물이 광합성작용을 하는 과정에서 이산화탄소를 빨아들이고 산소를 배출하며, 이산화탄소와 물을 합성해 유기물을 만든다는 사실을 믿어 의심치 않았다. 광합성 반응식 역시 이 시기에 탄생했다. 1880년 독일의 학자 엥겔만(Engelmann)은 실험을 통해 광합성작용 과정에서 산소를 만들어 내는 부분이 엽록소임을 발견해 엽록체가 광합성작용이 이루어지는 장소라는 결론을 도출해냈다.

▲ 1880년 실험을 통해 광합성작용 중 산소를 생성해내는 부분이 엽록소임을 발견한 독일의 학자 엥겔만(G. Engelmann)

지난 200여 년 동안 헬몬트에서 작스, 엥겔만에 이르는 과학자들의 노력으로 사람들은 드디어 광합성작용이 이루어지는 장소와 조건, 원료 그리고 광합성에 의한 산물 등을 조금씩 알아가기 시작했다. 광합성작용에 대한 지식과 광합성 반응식의 확립은 광합성이라는 이 복잡한 반응과정 메커니즘에 대해 심층적인 연구를 할 수 있는 조건을 마련해 주었다.

흥미로운 점은 1930년대 미국의 과학자 루벤(Samuel Ruben)과 카멘(Martin Kamen)이 동위원소를 이용해 '광합성작용 중에 배출되는 산소가 물에서 비롯되는가, 이산화탄소에서 비롯되는가' 라는 문제를 연구해 산소가 100% 물에서 비롯된다는 결론을 얻었다는 사실이다.

평가

광합성작용은 지구상에서 가장 중요한 화학 반응이다.

◀ 밀폐된 유리병 속에서의 촛불 연소를 관찰하고 있는 조지프 프리스틀리

▲ 실험실에 있는 라부아지에와
그의 부인 그리고 다른 사람들

현대적 의미의 화학 탄생
산소와 산화이론

발견시기
1774년~1777년

발견자

산소-셸레와 프리스틀리
1774년 각자 독자적으로 산소를 발
견 또는 만들어냈다.

산화이론-라부아지에

그들이 라부아지에의 목을 베는 데에는 한 순간이면 충분하겠
지만 프랑스에 그처럼 명석한 두뇌를 가진 사람이 나오는 데에
는 100년도 넘게 걸릴 것이다.

라그랑주

동서양을 막론하고 고대사회에서 '불'은 물질을 구성하는 기본
'원소'로 여겨졌다. 화학자들은 일찍부터 불이 물질의 성질을 바꿔
놓을 수 있다는 사실에 주목했다. 그들은 '연소燃素' 즉 플로지스톤
이라는 물질이 연소과정을 좌우한다고 믿었다. 이를 기반으로 1703
년 독일의 화학자 슈탈(Georg Ernst Stahl)은 체계적인 연소이론을
제시했다. 연소와 관련 있는 모든 화학 변화는 물질이 플로지스톤을
흡수 또는 방출하는 과정으로 귀결할 수 있으며, 물질이 쉽게 타
나는 그 안에 얼마나 많은 플로지스톤이 포함되어 있느냐에 의해 결
정된다는 내용이었다. 또한 연소 과정에서 피연소체 속의 플로지스
톤은 공기로 흡수되면, 공기는 플로지스톤의 연소촉진성질만을 빼
앗는다고도 말했다.

플로지스톤설이 제기된 후 화학계는 장장 50여 년 동안 이를 진리
로 받들었고, 그 동안 학설의 진위에 대해 의심하는 사람은 아무도
없었다. 그러나 18세기 후기에 접어들어 연소와 화학 반응에 관한

기체들과 어떤 물질은 연소 후 가벼워지는 반면 또 어떤 물질은 무거워진다는 사실이 하나 둘 발견되면서 플로지스톤설은 타격을 입게 되었다. 플로지스톤설로는 이러한 발견들을 설명하기 어려웠기 때문이다.

▲ 조수의 호흡작용 실험을 지휘하고 있는 라부아지에

1772년 영국의 화학자 대니얼 러더퍼드(Daniel Rutherford)와 프리스틀리는 실험 중에 질소를 발견했고, 이 물질이 동물의 생명에 위협적일 뿐만 아니라 불을 꺼뜨리는 성질을 가지고 있다는 사실을 알게 되었다. 그러나 플로지스톤설의 열렬한 신봉자였던 그들은 실험 중에 플로지스톤설로는 설명할 수 없는 현상들이 속출했음에도 여전히 질소를 '플로지스톤 포화기체'라고 고집했다. 물론 그들은 질소가 공기 중의 한 성분임을 인정하지 않았다.

프랑스출신의 영국 화학자 블랙(Joseph Black)은 그들과 같은 실수를 저지르지 않았다. 1775년 석회석을 연소시키던 블랙은 연소 후 석회석의 무게가 44%나 줄어든 것을 발견했다. 그는 어떤 기체가 석회석에서 빠져나가 생긴 결과라 단정 짓고 그 기체를 '고정기체'라고 명명했다. 그 후 블랙은 다시 석회석이 산과 작용하여 '고정기체'를 방출시키며, 석회로이 기체를 흡수시키면 그 무게와 연소 시 방출하는 기체의 무게가 같고, 이 기체가 석회수에 작용하여 석회석과 같은 성직의 침전물을 만들어 낸다는 사실을 발견했다. 그는 이처럼 석회석이 연소되어 무게가 변화되고, 석회로 변하는 것과 소다가 가성알칼리로 변

▼ 라부아지에와 그의 부인 안나, 서재에서

하는 것 모두 '고정기체'를 잃었기 때문으로 플로지스톤과는 아무런 관계가 없다며 플로지스톤설을 단호히 부정했다. 그 후 캐번디시(Henry Cavendish) 수소 역시 같은 현상을 나타낸다는 사실을 발견하여 플로지스톤설의 기반이 흔들리게 되었다.

질소, 탄산가스, 수소의 발견이 플로지스톤설을 뒤엎는 도화선이었다면 산소의 발견은 그야말로 화약이었다. 그러나 이 '화약'은 라부아지에(Antoine-Laurent Lavoisier)가 다시 불을 붙이기까지 좀처럼 '폭발' 하지 않았다.

산소는 프랑스 화학자 셸레(Karl Wilhelm Scheele)와 프리스틀리가 각자 1774년에 발견 또는 만들어낸 기체이다. 두 사람은 모두 산소가 연소 작용을 촉진한다는 사실을 발견했다. 그러나 고정관념에 사로잡혀 여전히 플로지스톤설을 고집하던 그들은 연소의 본질을 연구할 수 없었다. 셸레는 산소를 '화기'라고 명명하고 공기 중의 '화기' 성분과 연소체의 플로지스톤이 결합하는 과정이 바로 연소라고 주장했다. 반면 프리스틀리는 산소가 '탈脫 플로지스톤 공기'의 일종이기 때문에 플로지스톤을 흡수하는 능력이 매우 강하고, 그만큼 연소를 촉진하는 능력이 남다른 것이라고 생각했다. 이 두 사람

▲ 카를 셸레(Karl Wilhelm Scheele), 스웨덴의 저명한 화학자로 산소를 발견했다. 염화수소, 일산화탄소, 이산화탄소, 이산화질소 등 여러 기체에 대해 심층적인 연구를 진행했다.

▶ 프리스틀리는 N_2O 즉, 아산화질소를 발견했다. 그림은 나폴레옹에게 아산화질소 실험을 하는 모습

204

의 잘못된 생각에 대해 엥겔은 안타까움을 표하며 이렇게 말했다. "왜곡되고 단편적이며 잘못된 전제에서 출발하여, 그 길을 따라 나아가다 보면 진리가 코앞에 있어도 진리를 구하지 못하는 법이다."

연소에 대해 전면적인 연구를 진행해 플로지스톤설을 철저히 뒤집고 과학적인 연소설을 확립하는 이 역사적 임무를 완성한 주인공은 라부아지에였다.

1774년, 라부아지에는 밀폐용기 안에 주석과 납을 넣고 열을 가하면 표면에 금속재가 형성되고, 가열 후 용기 내 물체의 전체 무게에는 변함이 없지만 주석과 납의 무게가 늘어난 반면 공기는 줄어들었다는 사실을 발견했다. 그는 금속과 공기 중의 어떠한 성분이 화합반응을 일으킨 데 이 현상의 본질이 있음을 깨달았다. 그 후 라부아지에는 프리스틀리의 실험 사실을 알고 이를 재현해 금속과 화합한 공기 성분이 바로 산소였음을 발견하는 데 성공했다.

라부아지에는 다시 금속의 산화와 환원 반응에 대해 정확한 정량 연구를 진행했고, 이로써 화학 반응에서의 질량불변의 법칙을 증명해냈다. 이와 함께 연소에 대한 수많은 실험을 통해 각종 물질의 연

평가

산소와 산소이론의 발견으로 사람들은 연소의 본질을 알게 되었다. 이로써 반박이 불가능한 사실로 오랜 시간 이어져 내려오던 플로지스톤설을 뒤엎고, 화학 역사상 유명한 화학혁명을 이끌며 근대화학의 기반을 마련했다.

▲ 라부아지에의 동상

소 후 산물을 연구했다. 이렇게 몇 년 간의 노력 끝에 라부아지에는 1777년 과학적인 연소설인 산화이론을 제시했다. 그리고 얼마 후 물의 합성과 분해 실험이 성공하면서 산화이론은 세계적으로 인정받게 되었다.

물질연소현상의 본질을 밝힌 라부아지에의 산화이론은 오랜 시간 동안 이어져 내려오던 플로지스톤설을 뒤집어엎고 화학 역사상 유명한 화학혁명을 일으키며 현대적 의미의 화학의 탄생을 알렸다. 이로써 라부아지에 역시 '화학의 아버지', '화학과학의 창시자'라 불리게 되었다.

9년의 논쟁 끝에 얻은 성과
일정성분비의 법칙

당신의 문책이 없었다면 일정성분비의 법칙을 심층적으로 연구하긴 힘들었을 것이다.

프루스트

자연적으로 존재하는 것이냐, 인공적으로 합성한 것이냐에 상관없이 모든 화합물은 그 물질을 구성하는 성분원소의 질량비가 항상 일정하게 나타나는데 우리는 이를 정비례의 법칙 또는 일정성분비의 법칙이라 부른다. 예를 들어 이산화탄소는 어떠한 방법으로 언제, 어떻게 얻은 것이든 상관없이 탄소와 산소의 질량비가 항상 3:8로 나타난다. 즉, 구성 성분 중 항상 27%의 탄소와 73%의 산소가 포함되어 있으며, 탄소와 산소의 질량비가 확실한 값을 갖는 것이다.

이러한 현상은 일찍이 17세기 말부터 주목을 받기 시작했다. 약을 제조하고 일련의 과학 실험을 진행하는 과정에서 여러 유형의 화학 반응에 대해 정량연구를 하게 되었고, 이로써 일정성분비의 법칙이라는 개념이 초보적으로 형성되었다. 18세기 중엽 관련 분야 종사자들은 이 기본 개념을 이용하기 시작했고, 화학 반응으로 생긴 일부 침전물을 중량분석의 주요 물질로 삼았다. 그리고 19세기 말 수많은 사람들이 일정성분비의 법칙에 관한 기본 개념을 받아들여 이용하게 되었다.

일정성분비의 법칙을 체계화하고 이에 과학적 엄밀함을 더해 준 사람은 프랑스 화학자 프루스트였다. 약사였던 프루스트는 오랜 연구와 실험을 통해 세계 각지에서 수집한 광물과 자신의 실험실에 만들어 놓은 광물의 화합물을 연구했다. 그 결과 세상엔 한 종류의 염화나트륨과 한 종류의 황산칼륨뿐임을 증명했고, 천연 염기성탄

발견시기
1799년

발견자

프루스트(Joseph Louis Proust, 1754년~1826년)
프랑스의 분석화학자이다. 일정성분비의 법칙을 확립했으며, 최초로 순수물질과 혼합물을 정확하게 구분지었다.

▼ 조수와 함께 실험실에 있는 베르톨레

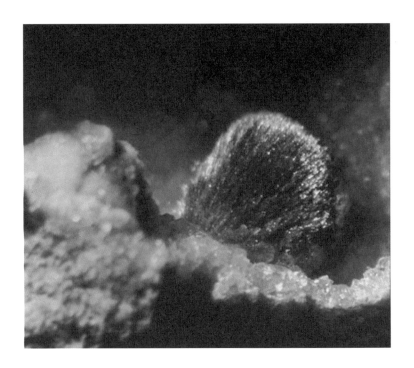

산이나 인공 염기성탄산이나 구성성분은 완전히 같다는 사실을 지적했다. 1799년 그는 이를 기초로 하여 화합물의 일정성분비 법칙을 제시했다.

그러나 일정성분비의 법칙이 곧바로 화학계의 인정을 받은 것은 아니었다. 반대로 많은 과학자들이 이에 반기를 들고 나서며 한 물질은 친화력이 있는 다른 물질과 모든 비율로 결합한다는 주장을 내놓았다. 반대 의견을 가진 화학자들 중 가장 유명하고 또 가장 대표적인 인물이 바로 프랑스의 베르톨레였다. 그의 주장에는 일정한 근거가 있었다. 일례로 철과 산소의 결합형식은 일산화철(FeO), 삼산화이철(Fe_2O_3), 사산화삼철(Fe_3O_4) 등 여러 가지가 존재했고, 다른 여러 원소들의 조합도 이와 마찬가지로 여러 형식이 있었다. 두 가지 혹은 두 가지 이상의 원소로 구성된 화합물이 유일한 조합 형식을 갖는 경우는 드물었고, 유기화합물일수록 더욱 그러했다.

프루스트도 몇 가지 종류의 같은 원소끼리는 여러 조합 형식이 있을 수 있다는 점을 인정했다. 그러나 서로 다른 조합 형식은 서로 다른 화합물을 뜻한다고 주장했다. 그는 이러한 생각을 토대로 화합물과 혼합물의 개념을 정확하게 구분 지었다. 즉, 구성원소가 같은 물질이 성분원소에서 일정한 질량비를 가지지 않는다면 그들은 두 가지 또는 두 가지 이상의 화합물이 포함된 혼합물이라는 것이었다.

물론 일정성분비의 법칙에는 예외의 경우도 있었다. 20세기 이후 사람들은 일부 화합물의 구성이 작은 범위 내에서 변화할 수 있음을 발견했다. 예를 들어 γ황동을 일정성분비의 법칙에 따라 계산하면 $Cu_5 \cdot Zn_3$으로 그 중 아연의 함량이 62%여야 했다. 그러나 사실상 아연의 함량은 59%~67%범위 내에서 연속적으로 변화하고 있었다. 훗날 사람들은 이렇게 성분비가 변하는 화합물을 비화학양론적 화합물, 또는 베르톨라이드(berthollide) 화합물이라 불렀다.

프루스트와 베르톨레는 일정성분비의 법칙을 둘러싸고 9년에 이르는 논쟁을 벌였다. 결국 논쟁의 마지막 승리자는 프루스트였지만 그는 베르톨레에게 진심으로 감사했다. 그는 "당신의 문책이 없었다면 일정성분비의 법칙을 심층적으로 연구하긴 힘들었을 것이다." 라고 말하는 한편 베르톨레에게도 일정성분비의 법칙을 발견한 절반의 공이 있다고 선언했다. 과학계 종사자로써 반대 의견에 귀 기울였다는 것은 그 자체로도 아주 훌륭한 일이라 할 수 있다. 이러한 자세는 성공을 위한 중요한 조건이기 때문이다.

일정성분비의 법칙은 미립자의 조합방식을 밝혀 화학반응의 본질에 대한 사람들의 이해를 돕는 데 큰 역할을 했다. 또한 심층적으로 미시적 구조를 연구할 수 있는 문을 열어주며 근대화학의 기초이자 돌턴의 원자론에 토대가 되었다.

▲ 베르톨레(Claude-Louis Berthollet, 1748년 12월 9일~1822년 11월 6일), 프랑스의 화학자이다. 라부아지에의 절친한 연구파트너인 그는 라부아지에와 함께 오늘날까지도 사용되고 있는 화학명명법을 제정했다. 또한 그는 염소가 표백 작용을 한다는 사실을 발견했으며, 암모니아기체의 성분을 밝혀냈다.

REPUBLIQUE FRANÇAISE
POSTES
35F
1748 BERTHOLLET 1822

평가

일정성분비의 법칙은 미립자의 조합방식을 밝혀 화학 반응의 본질에 대한 사람들의 이해를 돕는 데 큰 역할을 했다. 또한 심층적으로 미시적 구조를 연구할 수 있는 문을 열어주며 근대화학의 기초이자 돌턴의 원자론에 토대가 되었다.

▲ 돌턴은 물의 성분을 분석하기 위해 각기 다른 지방의 물을 구했다.

근대화학의 기초
원자론

화학의 새로운 시대는 원자론으로부터 시작되었다.

'물질은 무엇으로 구성되어 있나?' 이는 화학의 기본적이고 핵심적인 문제 중 하나이다. 기원전 5세기 데모크리토스(Démokritos)부터 17세기 보일(Boyle)에 이르기까지 2천 여 년이란 시간 동안 사람들은 이 문제에 대한 여러 학설들을 제시했지만 모두 정확한 답을 찾는데 성공하지는 못했다. 데모크리토스는 일찍이 물질이 보이지 않는 미립자로 구성되어 있다는 의견을 제시하고, 이 미립자를 '원자'라 명명하며 고대 '원자론'을 확립했다. 하지만 그의 이론은 100% 추측에 의한 것으로 실험적 근거가 전혀 없었고, 물질의 구조에 대한 개념 역시 모호하고 유치한 것뿐이었다.

17세기, 보일은 최초로 화학의 연구대상과 방법을 규정하고 화학을 독립적인 과학이라 확정하는 한편 화학적 방법으로 다시 분해될 수 없는 간단한 물질이 원소라고 정의를 내렸다. 1789년에 라부아지에는 보다 발전된 원소의 개념을 내놓았고, 원소가 '화학분석이 다다를 수 있는 종착점'이라고 말했다.

발견시기
1803년

발견자

돌턴(John Dalton, 1766년~1844년) 영국의 화학자이자 원자론의 창시자이다. 원자량을 측정하는 일을 하면서 상대적 원자량이라는 개념을 제시했으며, 최초로 원자량표를 발표해 훗날 원소의 원자량을 정확하게 측정할 수 있는 길을 열어 주었다. 간단한 부호로 원소와 화합물의 조성을 표현하자고 제안하기도 했던 그는 '근대과학의 아버지'라 불린다.

보이어와 라부아지에를 비롯한 화학자들의 노력에 힘입어 18세기 말의 사람들은 원소가 물질세계를 구성하는 기초라는 의견을 받아들이기에 이르렀다. 그러나 이 때 원자론들은 이미 '어떻게 물질세계가 구성되느냐'가 아니라 '어떻게 원자론의 기반에 물리학과 화학의 기본이론을 확립하느냐'에 관심을 쏟고 있었다. 이러한 상황에서 돌턴(John Dalton)의 원자론이 탄생했다.

1801년, 돌턴은 공기의 3대 성분인 질소와 산소, 이산화탄소가 서로 다른 밀도를 가지긴 했지만 이들을 혼합하면 각 성분이 어디에 위치하든 고르게 섞인다는 사실을 발견했다. 다시 말해서 액체처럼 무거운 쪽이 가라앉고, 가벼운 쪽이 뜨는 현상이 나타나지 않았던 것이다.

▲ 데모크리토스(Démokritos, 기원전 약 460년~기원전 370년), 고대 그리스의 위대한 유물주의 철학자로 원자유물론의 창시자이다.

이는 기체가 아주 강력한 확산성을 가지고 있음을 뜻했다. 그러나 기체의 강력한 확산성을 어떻게 설명할지가 문제였다. 돌턴은 기체가 미세한 원시입자로 구성되어 있다고 가정했다. 이래야만 서로 다른 기체가 혼합되었을 때 층이 나뉘지 않고 서로 한데 섞여 고른 혼합기체가 될 수 있었기 때문이다.

그 후 돌턴은 혼합기체의 압력측정 실험을 진행하여 혼합기체의 부분압력의 법칙을 제시했다. 부분압력의 법칙은 기체의 확산성을 설명해 주었음은 물론 기체의 미립자성도 증명했다. 이에 그는 모든 물질은 미립자성을 가진다는 추론을 내놓았고, 이 미립자의 이름으로 '원자'라는 오래된 단어를 선택했다. 돌턴은 같은 원자끼리는 서로 밀어내고 다른 원자끼리는 서로를 끌어당기기 때문에 기체에 확산성이 있는 것이라고 생각했다. 이를 기초로 돌턴은 과학적 원자론을 확립했다.

18세기 말에서 19세기 초, 세 가지 화학법칙, 즉 '광화학 당량의 법칙', '일정성분비의 법칙', '배수비례의 법칙'이 발견되어 돌턴의 과학적 원자론 확립에 보다 탄탄한 과학적 기반을 마련해주었다.

1803년 10월 맨체스터에 열린 문학학회와 철학학회의 첫 모임에서 돌턴은 자신의 원자론을 이야기했는데, 주요 논점은 다음과 같았다.

1. 원소는 다시 분해될 수 없는 미립자 원자로 구성되어 있다. 모든 화학 변화에서 원소는 그의 불가분성을 유지한다.

2. 같은 원소의 원자는 그 성질과 질량이 같으며, 반대로 다른 원

평가

돌턴의 원자론은 라부아지에의 산화이론 이후 또 한 번 이론화학의 발전을 이끌었다. 원자론은 화학반응현상과 본질의 관계를 밝히고, 화학의 연구대상을 분명히 함으로써 화학의 과학적 기반을 공고히 다져주었다.

소의 원자는 그 성질과 상대적 질량이 다르다. 원자의 상대적 중량(원자량)은 모든 원소의 특성이다.

3. 화합물은 서로 다른 원소의 원자가 간단한 정수비整數比에 의해 하나로 합쳐져 형성된 것이다.

돌턴의 원자론은 라부아지에의 산화이론 이후 또 한 번 이론화학의 발전을 이끌었다. 돌턴은 원자운동이 모든 화학현상의 본질임을 밝히며 화학자들이 실질적인 문제를 해결하는 데 중요한 이론적 기초를 제공해 주었고, 화학이 진정한 하나의 학과로 거듭나는 데 중요한 의미를 더해주었다. 원자량을 원소의 기본특성으로 간주하는 원자론은 화학연구를 정성定性에서 정량定量으로 발전시키는 한편 이 둘을 유기적으로 결합해 새로운 원소발견에 도움을 줌으로써 원소주기표의 탄생과 주기율의 발견에 큰 영향을 미쳤다. 이렇게 원자론은 근대화학의 기초가 되었다.

엥겔스는 원자론에 대해 이렇게 평가했다. "돌턴의 원자론은 기존에 얻은 결과들을 질서 있고 믿음직스럽게 만들어 주었다."

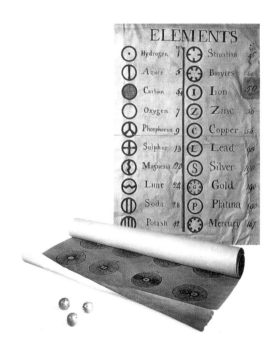

▶ 돌턴의 원자량표

212

BICENTENAIRE DE LA PREMIERE ASCENSION D'UN HOMME EN BALLON 1783 – 1983

L. J. GAY-LUSSAC
1778 – 1850
ASCENSION A 4000 M.
1804

POSTES

▲ 프랑스의 화학자 겸 물리학자 게 이 뤼 삭(Joseph Louis Gay-Lussac, 1778년 12월 6 일~1850년 5월 10일), 기체에 대한 물리화학에 크게 공헌했다.

원자론을 뒷받침해주는 강력한 이론

분자설

물리학자와 화학자들이 원자론과 분자가설을 심층적으로 연구하고 나면 이들은 내가 예언했던 바와 같이 화학의 전반적으로 아우르는 기반이자 화학이라는 과학을 날로 발전하게 하는 원천이 될 것이다.

아보가드로

원자론이 19세기 초에 제기되긴 했지만 19세기 상반기에 이르기 까지 분자의 개념에 대해 정확하게 알지 못했던 과학자들은 항상 '분 자'와 '원자'를 동의어로 취급하기 일쑤였다. 원자론의 주창자인 영 국 화학자 돌턴은 화합물의 분자를 복잡한 원자라 간주하기도 했다.

원자론이 제기된 다음 해, 프랑스의 화학자 게이뤼삭(Joseph Louis Gay)은 기체반응의 법칙을 제시하고, '같은 온도와 압력에서 같은 부피를 가진 서로 다른 기체는 같은 개수의 원자를 포함하고 있다' 는 가설을 제시했다. 그는 자신의 가설이 돌턴의 원자론을 뒷받침해 이를 더욱 발전시켜 결국 돌턴의 인정을 받을 것이라고 자신했다.

발견시기
1811년

발견자

아보가드로(Amedeo Avogadro, 1776년~1856년)
이탈리아의 물리학자이자 화학자로 분자설을 제기한 장본인이다. 평생 을 원자·분자설 연구에 몸담은 그는 처음으로 물질은 분자로, 분자는 원 자로 구성되어 있다는 사실을 깨달 았다.

그러나 그의 예상은 보기 좋게 빗나가고 말았다. 돌턴이 이 가설에 대해 반기를 들었던 것이다. 돌턴의 원자론에 따르면 서로 다른 원소의 원자 크기는 같을 수 없으며, 그 무게도 서로 달랐다. 때문에 같은 부피를 가진 서로 다른 원소기체의 원자 개수가 같아질 수 없었던 것이다. 이에 화학계와 물리학계는 게이뤼삭이 제시한 가설을 두고 논쟁을 벌였지만 만족할 만한 결과는 얻지 못했다.

이탈리아의 물리학자 아보가드로 역시 이 문제에 대해 지대한 관심을 보였다. 그는 게이뤼삭과 돌턴을 필두로 한 논쟁이 한치의 양보도 없이 팽팽히 맞설 수 있는 원인에 대해 곰곰이 생각해 보았다. 그 결과 아보가드로는 게이뤼삭이 제시한 '원자'가 돌턴이 말하는 원자가 아닐 수도 있다는 사실이 문제라는 결론을 내렸다. 이렇게 그는 게이뤼삭의 가설을 토대로 1811년 프랑스《물리학 잡지》에 권위 있는 논문을 발표하여 원자량 측정과 화학식의 확립 등에 대해 논술했다. 여기서 중요한 점은 그가 게이뤼삭의 기체반응실험을 기반으로 분자의 개념을 도입했다는 사실이다. 그는 이 논문을 통해 원자는 화학반응에 참여하는 가장 작은 질점인 반면, 분자는 유리遊離상태의 단체 또는 화합물에서 독립적으로 존재 가능한 가장 작은 질점이라고 지적했다. 분자는 원자로, 단체분자는 같은 원소의 원자로 구성되어 있지만 화합물분자는 각기 다른 원소의 몇몇 원자로 구성되어 있다는 것이었다. 예를 들어 소금(염화나트륨)의 분자는 나트륨원자와 염소원자로 구성되어 있는데 염소가 독을 가졌다는 사실을 염두에 둔다면 소금의 성질과 염소의 성질이 전혀 다르다는 것을 알 수 있다.

▲ 이탈리아의 화학자 카니차로
(Stanislao Cannizzaro,
1826년~1910년)

아보가드로의 분자설은 돌턴의 원자설을 뒷받침해주는 학설이라 할 수 있었다. 분자설을 이용해서 게이뤼삭의 기체반응법칙 중 '원자'를 '분자'로 바꾸기만 하면 돌턴의 원자론과의 모순이 사라졌기 때문이다.

이처럼 아보가드로 분자설의 핵심은 모든 물질에 독립적으로 존재할 수 있는 최소미립자가 원자가 아닌 분자이며, 분자는 원자로 구성되어 있다는 사실을 인정하는 데 있었다.

하지만 대부분의 새로운 이론들이 그러하듯 분자설은 근거도 있고 이치에 맞는 주장이었음에도 화학계의 인정을 받지 못했다. 이에 분자설이 화학 발전에 중요한 의미를 가지고 있다고 굳게 믿었던 아보가드로는 1814년과 1821년에 논문을 발표해 분자설을 다시 자세하게 소개했다. 그러나 여전히 사람들의 인정을 받는 데는 실패했다. 고정관념이라는 것이 이처럼 무서운 것이었다. 이 시기 프랑스의 물리학자 암페어 역시 분자설과 유사한 학설을 제시했지만 아보가드로와 마찬가지로 화학계의 주목은 받지 못했다.

분자의 존재를 인정하지 않아 정확하게 화합물의 원자구성을 측정할 수 없었고, 이는 원자량측정데이터에 일대 혼란을 야기했다. 그리하여 일부 화학자들은 원자량이 측정 가능한 것인가에 대해 회의를 표했고, 더 나아가 원자론의 정확성에 대해서도 의심을 갖기 시작했다. 원자량측정데이터의 혼란은 유기화학에서 특히 두드러지게 나타났다. 예를 들어 초산의 경우 서로 다른 19개의 화학식을 쓸 수 있었고, 심지어 당량은 때론 원자량과 또 때론 중첩된 원자량(즉 분자량)과 같은 수치를 나타냈다. 화학자들은 이처럼 혼란스러운 상황이 지속되는 것을 용납할 수 없었다. 그리하여 1860년 국제화학회의에서 원자량 문제에 대해 격렬한 논쟁을 벌이는 가운데 이탈리아 화학자 카니차로(Stanislao Cannizzaro)가 50년 전 아보가드로가 제시했던 분자설만이 원자량과 화학식 문제를 해결할 수 있다고 지적했다. 또한 그는 당량과 원자량의 다른 점을 지적하며 원자는 불변의 원자량을 가지고 있지만 서로 다른 당량을 가질 수도 있다고 말했다. 50년에 달하는 굴곡진 여정을 지난 끝에 화학자들은 드디어 분자설을 인정하게 되었다. 그러나 아보가드로는 4년 전에 이미 세상을 떠나 자신의 학설이 승리하는 모습을 지켜볼 수 없었다.

원자-분자론의 기반을 다져준 분자설은 물질 세계를 인식하는 과정에서 거둬들인 또 하나의 중대한 성과였다. 미립자의 조합방식을 밝힌 분자설은 화학반응의 본질을 연구하고 더 나아가 물질의 미시적 구조를 탐구하는 데 문을 열어 주었다.

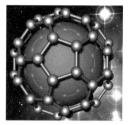
▲ 금강석(다이아몬드) 분자구조도

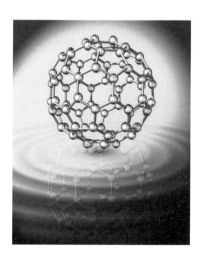
◀ C60 분자모형

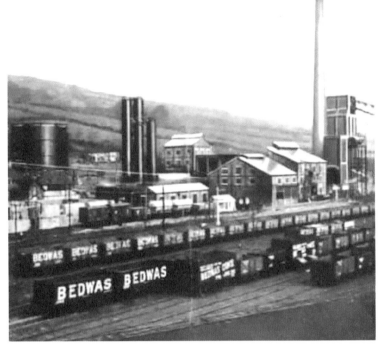

발견시기
1865년

발견자

케쿨레(Friedrich August Kekulé, 1829년~1896년)
독일의 유기화학자로 19세기 이래 유기화학 분야의 진정한 권위자이다. 주로 유기화합물의 구조이론을 연구했으며, 쿠퍼(Cooper), 부틀레로프(Butlerov) 등과 함께 근대 유기구조이론의 창시자로 손꼽힌다. 그는 유기물분자에서 탄소원자가 4가 원소라는 원자가가 되어 서로를 결합해 탄소사슬을 만든다는 의견을 제시했는데, 이는 유기화합물이론의 일대 혁명으로 현대 구조이론에 초석을 마련했다. 이뿐만 아니라 그는 최초로 벤젠의 고리구조론을 제시하기도 했다.

꿈이 가져다 준 성공
벤젠의 구조

과학적 영감은 가만히 앉아서 기다린다고 얻을 수 있는 것이 결코 아니다. 과학의 발견이 우연한 기회에서 비롯된 것이라면, 그 우연한 기회는 과학적 소양을 가진 사람들에게만 찾아온다. 기회를 얻는 자는 독립적인 사고에 능하고, 포기하지 않는 불굴의 정신을 가진 사람이지 게으름뱅이가 아니다.

화뤄겅(華羅庚)

과학을 탐구하는 과정에서 때로는 왕성한 호기심뿐만 아니라 풍부한 상상력이 필요할 때가 있다. 벤젠분자의 고리구조가 발견된 때에도 이러했다.

벤젠은 일종의 탄화수소이자 가장 간단한 구조를 가진 방향족탄화수소로, 석유화학공업의 기본 원료로 사용된다. 벤젠의 생산량과 생산기술 수준은 한 나라의 석유화학공업 발전수준을 가늠하는 지표이기도 하다.

일반적으로 벤젠은 1825년 영국의 물리자학 겸 화학자 패러데이가 처음으로 발견해 정제했다고 알려져 있다. 패러데이는 '벤젠'을 발견하고 이를 '중질 탄화수소'라 불렀으며, 벤젠의 물리적 성질과 화학적 구성을 측정해 벤젠분자의 탄소와 수소의 비율을 밝혔다.

패러데이가 발견한 '중질 탄화수소'를 벤젠이라 명명한 사람은 독일의 화학자 미처리히(Eilhard Mitscherlich)였다. 1833년 그는 벤조산과 석회의 혼합물을 증류시켜 패러데이의 '중질 탄화수소'와 같은 액체를 얻었고, 이를 벤젠이라 이름 붙였다. 패러데이의 '중질 탄화수소'보다 훨씬 듣기 좋은 이름이었다.

▲ 독일의 화학자 미처리히 (Eilhard Mitscherlich, 1794년~1863년)

유기화학에서 분자와 원자라는 개념이 정확하게 확립되면서 프랑스의 화학자 제라르(Charles Frédéric Gerhardt, 1815년~1856년)를 비롯한 몇몇 화학자들은 다시 벤젠분자의 상대질량이 78이며, 분자식은 C_6H_6임을 밝혔다.

유기고분자를 처음 접한 화학자들은 벤젠분자 속에 탄소의 상대적 함량이 이처럼 높다는 사실에 놀라지 않을 수 없었다. 화학자들은 '벤젠의 탄소, 수소 비율이 이렇게 큰데 그 구조식은 어떻게 될까?'라는 의문을 가지게 되었다. 벤젠은 고도 불포화화합물이지만 전형적인 불포화화합물이 갖는 성질을 가지고 있지 않았다. 즉, 쉽게 가성반응을 일으키는 일반 불포화화합물과는 달리 그 구조가 아주 안정적이었던 것이다.

이렇게 화학자들은 벤젠의 구조식을 구하는 데 몰두하기 시작했다. 하지만 오랜 시간이 지나도록 모두가 인정하는 구조식은 나오지 않았다. 그러던 중 벤젠의 구조식을 발견한 사람은 독일의 화학자 케쿨레였다.

케쿨레는 풍부한 상상력을 가진 학자로 탄소원자의 연쇄설連鎖說과 탄소원자 사이를 -C-C-사슬구조로 연결할 수 있다는 학설을 주장한 바 있다. 그는 여러 실험결과를 분석하여 벤젠은 아주 안정적인 '핵'을 하나 가지고 있으며, 여섯 개의 탄소원자가 견고하게 결합되어 배열에 빈틈이 없다는 생각을 가지게 되었다. 그리하여 케쿨레는 탄소원자 여섯 개의 '핵'을 집중 연구했다. 여러 사슬모양구조가 전

평가

벤젠 구조의 확립은 근대 구조이론
의 발전을 이끌며 유기화학 분야에
크게 공헌했다. 일례로 벤젠의 고
리 구조론은 염료, 약품, 폭약 등의
유기제품 합성에 큰 도움을 주었
다.

부 실험결과에 떨어지지 않는다는 사실을 알고 난 후 1859년, 그는 어렴풋하게나마 탄소원자 사이에 중복되는 결합이 있음을 알게 되었다.

그리고 1865년에 드디어 닫힌 고리형식이 벤젠의 분자구조를 밝히는 열쇠임을 깨닫고 벤젠의 고리구조식을 제시했다. 이 구조식은 곧 과학계의 인정을 받으며 천재적인 상상력이 만들어낸 결과라고 여겨졌다.

벤젠의 고리구조식 발견에 얽힌 케쿨레의 비하인드 스토리는 재미있는 이야기로 화학계에서 회자되었다. 케쿨레의 말에 따르면, 그는 꿈을 하나 꾸었다고 한다. 꿈에서 탄소원자로 만들어진 긴 사슬이 마치 뱀처럼 똬리를 틀더니 갑자기 제 꼬리를 물고는 빠른 속도로 회전했다고 말했다. 그 순간 그는 무엇인가에 감전이라도 된 듯 잠에서 깨어났고, 하룻밤을 꼬박 새서 꿈을 정리하고 퇴고하여 벤젠의 고리구조식을 발견했던 것이다.

벤젠 구조의 확립은 근대 구조이론의 발전을 이끌며 유기화학 분야에 크게 공헌했다. 벤젠의 구조식이 제시되고 여러 해 동안의 노력을 거쳐 벤젠 유도체의 이성질체 현상에 대한 벤젠 구조식의 해석이 적합했다는 사실이 증명되었다. 또한 X-선을 이용한 방향족화합물구조 연구도 탄소원자 여섯 개로 구성된 평면 육각형 고리구조가 확실히 존재함을 입증해 주었다.

▶ 케쿨레와 그의 제자들

물질세계의 비밀
원소주기율

천재가 무엇인가? 평생을 노력하면 천재가 될 수 있다!

멘델레예프

발견시기
1869년

발견자

멘델레예프(Dmitrii Ivanovich Mendeleev, 1834년~1907년) 러시아의 화학자로 원소주기분류법을 확립했다.

18세기 중엽에서 19세기 중엽까지 100여 년 동안, 인류는 생산과 과학기술의 생산과 과학기술의 발전을 일궈냈다. 그 과정에서 원소이론은 점차 완벽한 체계를 형성해 나갔고, 특히 원자-분자론의 확립은 새로운 원소발견의 지름길이 되어 주었다. 1869년이 되자 사람들이 알고 있는 원소만 해도 예순 세 가지에 달했으며, 이들 원소의 물리적, 화학적 성질 연구에 필요한 자료도 꽤 많이 축적되었다. 이를 토대로 사람들은 원소와 원소 사이의 내재적인 연관관계를 탐구하기 시작했고, 그 과정에서 원소의 분류작업에 대한 필요성이 대두되면서 이와 관련한 여러 학설들이 탄생했다.

최초로 화학적 성질에 따라 원소를 분류한 사람은 프랑스의 화학자 라부아지에였다. 1789년 그는 당시 발견된 서른세 종류의 '원소'(그 중에는 원소가 아닌 것도 있었다)를 크게 네 가지로 분류했다. 그 후 1829년 독일의 화학자 되베라이너(Döbereiner)가 원소 성질의 유사성을 근거로 '삼조원소' 이론을 내 놓았고, 1850년 독일의 또 다른 화학자가 '삼조원소' 이론을 보충해 비슷한 성질을 가진 원소가 꼭 세 개만 있는 것은 아니라고 밝혔다. 그러나 이보다 더 중요한 사실은 그가 유사한 성질을 가진 원소의 분자량 차이가 항상 8 또는 8의 배수로 일정한 규칙을 나타낸다는 것을 발견했다는 점이다. 이는 매우 중요한 발견이었지만 안타깝게도 당시에는 중요시되지 않았다.

그러다 1862년에 이르러 프랑스의 한 화학자가 원소의 성질이 주기성을 가지고 반복적으로 나타난다는 점을 지적하고, 나선형의 도표를 만들어 예순 두 개의 원소를 원자량이 큰 순서대로 기록했다. 그 결과, 화학적 성질이 유사한 원소가 모두 같은 모선에 위치해 있었다.

하지만 앞서 언급한 과학자들과 그들의 연구는 초반작업에 불과했다. 원소주기율 발견에 결정적인 역할을 한 사람은 독일의 화학자 마이어와 영국의 화학자 뉴랜즈, 그리고 러시아의 화학자 멘델레예

▲ 1969년에 발행된 멘델레예프 우표

프였다.

1864년 마이어(Meyer, 1830년~1895년)는 《육원소표》를 발표했는데, 이 표는 화학원소주기표의 특징을 몇 가지 갖추고 있었다. '옥타브 법칙'을 발견하며 무의식적으로 '진리'의 가닥을 잡은 그는 원소주 기율을 거의 밝힐 뻔했지만 아쉽게도 그러지는 못했다. 1865년 뉴랜 즈는 기존의 예순 두 가지 원소를 원자의 상대질량에 따라 작은 것 에서 큰 순서로 배열해 어떠한 원소에서부터 계산을 하든 8번째마 다 성질이 닮은 원소가 나타난다는 사실을 발견했다. 마치 음악의 옥타브 같은 이 규칙성을 그는 '옥타브법칙'이라 명명했다. 그러나 그의 정확한 발견은 과학계에 받아들여지기는커녕 오히려 그를 비 난과 우롱의 대상으로 전락시켰다. '옥타브법칙'이 인정을 받지 못 한 이유는 뉴랜즈가 당시 원자의 상대질량 측정값이 잘못되었을 수 도 있다는 생각을 하지 못했을 뿐 아니라 아직 발견되지 않은 원소 가 있을 가능성을 배제했기 때문이었다. 그저 기계적으로 원자량 크 기에 따라 원소를 배열해 원소 사이의 내재적 규칙을 밝혀내지 못했 던 것이었다.

▲ 영국의 화학자 뉴랜즈(John Alexander Reina Newlands, 1837년~1898년)

그렇게 원소주기율을 발견할 절호의 찬스는 러시아의 화학자 멘 델레예프에게 돌아갔다. 앞 사람의 연구결과를 비판, 계승하는 의미 에서 그는 1869년 기존의 연구결과에 대한 수정, 분석, 정리 작업에 돌입했다. 원자량이라는 원소의 기본특징을 놓치지 않고 원자량과 원소의 성질과의 관계를 연구하던 멘델레예프는 기존의 모든 원소 를 원자량의 크기순으로 나열하면 성질이 주기적으로 변한다는 사 실을 발견했다. 같은 해 2월 17일, 그는 원소와 원소로 구성된 단체 화합물의 성질은 원자의 상대질량에 따라 주기적인 변화를 나타내 는데 이것이 바로 원소주기율이라는 결론을 내렸다. 그 후 그는 원 소주기율에 따라 원소주기율표를 작성해 그때까지 발견된 예순 세 가지의 원소를 전부 정리했다. 이 원소주기율표를 근거로 그는 붕 소, 알루미늄, 규소와 유사한 미지원소(이후 발견된 스칸듐, 갈륨, 게르 마늄)의 성질을 예측하는 데 성공했다. 또한 그는 일부 원소 원자의 상대질량 값이 잘못되었음을 지적하기도 했다. 몇 년 후 그의 예측 은 모두 사실임이 입증되었다.

▲ 독일의 화학자 되베라이너 (Johann Wolfgang Döbereiner, 1780년~1849 년)

멘델레예프의 이러한 성과는 과학계에 센세이션을 일으켰다. 그 러나 시대적인 한계로 인해 멘델레예프가 밝힌 원소의 내재적 연관

관계법칙은 초보적인 단계에 머물러 있었고, 때문에 그는 원소의 성질이 주기적으로 변화하는 근본적인 원인을 알 수 없었다.

◀ 멘델례예프가 1869년에 열거한 원소주기율표

20세기 이후 과학기술이 발전함에 따라 사람들은 원자의 구조에 대해 더욱 잘 이해하게 되었다. 사람들은 원소의 성질이 주기적으로 변화하는 이유가 원자의 상대질량이 증가해서가 아니라 핵전하의 수가 늘어났기 때문이라는 사실을 발견했다. 그 후 과학자들은 기존의 주기율표에 0족 등을 포함시키는 등 원소주기율표를 대대적으로 수정하고 보완하여 지금의 주기율표를 완성했다.

원소주기율은 자연과학의 기본 법칙이자 무기화학의 기초이다. 원소 간의 내재적 연관관계를 밝히고, 원소의 성질과 그 원자구조의 관계를 반영한 것은 철학, 자연과학, 생산라인 등 각 분야에서 모두 중요한 의미를 가진다. 주기율의 발견은 화학발전사의 중요한 이정표로서 지난 몇 백 년 동안 인간이 축적해 온 잡다하고 혼란스러운 지식들을 체계화하여 내재적 연관관계를 가진 하나의 체계로 탄생시켰으며, 더 나아가 새로운 이론으로 발전시켜 현대 무기화학의 새로운 시대를 열었다.

주기율이 발견되기 전까지만 해도 원소를 발견하는 일은 순전히 우연이었다. 그러나 주기율이 발견된 후, 화학자들은 목적을 가지고 계획적으로 화학원소를 찾기 시작했고 이로써 한때 새로운 원소발견과 무기화학이론 연구의 붐이 일기도 했다.

평가

원소주기율은 자연과학의 기본 법칙이자 무기화학의 기초이다. 원소 사이의 내재적 연관관계를 밝히고, 원소의 성질과 그 원자구조의 관계를 반영한 것은 철학, 자연과학, 생산라인 등의 분야에서 모두 중요한 의미를 가진다. 주기율의 발견은 화학역사상 중요한 이정표로 현대 무기화학의 새로운 시대를 열었다.

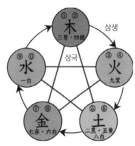

▲ 중국의 '오행설'

발견시기
1913년

발견자

모즐리(Henry Gwyn-Jeffreys
Moseley, 1887년~1915년)
영국의 물리학자이다. 원자핵 내의
양자개수에 의해 원소의 특성이 결
정된다는 사실을 밝혔으며, 원자핵
내의 양자개수와 원자핵전하 사이의
관계를 정립했다. 무엇보다도 그가
남긴 가장 큰 업적은 서로 다른 원소
의 특정 X-선 파장이 다르다는 '모
즐리의 법칙'을 발견한 것이다. 모즐
리는 1차 세계대전 중 전사하여 27
년이라는 짧은 생을 마감했다. 그의
요절은 과학계에 큰 슬픔을 안겨주
었으며 특히 그의 스승인 러더퍼드
는 마음 속 깊은 곳에 자리 잡은 상
실감을 한동안 떨쳐버리지 못했다.

▼ 기개가 넘치는 모즐리

화학구조이론의 초석
화학원소설

1923년 국제원자량위원회는 '화학원소는 원자핵전하의 크기에
따라 원자를 분류하는 방법으로, 핵전하와 같은 종류의 원자를
일종의 원소라고 한다.'고 결정했다.

원소설은 이미 오랜 옛날에 탄생한 학설이다. 중국에는 상주商周시
대에 이미 세계가 다섯 가지 물질 즉, 금과 나무, 물, 불, 흙으로 구
성되어 있다는 오행설五行說이 있었다. 이는 고대 원소설의 시작이었
다. 전국시대, 묵가墨家사상에는 '원자'와 유사한 개념인 '단端'이
있었다. 사람들은 '단'을 물질의 미립성에 대한 극히 원시적인 개념
으로 다시 분해할 수 없는 입자라고 여겼다.

한편 고대 그리스 철학자 레우키포스(Leukippos)와 그의 제자 데
모크리토스 역시 기원전 400년 즈음 원자의 개념을 제시했다. 그들
은 물질은 더 이상 분할할 수 없는 입자 '원자'로 구성되어 있다고
주장했다. 하지만 원자가 무엇인지, 어떠한 원자들이 있는지에 대해
서는 설명하지 못했다. 그 후 아리스토텔레스가 만물은 물, 불, 흙,
공기로 이루어져 있다는 '사원소설四元素說'을 제시했고, 이는 가장
권위 있는 관점이 되어 천 년 가까이 서양을 지배했다. 그리고 중세
기 때 서양의 연금술사들이 아리스토텔레스가 제시한 원소에 다시
세 가지 원소 즉, 수은, 유황, 소금을 더했다.

이처럼 원소설은 오래 전부터 존재했지만 선인들은 원소
를 물질의 구체적인 형식의 일종이라 생각지 않았다. 중국
의 고대 철학에서든, 인도 혹은 서양의 고대 철학에서든 원
소는 그저 추상적인 원시정신의 표현방식 내지는 물질이 가
진 기본적인 성질로 간주되었으며, 이는 현대적인 의미의
원소의 정의와는 완전히 다른 것이었다. 이뿐만 아니라 원
소에 대한 이해 역시 객관적 사물에 대한 관찰 또는 억측을
바탕으로 하고 있었다.

그러나 17세기 중엽에 접어들어 과학실험이 성행하게 되
면서 물질의 변화에 관한 실험결과를 얻게 되었고, 그제야
비로소 화학분석결과를 바탕으로 한 원소의 개념이 초보적

으로 형성되었다.

근대에 들어서 처음으로 원소라는 개념에 정의를 내린 사람은 영국의 화학자 보일이었다. 1661년 보일은 원자가 물체를 구성하는 원시적이고 간단한 물질이라고 정의했다. 라부아지에는 보일의 이론을 계승해 더 이상 분해할 수 없는 물질을 간단한 물질, 즉 원소라 명명했다. 그 후 한동안 원소는 화학적인 방법으로는 더 이상 분해할 수 없는 간단한 물질이라고 여겨졌고, 원소와 단체라는 두 가지 개념이 뒤섞여 동일시되었다.

그리고 19세기 초, 돌턴은 원자론을 확립하고 원자량 측정에 주력하여 물질을 구성하는 원자량과 원소라는 개념을 연관 짓기 시작했다. 이로써 모든 원소는 정량을 가진 동류원자가 되었다.

▲ 18세기의 연금술 실험실

1841년, 베르셀리우스(Jöns Jakob Berzelius)는 기존에 발견된 일부 원소를 토대로 동질이체의 개념을 확립했다. 예를 들어 인에는 황린과 적린이 있는 것처럼 같은 원소가 서로 다른 단체를 형성할 수 있음을 지적해 원소와 단체의 개념을 구분 지었다.

화학원소주기율이 발견된 후 멘델레예프는 원소가 원자량이라는 기본속성을 가지고 있음을 지적하고, 원소 간의 차이는 주로 원자량의 차이로 드러난다고 주장했다. 그러나 그의 관점은 1913년 영국의 화학자 소디(Frederick Soddy)가 제시한 동위원소라는 개념에 의해 뒤엎어졌다. 동위원소란 핵전하 개수는 같지만 원자량이 다른 동일 원소의 이체를 말하며, 이들은 주기율표상에서 동일한 위치에 자리하고 있다. 그 후 영국 물리학자 애스턴(Francis William Aston)은 1921년에 대부분의 화학원소가 서로 다른 동위원소를 가진다는 사실을 증명했다. 원소의 원자량은 동위원소의 질량을 자연계에서의 동위원소 질량에 따라 나눠 얻은 평균값이라는 것이었다. 이렇게 되면 원자량으로 원소를 정의하기엔 무리가 있었다.

▲ 미국의 화학자 소디
(Frederick Soddy, 1887년
~1956년)

소디가 동위원소의 개념을 제시했을 때, 영국의 물리학자 모즐리(Moseley) 역시 원소의 특징은 해당원소의 원자핵전하 개수(오늘날의 원자번호)라고 지적했다. 화학원소에 대한 모즐리의 정의는 여러 과학 분야 종사자의 인정을 받았다. 그리고 1923년 국제원자량위원회는 '화학원소는 원자핵전하의 크기에 따라 원자를 분류하는 방법으

평가

화학원소설은 화학구성이론의 초석이자 인간이 물질구성을 이해하는 과정에서 가장 처음 제기된 학설이다. 원소를 이해하게 되면서 복잡하던 화학 지식은 간단하게 바뀌었고, 더 나아가 물질의 가공전환에도 유리한 조건을 마련해주었다.

로, 핵전하와 같은 종류의 원자를 일종의 원소라고 한다.'고 결정했다. 지금까지 발견된 화학원소는 110가지이다.

화학원소설은 화학구성이론의 초석이자 인간이 물질구성을 이해하는 과정에서 가장 처음 제기된 학설이다. 화학원소의 발견으로 우리는 거시적인 우주에서 미시적인 분자에 이르기까지, 또 생명이 있는 동식물에서 생명이 없는 광물에 이르기까지 모두 화학원소로 구성되어 있다는 사실을 알게 되었다. 그리고 이러한 인식은 복잡하던 화학지식을 간단하게 바꿔놓았고, 더 나아가 물질의 가공전환에도 유리한 조건을 마련해주었다.

▶ 보일(Robert Boyle, 1627년
~1691년), 영국의 물리학자이
자 화학자이다. 그의 《회의적
화 학 자 (The Skeptical
Chemist)》는 화학역사상 기념
비적인 저서라고 여겨진다.

분자 혹은 결정체의 내부비밀
화학결합이론

화학결합이란 분자 속 원자 간에 존재하는 일종의 끌어당김으로 원자를 결합해 분자를 형성하는 상호작용을 말한다.

발견시기
1916년

발견자

코셀(Walther Kossel, 1888년~1956년) 저명한 생물학자이다. 핵단백질의 화학적 특성과 화학구성 등의 분야에 큰 업적을 남겼는데, 특히 세포화학 분야에서의 뛰어난 업적을 인정받아 1910년 노벨 생리의학상을 수상했다.

지금까지 발견된 원소는 110여 가지에 불과하다. 그러나 우리가 알고 있는 화합물은 1,000만 가지가 넘는다. 이는 마치 한자와 같다. 간단한 획 몇 개로 몇 만 개의 한자를 만들어 낼 수 있으니 말이다. 물론 과학자들이 어떻게 몇 개의 간단한 획만으로 몇 만 개의 한자를 만들어 내느냐에 관심을 기울인 건 아니다. 하지만 100여 개의 원소가 어떻게 천만 가지의 화합물을 형성하느냐는 과학자들 공동의 관심사였다. 화합물은 대부분 상대적으로 안정된 기하학구조를 가지고 있었으니 화합물을 구성하는 몇 가지 원소가 어떠한 힘에 의해 결합되는지는 당연히 주목할 문제였다.

초기의 화학자들은 원자의 내부구조를 이해하지 못했기 때문에 원자와 원자 사이에 신비한 고리가 연결되어 있다고 생각했다. 이 신비한 고리가 바로 '본드'이다. 19세기 후반 원자-분자론이 확립됨에 따라 사람들은 원자가 어떻게 일정한 비율로 결합하여 전혀 다른 분자가 되는지를 설명하기 위해 화학결합이라는 개념을 확립하고, 결합된 두 개의 원자 사이에 짧은 선을 그어 화학결합을 나타냈다.

▼ 학생들에게 강의 중인 미국의 화학자 폴링

20세기 물리학의 발전 특히 전자, 양자, 원자핵의 발견은 화학의 이론적, 실험적 발전에 엄청난 힘이 되어 주었다. 이로써 화학은 새로운 발전단계에 접어들었고, 화학결합이론 역시 점차 완벽해지기 시작했다.

가장 먼저 화학결합이론을 제시한 사람은 독일의 과학자 코셀(Walther Kossel)이었다. 1916년 코셀은 여러 사실들을 종합해 모든 원소의 원자는 가장 바깥층에 여덟 개의 전자를 가진 안정적인 구조를 가지고 있다는 결론을 도출했다. 이에 그는 양이온과 양이온이 이온결합을 통해 하나가 된다는 이론을 제시했다. 그러나 그의 이론은 여러 이온화합물의 형성을 설명할 수는 있어도 암모니아, 이산화탄소, 메탄 등 비非이온화합물의 형성을 설명할 순 없었다.

1923년 미국의 화학자 G.N.루이스(Gilbert Newton Lewis)는 코셀의 이론을 발전시켜 공유원자가결합의 전자이론을 제시했다. 두 가

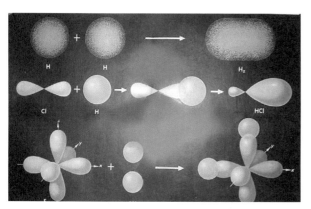

▲ 공유원자가결합의 형성과정

지 원소의 원자는 희귀 기체원자의 전자구조를 형성하기 위해 서로 한 쌍 또는 여러 쌍의 전자를 공유할 수 있다는 내용의 이론이었는데, 그는 이렇게 형성된 화학결합을 공유원자가결합이라고 명명했다. 코셀과 루이스의 이론은 일반적으로 원자가전자이론이라 불린다. 원자가전자이론은 분자형성의 정성적 묘사는 가능하지만 화학결합이 어떻게 이루어지는지는 설명할 수 없다.

양자이론이 확립된 후 사람들은 양자역학으로 공유원자가결합문제에 접근해 원칙적으로 화학결합의 본질을 설명했다.

최초로 양자역학을 이용해 화학결합을 설명한 과학자는 영국의 이론물리학자 하이틀러(Walter Heitler, 1904~)와 물리학자 런던(London, 1900년~1954년)이었다. 1927년, 그들은 양자역학을 이용해 수소분자의 공유원자가결합을 설명하는 데 성공했다.

1931년 미국의 화학자 폴링(Linus Carl Pauling)은 물리학자 슬레이터(John Clarke Slater)와 함께 원자오비탈이론(혼성오비탈이론)을 제시했다. 이 이론은 메탄의 사면체구조를 무리 없이 설명해냄은 물론 에틸렌분자와 기타 여러 분자의 구조에 대한 해답을 제시했다. 폴링은 그 공로를 인정받아 1954년 노벨 화학상을 수상했다.

그 후 1932년, 미국의 화학자 훈트(Hund)가 처음으로 고전적 원자가와 화학결합을 유기적으로 결합함으로써 보다 체계적인 원자가결

▲ 미국의 화학자 루이스(Gilbert Newton Lewis, 1875년~1946년)

합이론(Valence bond theory)을 완성했다.

하지만 원자가전자이론과 혼성오비탈이론은 복합분자, 산소분자의 상자성常磁性 등을 효과적으로 설명할 수 없었다. 그래서 1932년 미국의 화학자 멀리컨(Mulliken)은 분자오비탈이라는 완전히 새로운 이론을 제시했다. 그는 오비탈을 원자핵 주변에 흩어져 있는 전자구름이라 간주해 공간을 향해 있는 오비탈이 서로 중복되어 화학결합을 한다고 주장했다. 하지만 고전화학이론과 큰 차이를 보이는 그의 이론은 한동안 화학계의 인정을 받지 못했다. 훗날 밀리컨(Millikan), 훈트, 휘켈(Hückel), 레나르트(Lénárd) 등의 노력으로 완벽한 이론으로 다시 태어난 분자오비탈이론은 결국 많은 사람들의 인정을 받는 이론이 되었고, 이로써 멀리컨은 1966년 노벨화학상의 주인공이 되었다.

1965년, 화학자 우드워드(Robert Burns Woodward)와 호프만(Roald Hoffman)은 '각종 분자는 반응 중에 항상 오비탈의 대칭성을 보존하려는 성질을 나타낸다'는 '우드워드-호프만 법칙'을 밝혀냈다. 그 후 후쿠다 켄이치福田謙一 등이 프런티어 전자궤도 이론을 확립해 분자오비탈이론의 대대적인 발전을 이끌었다.

화학결합이론의 확립과 발전은 원자 또는 원자단의 분자형성 메커니즘의 비밀을 파헤쳐 원자-분자 층의 물질구성과 물질구조에 대한 인식을 높이는 데 크게 공헌했다. 오늘날 현대 화학결합이론은 화학 현상을 해석하는 데에서 벗어나 반도체재료라든지 항암약물 등을 생산하는 데 광범위하게 이용되고 있다. 뿐만 아니라 효소, 단백질, 핵산 등 생명물질에 대한 인식이 높아짐에 따라 생명공학에도 현대 원자가결합이론을 활용하고 있다. 이로써 원자가결합이론은 생명의 신비를 밝히고, 화학 반응이 진행 중인 전자의 변화를 정량적으로 묘사하는 쪽으로 발전하게 되었다.

▲ 로버트 샌더슨 멀리컨(Robert Sanderson Mulliken, 1896년 6월 7일~1986년 10월 31일), 미국의 물리학자이자 화학자로 1966년 노벨 화학상 수상의 영예를 안았다.

평가

화학결합이론의 확립으로 원자가 분자로 결합되는 방식, 증거, 규칙 등을 보다 심층적이고 체계적으로 연구할 수 있게 되었다.

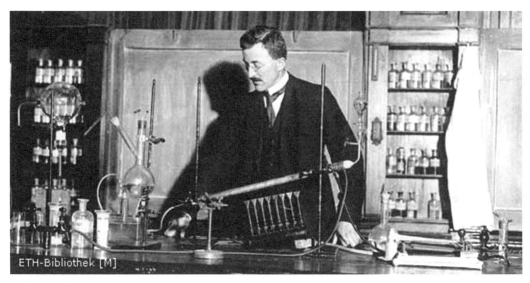

▲ 헤르만 슈타우딩거, 1917년 취리히에서

발견시기
1920년

발견자

헤르만 슈타우딩거
(Hermann Staudinger, 1881년 3월 23일
~1965년 9월 8일)
1903년 할레 대학교에서 박사학위를
받았다. 1912년 스위스의 취리히 공
업대학에서 교수로 역임했으며, 그
후 1926년부터 퇴직할 때까지 프라
이부르크 대학에 몸담았다. 고분자
가 중복사슬구조를 가지고 있다는
이론을 제시해 1953년 노벨 화학상
을 수상했다.

신소재 공학의 버팀목
고분자화학

천연고무는 선처럼 긴 사슬모양을 한 고분자로 소小분자의 중합
으로 형성된 대분자이다. 중합은 일반적인 결합과는 다르다. 중
합은 소분자가 물리적인 방법에 의해 결합되는 것이 아니라 정
상적인 화학결합을 통해 하나가 되는 것을 말한다.

슈타우딩거

섬유소, 단백질, 잠사, 고무, 전분 등의 천연화합물과 플라스틱,
합성고무, 합성섬유, 도료, 접착제 등의 인공합성재료는 천연, 인공
을 막론하고 공통된 특징을 가지고 있다. 바로 분자가 유난히 크다
는 것이다. 몇 천에서 몇 십만 심지어 몇 백만에 이르기도 하는 이들
분자 속에는 보통 몇 만개 이상의 원자가 포함되어 있으며, 이 원자
들은 공유원자가결합을 통해 서로 연결되어 있다. 우리는 보통 분자
량이 10,000을 넘는 분자를 고분자라고 한다. 고분자는 대부분 소분
자의 중합반응에 의해 생성되기 때문에 중합체 또는 고분자화합물
이라고 불리며, 중합에 쓰이는 소분자는 '단체'라고 한다.

고분자화합물에 대한 연구를 이야기하자면 '고무'에 대한 연구를 빼놓을 수가 없다. 천연고무는 탄성과 방수성이 강하다. 일찍이 15세기 미국의 마야인은 이를 이용해 그릇, 우비 등 생활용품을 만들었다. 하지만 천연고무는 경도가 낮고, 열과 추위에 약해 쉽게 녹는가 하면, 갈라지기 일쑤였다. 이러한 천연고무를 저온에 강하고 탄성, 가소성, 내산성, 내알칼리성을 가진 재료로 재탄생시킨 사람은 바로 굿이어였다. 1833년 그는 천연고무를 유황과 함께 가열하자 성능이 눈에 띄게 좋아졌다는 사실을 발견했다. 이를 계기로 실용성을 가진 재료로 탈바꿈한 고무는 오늘날처럼 광범위한 용도로 활용되기 시작했다.

　　화학자들은 굿이어처럼 고무의 실용성에만 집중하지는 않았다. 그들은 고무의 탄성이 왜 그렇게 좋은지, 특수한 분자구조를 가지고 있는 것은 아닌지, 유황첨가 후 분자구조에는 어떠한 변화가 있는지 등 고무 자체의 비밀에 주목했다. 고무의 신비에 매료된 화학자들은 앞 다퉈 연구에 뛰어들었다. 당시 화학자들은 이미 유기분자의 중합반응에 대해 알고 있었으며, 전분이 포도당으로 가수분해 된다는 사실과 일부 천연고분자의 화학변화에 대해서도 인지하고 있었다.

▲ 고분자 화합물

　　20세기 초, 독일의 화학자 슈타우딩거 역시 관련 연구를 진행했다. 하지만 다른 여러 화학자들과 마찬가지로 그는 오랫동안 만족할 만한 성과를 얻지 못했다.

　　그러던 어느 날 일이 피곤했던지 그는 하던 일을 내려놓고 밖으로 산책을 나갔다. 하염없이 걷다가 그는 자전거 수리공이 길가에서 체인을 고치고 있는 모습을 보게 되었다. 순간 그의 머릿속엔 각종 사슬들이 떠올랐다. 그는 재빨리 고무를 떠올렸다. 고무분자 속의 탄소원자도 체인처럼 연결되어 있는 고분자가 아닐까? 그는 그 즉시 실험실로 돌아가 다시 에틸렌 중합을 연구하기 시작했다. 반복적인 실험과 퇴고 끝에 그는 드디어 자신의 이론이 정확하다는 확신을 갖게 되었다.

▲ 굿이어(Charles Goodyear, 1800년 12월 29일~1860년 7월 1일), 미국의 상인으로 가황고무를 발명했다.

　　1920년, 그는 〈중합에 대하여〉라는 논문을 통해 처음으로 자신의 관점을 발표했다. 고무, 섬유, 전분, 단백질 등의 자연 물질은 수천 수백만 개의 탄소원자가 사슬모양으로 결합해 형성된 고분자라는 내용이었다. 그는 사슬이 막대처럼 곧은 모양이 아니라 구불구불 주름진 모양을 하고 있으며, 사슬 사이가 서로 맞물려 특수한 공간구조를 만든다고 주장했다.

그러나 그의 이론은 다른 새로운 이론들이 그랬던 것처럼 과학자들의 맹렬한 비판에 부딪혔다. 당시의 분자개념을 뛰어넘는 학설이었기 때문이다. 게다가 그가 제시한 고분자화합물은 고정적인 분자량이 없어 수시로 분자식이 변할 수 있었는데 이러한 이론을 과학자들이 받아들일 리 없었다.

1926년, 독일 뒤셀도르프(Düsseldorf)에서 거행된 전全독일 자연과학 심포지엄에서 저명한 화학자 카라 교수는 슈타우딩거가 고무분자의 사슬구조이론을 이야기하는 것을 듣고 그 자리에서 그와 격렬한 논쟁을 벌이기도 했다.

슈타우딩거의 '사슬구조' 이론을 처음으로 지지한 사람은 미국의 화학자 카라쉬였다. 1938년에 그는 알칼리성 물질로 촉매제를 만들어 프로판아미드(소분자)에서 강도가 높은 인조섬유 나일론을 얻었고, 이로써 슈타우딩거의 이론이 정확함을 입증했다.

▲ 미국 시카고 대학교의 폴란드
화학자 카라쉬(MorrisSelig
Kharasch, 1895년~1957년)

그 후 화학자들은 천연고무가 이소프렌 하나하나가 중합되어 형성된 물질이라는 사실을 발견했고, 이소프렌의 중합반응을 통해 천연고무와 유사한 합성고무를 만들 수 있다는 사실을 깨닫게 되었다. 또한 화학자들은 천연고무에 유황을 더했을 때 고무가 끈적이지 않는 이유는 유황원자가 이소프렌의 대분자 사슬 사이에 연결다리를 만들어 천연고무의 안정성을 높였기 때문임을 발견했다.

그제야 사람들은 슈타우딩거의 고리구조이론을 바탕으로 에틸렌, 프로필렌, 부타디엔 등을 중합해 훌륭한 고분자제품을 만들어내기 시작했다. 슈타우딩거와 카라 교수 사이의 논쟁은 10여 년 끝에 슈타우딩거의 승리로 끝이 났다. 이로써 고분자화학은 신흥과학으로 급부상해 1940년대 하반기부터 빠르게 발전하기 시작했다. 1953년 슈타우딩거는 고분자의 중복 사슬구조이론을 제시해 그 해의 노벨화학상을 수상했다.

고분자화학의 성립은 고분자의 빠른 발전을 이끌었다. 당시에는 중합반응이론이 이미 무르익어 있었고 유기 유리기화학 역시 큰 성과를 거둬들이고 있었다. 거기에 사슬구조식학설이 더해지면서 인간은 자연계의 각종 고분자화합물의 구조, 특성, 변화규칙 등에 대해 보다 잘 이해하게 되었다. 또한 고분자합성이 견실한 이론적 근거를 가지게 되었을 뿐 아니라 비교적 편리하고 실행 가능한 합성방

평가

고분자화학이 성립됨에 따라 사람들은 자연계의 각종 고분자화합물의 구조, 특성, 변화규칙 등을 보다 잘 이해하게 되었다. 또한 고분자합성이 견실한 이론적 근거를 가지게 되었을 뿐 아니라 비교적 편리하고 실행 가능한 합성방법이 나오게 되었다.

법이 나오게 되었다. 중합반응이론이 응용, 발전됨에 따라 중축합방법으로 합성한 고분자화합물이 신 재료로써 광범위하게 활용되고 있는 추세다. 고분자화합물은 농공업, 교통운수, 의료보건, 군사기술 그리고 의식주에도 성능이 우수한 여러 재료들을 제공해주고 있다.

▲ 미국의 생물학자 스탠리 밀러
(Stanley Miller, 1930년 3월
7일~2007년 5월 20일)

발견시기
1952년

발견자
스탠리 밀러

▲ 태초의 지구

풀리지 않는 수수께끼
생명의 기원

무無에서 생명을 탄생시키는 일은 아무리 과학자라 해도 도달할 수 없는 목표이다.

생명이 언제, 어디서, 어떻게 탄생했느냐는 오늘날까지 해결하지 못한 문제로 남아 있다. 그리고 사람들의 관심과 논쟁의 중심에 서 있는 문제이기도 하다.

생명의 기원에 대해서는 여러 가설들이 제시되어 왔지만 그 중에서도 유명한 가설로는 종교에 기반을 둔 천지창조설, 아리스토텔레스의 자연발생설, 그리고 현재 유행하고 있는 화학적 진화설과 우주의 진화에 따른 생물체의 진화설 등이 있다.

천지창조설은 과학이 확립되기 전 사람들의 무지함에서 비롯된 가설로, 훗날 종교적으로 이용되면서 하나의 신앙이 되었다. 물론 이 학설은 과학적인 근거가 전혀 없다.

자연발생설은 19세기 초 대대적으로 유행했던 이론으로 '자생론' 또는 '자연기원론'이라 불린다. 자연발생설은 '무'에서 '유'가 탄생할 수 있다고 본다. 옛날 사람들이 이러한 생각을 갖게 된 데에는 그들 나름의 이유가 있다. 썩은 풀에서는 개똥벌레가 나오고, 썩은 고기에서는 구더기가 생기니 생물의 탄생과정을 알지 못했던 사람들은 아무것도 없는 상태에서 갑자기 이들이 생겨난 것이라고 오해했던 것이다. 고대 그리스의 대철학자 아리스토텔레스 역시 이렇게 생각했고, 그의 영향을 받아 이 학설은 진리로 받들어졌다. 중세기에도 나뭇잎이 물속으로 떨어지면 물고기가 되고, 땅으로 떨어지면 새가 된다고 생각하는 사람들이 있을 정도였다.

하지만 아리스토텔레스가 아무리 대단하다 하더라도 또, 종교적인 힘이 아무리 크고 무섭다 해도 진리를 향한 인간의 탐구정신을 막을 수는 없었다. 18세기 이탈리아의 생물학자 스팔란차니(Lazzaro Spallanzani)의 실험은 '부패한 고기에서 생기는 미생물은 공기에서 비롯된 것이지 자연적으로 생겨난 게 아니다'라는 사실을 증명해 주었고, 그 후 '자연발생설'은 과학계의 질타를 받게 되었다. 1860년 프랑스의 미생물학자 파스퇴르(Louis Pasteur)는 간단하지만 정확한 실험으로 미생물의 존재를 입증했고, 이로써 자연발생설을 철저하게 부정했다.

그리고 이 시기 다윈(Charles Robert Darwin)의《종의 기원》이라는 저서가 세상에 선보였다. 생물과학에 유래 없는 변화를 몰고 온 이 책은 생명의 기원에 대해서도 비교적 합리적인 해석 즉, 현대의 진화론인 화학적 진화론을 제시해주었다. 오늘날 과학자들의 대대적인 지지를 얻고 있는 이 가설은 지구가 형성된 이후 온도가 점차 낮아졌는데, 그 긴 세월 동안 미생물이 극히 복잡한 화학과정을 거쳐 한 단계 한 단계 진화한 것이라는 내용이었다.

▲ 밀러와 유리(Urey)의 실험실

그리고 1952년 미국의 학자 스탠리 밀러가 처음으로 시뮬레이션 시험을 통해 이 가설을 증명했다. 이는 그야말로 상상을 초월하는 실험이었다. 다른 전문가로부터 40억 년 전의 지구에는 암모니아가스와 메탄가스(석탄, 질소, 수소, 산소로 구성됨)로 형성된 거대한 구름이 드리워져 있었는데 이 구름 안쪽에는 번개가 빈번히 발생하고 바깥쪽은 항상 태양의 자외선이 비쳤을 것이라는 말을 들은 밀러가 플라스크 안을 '최초의 지구'와 같은 상태로 만들었던 것이다.

그는 태고와 같은 기체를 플라스크 안에 채우고 일주일 후 다시 지속적으로 전기를 방전(번개와 햇빛 역할)시켰다. 그 결과 실험을 마쳤을 때 플라스크 내부에는 갈색의 물질이 형성된 것을 발견할 수 있었다. 밀러는 이를

▲ 생명의 진화궤적

분석해 물질의 대부분이 우리가 이미 알고 있는 DNA분자의 구성요소라는 사실을 확인했다. 그 후 어떤 이가 그와 유사한 실험을 진행했는데 실험 결과는 모두 같았다. 마치 DNA분자의 몇몇 요소가 태고의 지구를 둘러싼 기체에서 자연적으로 생겨난 듯한 결과였다. 이외에도 밀러는 시뮬레이션 실험 방법을 고안해내 생명의 기원에 관한 연구를 실험과학으로 만들었다.

밀러의 시뮬레이션 실험을 기반으로 많은 학자들은 DNA분자의 구성요소가 대기층의 영향을 받으면 하나로 결합되어 단백질과 기타 다당류, 고분자지방류로 진화하고, 이로써 생명을 만들어 낸다고 추론했다.

1960년대 성간분자의 발견으로 또 다시 새로운 생명기원설이 제시되었는데 바로 우주의 진화에 따른 진화설이었다. 19세기 서양에서 유행했던 '생명은 우주가 생겼을 때부터 존재했다'는 학설에서 발전한 이 가설은 생명에 반드시 필요한 물질, 예를 들어 효소, 단백질, 유전인자 등이 형성되려면 수억 년의 시간이 필요하며, 지구가 탄생하고 2년 후부터 생명이 존재하기 시작했다고 주장했다. 다시 말해서 지구가 탄생한 후 우주에서 이 물질들이 지구로 옮겨 왔다는 것이었다. 성간분자의 발견은 때마침 이 가설을 뒷받침해주었다.

오늘날까지도 과학자들은 생명의 기원에 대한 수수께끼를 완전히 풀지 못하고 있다. 무기물에서 유기물까지, 그리고 다시 유기화합물에서 유기생명체로 진화하기까지 수많은 우연이 존재하는 이 과정을 철저히 파헤치려면 아직도 많은 시간이 필요하다. 생명은 어쩌면 광활한 우주 가운데 지구라는 별에만 생긴 것일지도 모른다. 하지만 또 어쩌면 은하 밖의 항성계에서 오래 전부터 존재하고 있을지도, 일부 생명체들이 지구를 다녀갔을지도 모를 일이다. 영화에 자주 등장하는 외계인처럼 말이다.

▶ 밀러와 유리의 실험장치

제5장

지구과학

▶ 페르디난트 마젤란의 함대를 위해 에스파냐 국왕 찰리5세가 베푼 송별연

▶ 페르디난트 마젤란의 함대를 위해 에스파냐 국왕 찰리5세가 베푼 송별연

발견시기
1522년

발견자

마젤란(Ferdinand Magellan, 1480년~1521년)
1519년 8월에 지구일주항해를 시작해 행동으로 직접 '지원설'을 증명했다.

2천 년에 걸쳐 논증된 결론
지원설

런던에 있는 사람들은 지구가 쟁반모양이라 생각하고, 파리에 있는 사람들은 지구가 수박모양이라고 생각한다.

볼테르(Voltaire)

지구는 이름 그대로 '구球'의 모양을 하고 있다. 하지만 지구가 구의 모양을 하고 있다는 사실을 깨닫고 이를 받아들이기까지는 상당히 긴 시간이 필요했다.

옛날에는 지구의 모습에 관한 수많은 전설과 신화가 전해졌다. 과거 중국에서는 거북이가 평평한 땅을 짊어지고 있으며 거북이가 피곤함을 느끼고 눈을 깜빡이면 땅이 흔들린다고 생각했는데 그것이 바로 지진이었다. 간단한 관찰이나 상상을 통해서만 지구를 이해할 수 있었던 옛날 사람들이 이처럼 미묘한 신화를 만들어낸 것을 보면 그 상상력이 실로 대단하다.

반면 서양인들은 자신이 살고 있는 육지가 바다에 의해 둘러싸여 있음을 보고 쟁반모양의 땅이 망망대해에 떠 있는 것이라 믿었다. 그리고 기원전 5~6세기, 고대 그리스 철학자들은 구 모양이 가장

완벽하다는 개념에서 출발하여 지구가
둥글다고 주장했다.

▲ 마젤란의 함대

　기원전 4세기 중반에 접어들어 고대
그리스의 학자 아리스토텔레스는 지구
가 공 모양을 하고 있다고 주장했고,
월식 관찰을 통해 최초로 지구는 둥글
다는 사실을 과학적으로 입증해냈다.
이와 같은 시대인 중국 전국시기의 철
학자 혜시惠施 역시 지구가 공 모양을
하고 있다는 의견을 내놓았다. 당시 사
람들의 천문지식과 기술로는 지구의
모양을 증명할 길이 없었지만 이 의견은 천문학계와 많은 철학자들
에게 인정을 받았다.

　하지만 당시 사람들은 대부분 종교의 영향으로 여전히 지구가 둥
글다는 사실을 믿을 수 없었다. 지구의 모양이 둥글다고 확실하게
입증해낸 사람도 없고, 실제생활에서도 지구가 공 모양임을 느낄 수
없었기 때문이다.

　15세기 하반기에 들어 항해사업이 빠르게 발전하면서 사람들은
지구가 둥글다는 사실을 인지하고 지구일주항해라는 꿈을 가지기
시작했다. 그러나 지구일주항해를 하려면 막대한 자금이 필요했기
때문에 이를 행동으로 옮기지는 못했다. 페르디난트 마젤란
(Ferdinand Magellan)이 출현하기 전까지는 말이다.

　지구일주항해는 마젤란의 마음 속에 뿌리를 내리고 있었다. 포르
투갈 국왕 마누엘(Manuel)에게 여러 차례 지구일주항해를 신청했지
만 아무런 결과를 얻지 못하자 그는 1517년 포르투갈을 떠나 에스파
냐의 세비야로 향했다. 그곳에서 세비야 사령관의 총애를 받은 마젤
란은 사령의 추천으로 1518년 3월 에스파냐의 국왕 찰리5세를 알현
했다.

　마젤란은 이 절호의 기회를 잘 활용했다. 그는 지구일주항해를 하
게 해달라고 강력하게 요청하며 항해의 장점을 나열하는 한편 자신
이 손수 만든 정교한 지구의를 국왕에게 바치기도 했다.

　결국 찰리5세는 마젤란의 청을 받아들였고, 그가 함대를 꾸려 출
항준비를 할 수 있도록 아낌없는 지원을 해주었다. 1519년 8월 10

일, 마젤란은 범선 다섯 척과 탐험대 266명을 이끌고 에스파냐 세비야항을 빠져 나갔다. 청사에 길이 남을 지구일주항해를 시작한 것이었다. 이 항해는 3년의 시간이 흐르고 갖은 어려움을 겪은 후 끝이 났다. 하지만 마젤란은 도중에 피살되었고, 범선 한 척과 선원 열여덟 명밖에 남지 않았다. 그렇게 1522년 9월 6일 '빅토리아호'와 열여덟 명의 선원이 에스파냐에 도착하면서 역사상 최초의 지구일주항해는 마침표를 찍었다.

지구일주항해의 성공은 지구가 둥글다는 사실과 세계의 바다는 하나로 연결되어 있다는 것을 증명해주었다. 이는 그야말로 인류역사상 길이 남을 위대한 공적이었다. 이 때를 시작으로 지원설은 세계적으로 인정을 받게 되었다.

그 후 1600년대부터 1730년대까지 자연과학계에서는 다시 지구의 구체적인 모양을 두고 긴긴 논쟁이 벌어졌다. 파리천문대 대장 카시니(Cassini)를 필두로 한 과학자들은 지구가 태양주변을 돌기 때문에 양극이 길게 뻗은 길쭉한 모양일 것이라고 주장했다. 반면 뉴턴은 그가 발견한 만유인력의 법칙에 따라 문제를 분석해 지구는 적도의 지름이 극의 지름보다 큰 뚱뚱한 모양이어야 한다는 결론을 도출했다. 지구의 자전으로 관성원심력이 생기기 때문이었다. 훗날 프랑스 과학원은 원정대 두 팀을 꾸려 한 팀은 북극권 근처의 라플란드로, 또 다른 한 팀은 남아메리카 적도 부근의 페루로 파견했다. 지구의 자오선 길이를 측정한 원정대는 지구가 가운데가 뚱뚱한 모양을 하고 있다는 사실을 증명하여 뉴턴의 학설이 정확함을 입증했다.

▼ 마젤란의 항해

▲ 공룡은 중생대의 척추동물로 약 2억 3천만 년 전인 트라이아이스기에 최초로 모습을 드러내 약 6500만 년 전인 백악기 말기에 자취를 감추기까지 장장 1억 6천만 년 동안 지구의 육지생태계를 지배했다.

현대 지구과학의 기초

고생물과 층서학

화석을 연구하는 데에는 왕성한 호기심이, 화석을 수집하는 데에는 남다른 인내심이 필요하다. 화석을 손보는 일에는 많은 돈이 필요하지만 화석을 전시하는 일은 무한한 즐거움을 안겨준다. 화석은 아름답기 때문이다. 그러나 수많은 수집가들은 화석이라는 작품에 대자연이 얼마나 절묘한 순서와 규칙을 부여했는지 모르고 있다.

1796년 1월 5일, 윌리엄 스미스

발견시기
18세기 말

발견자
영국의 지질학자 윌리엄 스미스와 프랑스의 동물학자 퀴비에

지구는 탄생 이후 약 46억년의 진화과정을 거쳤다. 그 사이 지구상에는 수많은 생물들이 존재했는데 그 중 대부분은 이미 멸종된 상태다. 멸종된 생물로는 우리에게 친숙한 공룡, 시조새, 매머드 등의 척추동물을 비롯해 우리에겐 다소 생소한 삼엽충, 암모나이트 등의 무척추동물 그리고 노목 등의 고식물이 있다. 우리는 현재 이들을 통틀어 고생물이라고 부른다. 고생물은 실제로 모두 존재했었다. 화석이 바로 그 증거이다.

날이 갈수록 많은 화석들이 발굴됨에 따라 우리는 지구의 진화과정 중에 총 다섯 차례의 대규모 생물멸종현상이 발생했음을 알 수 있었다. 그 중 가장 규모가 컸던 것은 페름기에 발생한 멸종현상이

▲ 윌리엄 스미스(William Smith, 1769년 1월~1839년 8월), 영국의 지질학자로 '지질학의 아버지'라 불린다. 1794년에 '화석에 의한 지층동서법'을 제시했으며, 1815년에 영국 최초이자 세계 최초의 지질도를 출판했다.

며, 가장 많은 주목을 받고 있는 것은 백악기 말에 발생한 공룡의 멸종이다.

고생물학은 화석에 대한 연구를 진행하는 과정에서 성립된 학과로 주로 지질시대 생물의 발생, 발전, 분류, 분포, 진화 등의 규칙을 연구하는 학문이다. 생물형성의 전후순서를 연구하면서 우리는 지각의 발전사를 이해하게 되었고, 지리역사상의 수륙분포와 기후변화를 추측할 수 있었다. 이는 생명의 기원을 연구하는 데뿐만 아니라 광산자원을 조사하고 채굴, 개발, 이용하는 데에도 큰 도움이 되었다.

인간은 상고시대부터 광물의 성질을 알아가기 시작했다. 그 후 광물을 채굴하고 지진, 화산, 홍수 등의 자연재해와 맞서면서 점차 지질의 작용을 깨닫게 되었고, 이에 사변적이고 추측성이 농후한 해석을 내놓기 시작했다. 르네상스에 들어서 사람들이 지구의 역사에 대한 과학적 지식을 가지게 되면서 지질학은 하나의 독립적인 학과로서 여러 분파를 형성했다.

지질학의 한 분파이자 지질학의 기초학과이기도 한 층서학은 지각표층의 성층암석을 연구하는 학과이다. 층서학의 주요 연구범위는 지층의 층서를 확립하고 그 사이의 관계를 밝히는 것이다. 한마디로 지층의 체계를 확립하고 지층을 구분, 비교한다.

고생물학의 관점에서 지층에 포함되어 있는 화석의 시간적 공간적 분포도를 연구하고, 생물의 진화법칙을 활용해 지층의 형성과 발전법칙을 연구하고 지층이 시대적 순서를 확인하는 것, 이것이 바로 고생물과 층서학이다.

최초로 고생물학과 층서학을 연계한 사람은 영국의 지질학자 스미스와 프랑스의 동물학자 퀴비에(Cuvier)였다. 이들은 고생물학과 층서학의 선구자로 역사책에 기록되어 있기도 하다.

1816년 스미스는 《생물화석을 이용한 지층 감정》이라는 책을 발표해 생물이 순차적으로 발생했음을 주장했다. 그는 퇴적암층의 생물화석을 근거로 지층의 순서를 파악해

▲ 지층의 구조

고생물과 지층을 연구하는 원리와 방법을 마련했다. 그 후 동시대의 프랑스동물학자 퀴비에는 생물종의 자연멸종이라는 개념과 '연대별로 새로운 지층이 쌓일 때마다 그 속에 있는 고생물의 유형도 날로 진화한다' 는 의견을 제시했는데 이는 지층을 정확하게 감정하는 데 과학적인 근거를 제공해주었다.

▲ 벨기에의 고생물학자 루이 돌로(Louis Dollo, 1857년~1931년)

100~200년의 발전과정을 지나 1904년 고생물과 층서학은 드디어 벨기에 학자 돌로의 발의로 독립적인 한 학과가 되었다. 고생물과 층서학이라는 명칭도 돌로가 제시한 것이었는데 고생물학적 방법으로 연구하는 층서학이라는 뜻을 담고 있다. 고생물과 층서학은 지질학에 속하는 분파로 고생물학을 기초로 하고 있기 때문에 지층고생물학, 화석층위학이라고도 불린다.

현재 고생물과 층서학은 생물과 지구의 발전사를 이해하는 데 있어 가장 믿을 만한 증거이자 현대 지질과학의 중요한 버팀목으로써 화석에너지와 광산자원의 채굴, 개발에 광범위하게 응용되고 있다. 또한 지구온난화가 날로 심화됨에 따라 생태계의 균형을 유지하고 지구를 보호하는 데 중요한 본보기가 되고 있다.

평가

고생물학과 층서학은 생물과 지구의 발전사를 이해하는 데 있어 가장 믿을만한 근거이자 현대 지구과학의 기초이다.

◀ 공룡화석을 복원 중인 돌로

▲ 적란운은 노르웨이학파의 전선
론을 잘 설명해준다.

하늘에는 예측 가능한 바람과 구름이 있다
대기 순환이론

발견시기
18세기

발견자

비에르크네스(Vilhelm Friman
Koren Bjerknes, 1862년~1951년)
노르웨이의 기상학자이자 물리학자
이다. 근대 기상학과 기상역학의 주
요 창시자이자 기상학 노르웨이학파
의 중심인물로 대기 순환이론과 대
기 순환도를 제시했다.

사람의 길흉은 아침저녁으로 바뀌고, 하늘에는 예측 불가능한
풍운이 있다人有旦夕禍福, 天有不測風雲.

옛말에 '인유단석화복人有旦夕禍福하고, 천유불측풍운天有不測風雲이
다'라는 말이 있다. 사람의 길흉은 아침저녁으로 바뀌고, 하늘에는
예측 불가능한 구름과 바람이 있다는 뜻이다. 인생에서 어떤 좋은
일이 생기고 또 나쁜 일이 생길지는 예측할 수 없다. 사람들은 저마
다 각기 다른 삶을 살기 때문이다. 수많은 점쟁이들의 점괘는 우연
히 일치할 순 있어도 과학적인 근거가 없기 때문에 믿을 만한 예측
이라고는 할 수 없다. 하지만 과학자들은 예측 불가능한 바람과 구
름이 몰고 올 위험을 피하기 위해 그에 대한 정확한 예측을 하고자
했는데, 이것이 바로 우리 생활의 일부분이 된 일기예보의 시작이었
다. 그리고 우리가 이렇게 날씨를 예측할 수 있게 된 데에는 대기 순
환이론의 공이 크다.

인간은 오래 전부터 각종 현상을 통해 기상을 관측해왔고, 이로써
어느 정도 날씨를 예상하고 계절풍을 이해할 수 있었다. 예를 들면

'햇무리가 지면 한밤중에 비가 내리고, 달무리가 지면 오시(오전11시~오후1시 사이)에 바람이 분다'는 식이었다. 이뿐만 아니라 기원전 4~5세기의 그리스인은 지중해 특유의 계절풍을 이용해 에개해(Aegean Sea)와 이집트 사이를 오가기도 했다. 하지만 이러한 관측과 통계들이 이론으로 발전하지는 못했다.

단순히 경험적인 지식에만 머물러 있던 기상관측이 이론으로 발전한 것은 17세기에 들어서였다. 항해사업이 발전하고 기상관측기구를 활용하게 되면서 사람들은 무역풍과 대기순환을 연구하기 시작했고, 이를 바탕으로 영국의 천문학자 핼리가 최초로 무역풍이론을 제시했다. 그 후 반세기 동안 사람들은 무역풍이 발생하는 원인을 밝히기 위해 보다 심층적인 연구를 진행했다. 18세기에 이르러 영국의 해들리(Hadley)가 남반구와 북반구의 무역풍이론을 제시했으며, 최초로 지구자전이라는 요소를 고려해 '자오선 순환이론'을 확립했다. 당시 자오선 순환이론은 대략적인 이론이었지만 훗날 대기 순환연구의 기초가 되었다. 때문에 사람들은 지금까지도 적도부근의 자오선 순환을 해들리 순환이라고 부르고 있다.

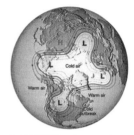
▲ 로스뷔파(Rossby wave)

자오선 순환이론은 1856년에 들어서야 새로운 국면을 맞이했다. 그 해 미국의 페러(Ferrer)가 중위도의 역순환이론을 제시했기 때문이다.

역순환이론으로 과학자들은 부분적 현상에서 벗어나 대기운동법칙에 대한 전면적이고 체계적인 연구를 할 수 있게 되었다. 19세기 말 노르웨이의 기상학자 비에르크네스는 대기 순환이론을 제시하며 지구상의 대기운동법칙을 초보적으로 밝혔다.

여러 해 동안의 관측결과와 이론분석을 토대로 1921년 비에르크네스는 또다시 대기 순환도를 제시해 전선과 회오리바람을 입체적으로 표현해냈다. 이로써 노르웨이학파의 전선론이 확립되었고 진정으로 대기운동에 관한 신비의 베일이 벗겨졌다. 그의 전선론은 오늘날까지도 세계 각국의 기상분석과 예보에 광범위하게 활용되며 20세기 기상학의 중요 이론으로 자리매김하고 있다. 그 후 1928년 스웨덴의 기상학자 베르예론(Bergeron)은 '3세포 순환론'을 제시해 전선론을 확실히 뒷받침해주었다.

▲ 로스뷔(Carl-Gustaf Arvid Rossby, 1898년 12월 28일~1957년 8월 19일), 스웨덴 출신의 저명한 기상학자로 대기장파長波이론을 제시했다.

대기 순환에 관한 이론연구 과정에서 가장 기초적인 의미의 이론을 제시한 사람은 스웨덴 출신의 미국 기상학자 로스뷔(Rossby)였

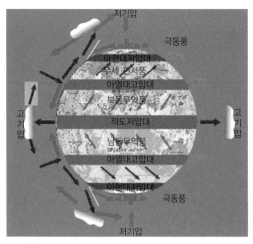

▲ 무역풍

다. 그는 대기의 장파이론을 제시했는데, 여기서 장파란 대기와 대기 순환의 변화를 제어할 수 있는 500~600킬로미터 길이의 대기파장을 말하며 '로스뷔파'라고 불리기도 한다.

그 후 로스뷔의 제자와 실험파트너 차니(Charney), 궈샤오란(郭曉嵐, Hsiao-Lan Kuo), 예두정葉篤正이 차례로 '경압불안정이론'과 '정압불안정이론', '대기장파의 분산이론' 등을 내놓았다. 이들 이론은 기상예보에 이론적인 근거를 마련해주었으며 이후의 대기 순환 수치 실험과 기상예보의 수치화를 가능케 해 현대 대기 순환과 대기역학의 기반을 다져 주었다. 로스뷔와 그의 제자들의 이론은 시카고학파 시스템이라고 불렸다. 한편 1960년대 열대파동 연구와 1980년대 행성파동역학 연구 등은 모두 이 이론체계에서 발전한 것이었다.

대기 순환은 아주 복잡하고 변화무쌍하다. 이는 태양과 기후의 관계, 땅과 공기의 관계, 바다와 공기의 관계, 그리고 생물과 인간의 활동에 영향을 받아 장기간 종합적인 작용을 한 결과로 이를 정확히 밝히기 위해선 지속적인 연구가 필요하다. 대기 순환에 대한 연구는 인간이 자연을 이해하는 데 필요한 중요한 부분이다. 뿐만 아니라 일기예보의 정확성을 높이고 기후형성이론과 지구온난화문제 탐구 그리고 기후자원을 보다 효과적으로 활용하는 데 모두 중요한 의미를 가진다.

평가

대기순환에 대한 연구는 일기예보의 정확성을 높이고 기후형성이론과 지구온난화 문제 탐구, 그리고 기후자원을 보다 효과적으로 활용하는 데 모두 중요한 의미를 가진다. 비에르크네스가 1897년에 제시한 대기 순환이론은 지구과학에 물리학을 도입하여 대기운동을 연구하게 된 계기가 되었다.

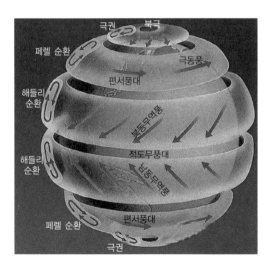

▶ 구름과 바람의 방향이 바뀌는 이유는 대기가 순환하기 때문이다.

◀ 대륙이동설은 이제 중·고등학교 지리교과의 한 장이 되었다.

지도 속의 비밀

대륙이동설

남태평양을 사이에 두고 마주한 두 해안을 관찰해본 적이 있는 사람이라면 브라질과 아프리카 해안선의 유사성에 주목하게 될 것이다. 브라질 해안과 아프리카 해안은 튀어나오고 들어간 부분들이 서로 들어맞는다. 즉, 브라질 해안에 만이 있으면 아프리카 해안엔 이에 상응하는 돌출지역이 있다.

베게너

누구나 한 번쯤은 세계지도를 본 적이 있을 것이다. 지도를 한가득 채우고 있는 나라들과 산과 강, 바다를 제외하고는 달리 특별할 것도 또 비밀이라 할 만한 것도 없어 보이는 세계지도, 독일의 기상학자이자 지구물리학자인 베게너는 이 지도에서 사람들이 간과했던

발견시기
1912년

발견자

베게너(Alfred Lothar Wegener, 1880년 11월 1일~1930년 11월) 독일의 기상학자이자 지구물리학자이다. 어려서부터 공상과 모험을 즐겼던 그는 그린란드를 탐험하던 중 생을 마감했다. 그가 제시한 대륙이동설은 시대를 초월한 이론이 되었다.

▲ 세계 6대륙 분포

비밀을 발견했다. 바로 대서양을 사이에 두고 마주한 남아메리카 대륙과 아프리카 대륙의 해안선을 끌어다 맞춰보면 마치 퍼즐처럼 서로 꼭 들어맞는다는 사실을 발견한 것이다. 이는 아시아와 북아메리카도 마찬가지였다.

이는 단지 우연의 일치에 불과한 걸까? 베게너는 그 동안 읽었던 화석에 관한 논문들을 떠올렸다. 당시 그는 남아메리카와 아프리카에 같은 화석이 많다는 사실에 의아해했었다. 고생물들이 몇 천 킬로미터에 달하는 바다를 헤엄쳐 갔다는 얘기란 말인가? 이는 당연히 불가능한 일이었다. 대부분의 육지파충류들은 수영을 하지 못했기 때문이다. 일례로 메소사우루스와 같은 동물은 절대 바다를 건널 수 없었다.

▲ 그자비에 르피숑(Xavier Le Pichon, 1937년 6월 18일~), 프랑스의 지질학자로 1968년 판구조론의 종합적 모형의 제시했다.

그 후 그는 19세기 말 오스트리아 지질학자 휴스(Hughes)의 지질학 데이터를 읽었다. 휴스는 남반구 각 대륙의 암층이 상당부분 일치한다며 남반구 각 대륙을 합쳐 하나의 대륙으로 간주했고, 이를 곤드와나 대륙이라 이름 붙였다. 이는 각 대륙이 원래는 한 덩어리였을지도 모른다는 베게너의 생각을 더욱 확고하게 해주었다.

베게너는 지질학, 고생물학, 기상학 등의 각도로 여러 가지 가능성을 생각해 보았고 그 결과 약 3억 년 전에 남아메리카, 북아메리카, 아프리카, 유라시아, 남극 대륙이 모두 한 덩이로 이루어진 초대륙(1915년 A.베게너가 대륙이동설을 제창했을 때, 제시한 가상의 원시대륙으로 판게아라고도 한다-역주)이었다는 대담한 가설을 세웠다. 훗날 판게아가 갈라져 오랜 세월을 이동한 결과 오늘날의 모습을 갖추었다는 주장이었다.

대륙이동설은 지질학계를 떠들썩하게 만들었지만 그의 의견에 호응하는 사람은 극히 드물었다. 이에 베게너는 1915년에 다시 《대륙과 대양의 기원(Die Entstehung der Kontinente und Ozeane)》이라는 책을 통해 대륙이동설을 주장했다. 그러나 대륙이동의 메커니즘에 대해 합리적으로 설명하지 않아 그의 의견은 오히려 수많은 지구물리학자들의 반대에 부딪혔다. 그 후 지질학자 홈스(Holmes)가 맨틀의 대류가 대륙을 이동시키는 원동력일 가능성이 있다는 의견을 제시했지만 이를 증명할 실험적 결과는 없었다.

1930년 베게너가 그린란드 탐험 도중에 조난을 당해 세상을 떠나자 '대륙이동설'은 그와 함께 잊히기 시작했고, 1940년대에 들어서는 완전히 묻혀버린 듯했다.

'대륙이동설'이 다시 조명을 받게 된 건 조금 의외의 일이었다. 1950년대 고지자기학(paleomagnetism)을 연구하던 사람들은 지구의 양 자극磁極인 자남극과 자북극을 발견했는데, 역사상 그들의 위치는 여러 차례 역전되었고 이로써 '극 이동곡선'을 얻을 수 있었던 것이다. 1950년, 영국의 패트(Patt) 등이 '극 이동곡선'을 발견했다. 그들이 발견한 '극 이동곡선'은 자남극 또는 자북극의 '극 이동곡선'과 모양이 비슷한 반면 경선에서는 벗어나 있었다. 그들은 연구를 통해 대서양 양쪽의 북아메리카 대륙과 유라시아 대륙을 합치면 '극 이동곡선'도 맞아 떨어진다는 점을 알게 되었다. 이 의외의 발견은 '대륙이동설'을 입증하는 데 더할 나위 없는 근거였고, 이로써 지질학자들은 대륙이동설을 인정하기 시작했다.

'극 이동곡선'과 해저확장 등의 증거로 대륙이동설은 확실한 사실이 되었다. 이를 기반으로 1968년 프랑스의 지질학자 르피숑(Le Pichon), 매켄지(MacKenzie), 모건(Morgan) 등은 '판구조론' 또는 '새로운 지구구조이론'이라 불리는 새로운 대륙이동설을 제시했다. 판구조론은 지각 또는 해양지각이 과거부터 현재까지 계속해서 대규모의 수평운동을 하고 있다는 내용을 담고 있다. 하지만 수평운동은 대륙이동설에서처럼 시알과 시마층에서 발생하는 것이 아니라 암석권의 맨틀 연약권에서 컨베이어처럼 이동하며, 대륙은 그저 컨베이어의 '승객'에 불과하다는 주장이다.

대륙이동설은 20세기 지구과학의 주류로 이후 판구조론이 확립되고 발전할 기반을 마련해주었다. 비록 대륙이동의 메커니즘 문제가 미결로 남아있긴 하지만 대륙이동설은 지구과학의 발전에 큰 영향을 미치며 고생물, 고기후, 지질구조, 지형 등을 포함해 광범위한 영역의 여러 의문들에 해답을 제공해주었다.

▲ 6500만 년의 지구

▲ 오늘날의 지구

▲ 5000만 년 후의 지구

평가

베게너가 제시한 '대륙이동설'은 지구과학역사상 일대 혁명을 불러일으켰다. 코페르니쿠스의 지동설과 다윈의 진화론에 건줄만한 발견이다.

▶ 지구온난화가 지속되고 해수온도가 상승함에 따라 아름답고 다채로운 모습을 자랑했던 수많은 산호들이 죽음을 맞이한 채 단조로운 흰색으로 변해가고 있다. 지구온난화로 과거 100년 동안 해수의 평균온도가 섭씨 0.6° 상승했다. 기온이 낮아지지 않는다면 산호는 앞으로 100년 안에 지구상에서 자취를 감추게 될 것이다!

발견시기
1824년

발견자
푸리에(Jean Baptiste Joseph, Baron de Fourier, 1768년~1830년) 프랑스의 수학자이자 물리학자이다. 그가 물리학 분야에서 세운 주요 업적은 '푸리에의 법칙'을 확립한 것이다. 이는 물리학에 처음으로 분석학을 응용한 예로 19세기 이론물리학의 발전에 큰 영향을 미쳤다. 한편 수학 분야에서는 최초로 정적분부호를 사용했고, 대수방정식부호법칙의 증명법과 실근개수의 판별법 등을 개선했다.

인류가 직면한 최대의 도전
온실효과와 지구온난화

남태평양에는 투발루라는 나라가 있다. 산호도로 구성된 이 섬나라는 하와이와 오스트레일리아 사이에 자리 잡고 있다. 그러나 '남태평양의 진주'라 불리던 이 섬나라는 온실효과의 악화로 인한 지구온난화의 영향으로 해수면 상승위협과 마주하면서 멸망의 위기에 놓이게 되었다.

여름은 날이 갈수록 더워지고, 겨울엔 추운 날이 점점 줄어들고, 재난적인 기후가 빈번히 나타나 그 피해는 날로 커지고…. 오늘날의 지구는 마치 귀신에 홀리기라도 한 듯 유난히 거친 '성질'을 드러내고 있다. 아마도 정보에 특히 어두운 지역에 살고 있는 것이 아니라면 각종 언론매체를 통해 '온실효과'와 '지구온난화'라는 단어를 들어 보았을 것이다. 인간의 생존을 위협하고 있는 이들은 일찍부터 전 세계의 주목을 받았다.

온실효과란 지구가 태양의 단파복사를 받은 후, 다시 장파복사로 그 에너지를 방출하는 과정에서 대기 중의 이산화탄소와 같은 물질에 흡수되어 온실과 같은 보온효과를 나타내는 것을 말한다. 이산화탄소 외에도 온실효과에 중요한 작용을 하는 기체로는 메탄, 오존,

수증기 등이 있는데 그 중 이산화탄소가 약 75%, 클로로플루오로메탄이 약 15%~20%를 차지한다. 지구온난화란 일정 기간 동안 지구의 대기와 바다의 온도가 상승하는 현상을 말한다.

대기층의 보온현상은 프랑스의 수학자 겸 물리학자 푸리에가 1824년에 최초로 발견했다. 그는 지구대기층이 지구표면의 열에너지 분산 및 유실을 막아 지구가 마치 거대한 '온실'과 같다고 지적했다. 만약 대기층의 온실효과가 없다면 지구표면의 연평균온도는 −23℃까지 내려가 생물이 살기에 적합하지 않을 것이다. 참고로 실제 지표면의 평균온도는 15℃이다. 때문에 자연적인 온실효과는 우리에게 도움이 된다.

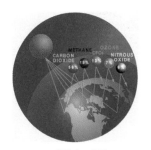

▲ 온실가스 함량

처음으로 이산화탄소의 위험성을 깨달은 사람은 스웨덴의 화학자 아레니우스였다. 대기 중의 온실가스 농도가 상승한 후를 알아보는 실험을 통해 그는 1896년 인류가 화석연료(석유, 석탄, 천연가스 등)를 태워 대기 중의 이산화탄소 농도를 증가시키면 지구의 평균온도가 섭씨 5° 상승하게 될 것이라 말했다. 그는 처음으로 '온실효과'의 개념을 제시하기도 했다. 온실효과가 지구의 온도를 유지시켜 안정적인 환경을 만드는 데 도움을 주는 것은 사실이다. 그러나 온실가스가 지속적으로 증가하면 지구의 온도는 온실효과로 인해 계속해서 상승하게 되고, 지구온난화를 주요 특징으로 하는 기후변화를 초래한다는 것이었다. 그의 예언은 오랫동안 사람들에게 관심을 받지 못했다.

이산화탄소의 온실효과를 연구할 때만 해도 아레니우스는 이러한 온실효과가 이미 현실이 되어 있음을 알지 못했다. 하지만 1976년에 들어서 미국 스탠퍼드 대학교 환경생물학과 교수인 슈나이더가 인류의 활동이 대기 중 이산화탄소의 농도를 높이고 있으며, 지구는 이미 온난화되고 있다는 사실을 지적했다.

▲ 스웨덴의 화학자 아레니우스 (Svante August Arrhenius, 1859년~1927년), 1903년 이온화설로 노벨 화학상 수상의 영예를 안았다.

1980년대 이후 세계의 연평균온도 변화곡선은 빠르게 상승추세를 나타냈다. 그리고 1988년 사람들이 지나친 온난화가 돌이킬 수 없는 결과를 초래할 수 있다는 사실을 인식하기 시작하면서 각국은 지구온난화가 초래할 수 있는 위기에 주목했다.

분석에 따르면 지난 200년 동안 이산화탄소 농도가 25% 증가했고, 지구의 평균기온이 0.5℃ 상승했다. 다음 세기 중엽쯤이 되면 지표면의 평균온도가 1.5℃~4.5℃ 상승할 것이며 중위도와 고위도 지

▲ 빙하의 융해, 두 마리의 북극곰
이 성엣장 위에서 이러지도 저
러지도 못하고 있다.

▲ 미국 스탠퍼드 대학교 환경생
물학과 교수 슈나이더
(S. Schneider)

평가

지구온난화는 인류가 직면한 최대
의 도전이자 생존위기이다.

역의 온도상승률은 특히 더 클 것으로 예상되고 있다. 그렇게 되면 온도상승으로 인해 남극과 북극의 빙하가 대폭 융해되면서 해수면이 상승될 것이고, 일부 섬나라나 연해도시는 물 속에 가라앉아 자취를 감추게 될 것이다. 유명한 국제 대도시인 뉴욕을 비롯해 상하이, 도쿄, 시드니 등이 이러한 위기와 마주하고 있다.

과학자들은 이산화탄소의 함량이 지금의 배가되면 세계의 기온이 3℃~5℃상승하고, 남극과 북극지역은 약 10℃ 상승해 눈에 띄게 따뜻해질 것이라 지적하고 있다. 기온상승은 일부 지역에는 강수량의 증가를, 또 일부 지역에는 가뭄을 초래하고 더 강력한 허리케인을 만들며 그 발생빈도도 더욱 잦아져 심각한 자연재해를 불러올 것이다. 더욱 걱정스러운 점은 남극과 북극의 빙하가 녹아 해수면이 상승하면 수많은 연해도시들과 섬들 그리고 저지대 지역이 침수될 위험이 있으며 심지어는 바닷물에 완전히 가라앉을 가능성도 있다는 사실이다. 1960년대 말, 아프리카 사하라의 목초지역에 장장 6년에 걸친 가뭄이 들었는데, 당시 식량과 목초부족으로 가축을 도살시켰고 기아로 150만 명이 넘는 사람들이 목숨을 달리했다.

현재 '인류의 활동이 기후변화의 원흉이다' 라는 등의 문제를 두고 전 세계 학술계에서는 여전히 이견이 존재한다. 하지만 지구의 기후가 이미 온난화 현상을 나타내고 있다는 데에는 생각을 함께하고 있다. 지구온난화는 현재 인류가 직면한 가장 큰 도전으로 인류의 생존환경과 더 나아가 전 지구의 생태환경에 여러 악영향을 미치고 있다.

지구온난화를 막기 위해 UN은 1992년에 〈기후변화협약(United Nations Framework Convention on Climate Change)〉을 제정했다. 이 협약은 그 해 브라질 리우데자네이루에서 발효되었다. 이 협약에 따르면, 선진국은 2000년 이전에 이산화탄소와 기타 '온실가스' 의 배출량을 1990년 수준으로 감축하는데 동의했다. 뿐만 아니라 해마다 이산화탄소 배출량이 세계 이산화탄소 총 배출량의 60%를 차지하는 이들 국가들은 관련기술과 정보를 개발도상국에게 전수하는데에도 동의했다. 선진국이 개도국에 전수한 기술과 정보는 개도국이 기후변화로 인한 각종 도전에 적극적으로 대응하는 데 도움이 된다. 2004년 5월까지 공식적으로 이 협약에 참여한 국가는 189개에 달한다.

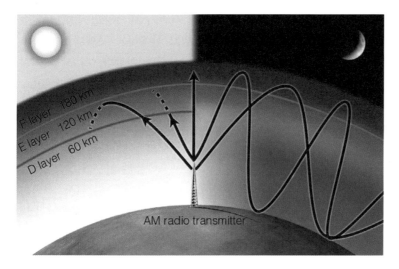

F layer 180 km
E layer 120 km
D layer 60 km

AM radio transmitter

전자파의 전파 매개체
전리층

태양의 자외선으로 공기분자와 원자가 분해되면 구름모양의 전자층이 형성되는데 이를 전리층이라고 한다.

발견시기
1924년

발견자

애플턴(Edward Victor Appleton, 1892년~1965년)
영국의 물리학자로 1947년 노벨 물리학상의 주인공이다. 1924년 영국의 A.E.케넬리(Arthur Edwin Kennelly)와 O.헤비사이드(Oliver Heaviside)가 1902년에 제시했던 전리층(E전리층, 110~120킬로미터)의 존재를 증명했고, 1926년에 다시 애플턴층이라고 불리는 F전리층을 발견했다.

오늘날 휴대전화는 우리생활의 일부가 되었다. 이러한 무선통신을 생소하게 느끼는 사람은 더 이상 없을 것이다. 휴대전화의 크기가 작다고 얕보지 마라. 이 조그만 기계로 유럽, 북아메리카는 물론 지구의 양극에 있는 사람들과 동시통화를 할 수 있다. 전 세계가 하나의 통화권을 형성한 것이 위성 덕분이라고 생각하는 사람이 많은데 사실 이는 오해이다. 100여 년 전, 인류는 이미 무선전보라는 원거리 통신을 실현해 유럽대륙에서 북아메리카까지 손쉽게 전보를 보냈다. 물론, 당시에는 위성이 없었다. 그렇다면 어떻게 해서 전자파를 그렇게 먼 거리까지 이동시킬 수 있었을까? 그것은 바로 대기층에 존재하는 전리구역 때문이다. 전리구역은 지표면에서 60킬로미터 이상 떨어져 있는데, 그곳에선 지구의 대기층 전체가 모두 부분이온화 혹은 완전이온화 상태에 놓인다. 이 구역이 바로 전리층이다.

▲ 실험실에서 기구를 조정하고 있는 애플턴과 동료들

100여 년 전 무선전파가 대서양을 뛰어넘을 수 있다는 사실을 도무지 이해하지 못했던 사람들은 전자파를 마냥 신기하게만 여겼다. 이 사실을 설명하기 위해 영국의 물리학자 A.E.케넬리(Arthur Edwin Kennelly)와 O.헤비사이드(Oliver Heaviside)는 하나의 가설을 제시했다. 지구대기층의 상공에 무선전파를 반사하는 '전도층(당시에는 케넬리-헤비사이드 층이라 부름)'이 있는데, 이 전도층이 무전전파를 지표면과 전도층 사이에서 여러 차례 반사시켜 지구의 곡률을 따라 전파되도록 한다는 가설이었다. 물론 '전도층'에 대한 가설을 제시한 건 그들이 처음은 아니었다. 19세기 중반, 가우스와 켈빈이 공기 상공에 전도층이 있다는 가설을 제시했지만 사람들은 이를 주목하지 않았다.

하지만 '헤비사이드-케넬리 층' 가설은 많은 과학자들의 인정을 받았다. 그 존재를 밝힐 실행 가능한 방법만 있으면 완벽한 상황이었다.

1924년 12월 11일 영국의 물리학자 애플턴(Appleton)은 신영국방송공사가 포츠머스에 세운 무선국을 이용해 주기적으로 일정한 속도의 주파신호를 발사한 후, 옥스포드 수신소에서 받은 신호를 분석해 최초로 '헤비사이드-케넬리 층'의 존재를 입증해냈다. 그 후 애플턴은 자유전자와 이온의 농도가 다르고 전자파반사에 따른 효과가 다른 점을 근거로 전리층이 수직방향에서 계층구조를 나타낸다는 사실을 발견했다.

이듬해 G.브라이트와 M.A.튜브는 레이더와 유사한 전리층 수직 탐측기를 발명해 무선전기펄스가 '헤비사이드-케넬리 층'에서 수직 반사하는 시간을 측정함으로써 '전리층'의 존재를 다시 한 번 입증했다. 그들이 남긴 방대한 실험 자료들은 훗날 전리층 연구에 중요한 역할을 하기도 했다.

1926년 R.A.왓슨와트는 '전도층' 기체분자의 성질을 분석한 후 '전리층'이라는 명칭을 제시해 과학계로부터 인정받았다.

전리층의 발견으로 사람들은 무선전파의 전달에 대한 각종 메커니즘을 더욱 깊이 이해할 수 있었으며, 지구대기층의 구조와 형성 메커니즘에 대해서도 더욱 분명하게 알 수 있었다.

이후 사람들은 전리층과 전리층이 기타 전파의 전달에 미치는 영향을 깊이 이해해 전자파를 전달하는 최적의 주파수를 예측하는 등 전파의 응용과 관련한 문제들을 해결할 수 있었다. 또한 전자단파가 전리층에 반사되어 원래의 자리로 돌아오는 특징을 이용해 전자파의 원거리 통신을 실현했다.

▲ 왓슨와트(Robert Alexander Watson-Watt, 1892년~1973년), 영국의 물리학자이자 레이더기술전문가이다.

평가

전리층의 발견으로 사람들은 무선전파의 전달에 대한 각종 메커니즘을 더욱 깊이 이해할 수 있었으며, 지구대기층의 구조와 형성 메커니즘에 대해서도 더욱 분명하게 알 수 있었다.

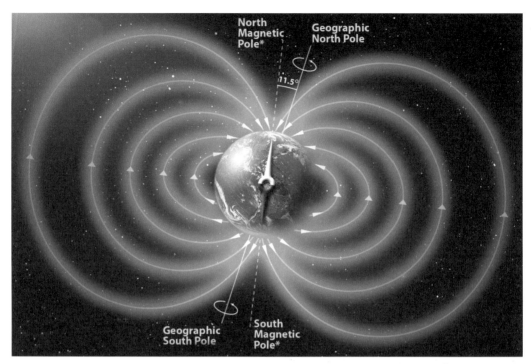

North
Magnetic
Pole*

Geographic
North Pole

11.5°

Geographic
South Pole

South
Magnetic
Pole*

▲ 지구자기장

발견시기
1940년

발견자

불렌(K.E.Bullen, 1906년~1976년)
네덜란드의 지진학자이다. 1935년
불렌은 제프리스(Jeffries)와 함께《지
진파의 전파시간》을 발표했고, 1940
년에는 J-B지진표를 만들었다. 그 후
불렌은 지진파의 전달시간, 지진의
양상, 지구내부의 구조, 밀도분포 등
과 관련된 논문을 약 280편이나 발
표했다. 대표 저서로는《지진학 개
론》,《지구의 밀도》등이 있다.

지구 심층부의 동력
핵과 맨틀의 운동 차이

지구내핵의 회전속도는 지각이나 맨틀의 회전속도에 비해 아주
조금 빠르다. 대략 300년 동안 한 바퀴를 더 도는 수준이다.

　인류는 오래 전부터 지구자기장의 존재를 알고 있었다. 그러나 지
난 수천 년 간 탐구를 거듭하고 여러 가설들이 제시되었는데도 지구
자기장이 생기는 원인은 밝혀내지 못했다. 그 동안 제시된 주요가설
로는 철 자기체磁氣體가설과 열전기가설, 자체발전기가설을 꼽을 수
있는데 그 중에서도 자체발전기가설은 과학계의 전적인 지지를 얻
고 있다.

　자체발전기가설은 먼저 다음의 근거를 제시한다. 첫째, 지구 핵을
구성하는 주요 물질은 철인데, 온도가 높고 액체 상태이다. 둘째, 지

구 내부의 높은 압력 때문에 지구 핵이 높은 온도에서도 약한 자성을 유지할 수 있다. 셋째, 지구 핵은 끊임없이 회전한다. 지구 핵 내부의 유체는 약한 자기장 안에서 회전하면서 지속적으로 전류를 생성한다. 이 전류를 통해 약한 자기장이 강력해지면서 지구가 자성을 유지한다는 가설이 바로 '자체발전기가설'이다.

자체발전기가설은 지구 내부의 구조에 대한 이해를 바탕으로 제시된 가설이다. 1930년 사람들은 지진파측정을 통해 지구 내핵이 액체 상태를 띠고 있다는 사실을 확인했고, 뉴질랜드 지진학자 불렌(Bullen)은 이를 기반으로 1940년에 지구내부계층 모형을 제시했다. 이 모형은 훗날 '자체발전기가설'로 발전하여 1950년대에 과학계의 인정을 받았다. 당시엔 가설을 뒷받침해 줄 과학적인 증거가 없었음에도 말이다.

'자체발전기가설'이 입증된 것은 1990년대에 들어서였다. 미국 콜롬비아 대학의 쏭샤오둥宋曉東과 리처즈(Richards)가 1967년~1995년 남극의 사우스샌드위치 제도(south sandwich islands) 근방에서 발생한 서른여덟 차례의 지진기록을 분석해 지구 내핵을 통과해 북극의 알래스카 지진대로 전달되는 지진파의 속도를 측정했다. 이를 통해 지난 30년 사이에 남극에서 발생한 지진파가 북극까지 도달하는 시간이 0.3초 단축됐다는 사실을 발견했다. 이는 곧 전파속도가 빨라졌다는 사실을 의미했고, 지구내핵의 회전속도가 지각과 맨틀보다 아주 조금 빨라 약 300년 동안 한 바퀴를 더

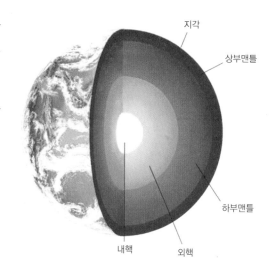

지각
상부맨틀
하부맨틀
내핵
외핵

▲ 1779년 8월 8일 이탈리아에서 발생한 베수비오 화산폭발을 통해 열과 지각의 갑작스런 융기가 암석의 형성과정에 중요한 역할을 한다는 사실이 다시 한 번 증명되었다.

평가

핵과 맨틀의 운동차이는 지구자기
장의 근원과 지구자기극성의 역전
환을 설명하는 데 중요한 의미를
지니고 있다. 또한 지구 심층부의
동력을 탐구하는 데에도 더할 나위
없이 좋은 기회와 방법을 제공해주
었다.

돈다는 사실을 입증해주는 근거이기도 했다.

핵과 맨틀의 운동이 차이를 보인다는 사실은 우리가 지구 심층부
의 동력을 이해하는데 더할 나위 없이 좋은 기회와 방법을 제공해주
었고, 지구자기장의 근원과 지구자기극성磁氣極性의 역전환을 설명하
는데도 큰 의미가 있는 발견이었다.

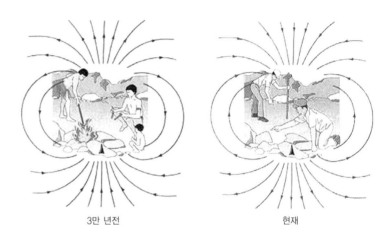

▶ 지난 45억 년 간 지구자기장의
  방향은 항상 변화해 왔다.

3만 년전   현재

생명과학

▶ 화석에 대해 설명하고 있는 퀴비에

발견시기
기원전 450년

고생물학의 창시자

퀴비에(Georges Cuvier, 1769년 8월 23일~1832년 5월 13일)

프랑스의 동물학자로 비교해부학 및 고생물학의 창시자이다.

상고시대의 증거
화석

현재는 과거를 이해하는 열쇠다.

라이엘

화석(fossil)이라는 말은 라틴어 'fossilis'에서 기인한 것으로 '파내다'라는 뜻이다. 선사시대 생물이 죽은 후 몸의 딱딱한 부분이 남아화석이 되었고, 화석을 통해 당시 생물의 생존 지역을 짐작할 수 있다. 간단하게 말해서 화석은 바로 상고시대 생물의 사체나 생물이 남긴 흔적이다.

인류는 이미 오래 전에 화석을 발견했지만 화석이 무엇인지 정확하게 알기까지는 오랜 시간이 걸렸다.

고대 그리스시대에 일부 학자들이 사막에서 물고기와 바다 조가비의 화석을 발견했다는 기록이 남아 있다. 기원전 450년, 이 현상에 주목

▼ 백악기 말 티라노사우루스의 화석

258

한 헤로도토스는 과거에는 이 지역이 지중해 속에 잠겨 있었다는 것을 깨달았다. 기원전 400년, 아리스토텔레스는 화석이 유기물로 이루어졌으며 화석이 암석 사이에 묻히게 된 이유는 지구 내부의 신비한 힘이 작용한 결과라고 여겼다. 하지만 아리스토텔레스의 제자 테오프라투스(Theophrastus)는 이에 동의하지 않았다. 그는 그 당시에는 아니었지만 지금 보면 다소 황당한 이론을 제시했다. 화석은 암석에 묻힌 씨와 알이 성장한 것으로 어떠한 생명을 대표한다고 주장했다. 훗날 스트라보(Strabo)는 해양 화석이 해수면 위의 지층에 존재하는 것을 보고 화석을 포함하고 있는 암석이 큰 융기를 겪었을 것이라 추론했다.

중세기에 이르러 화석에 대한 각종 해석이 난무했는데 종교적인 영향으로 연구에서 큰 성과를 내지는 못했다.

르네상스 시기에는 다빈치가 화석에 대해 주목했다. 그는 성경에 나오는 '홍수'로 모든 화석을 설명할 수는 없다며 화석은 고대 생물이 남긴 의심할 수 없는 증거라고 주장했다. 이로써 화석 연구에 든든한 기반을 마련했다.

1812년, 프랑스의 동물학자 퀴비에는《척추동물의 골격화석에 대한 연구(Recherches sur les ossements fossiles de quadrupèdes)》에서 치아 하나를 단서로 이미 멸종된 종의 전체 모습을 그릴 수 있다고 주장했다. 그 후 1833년 영국의 지질학자 라이엘이 《지질학 원리(Principles of Geology)》에서 처음으로 '고생물학'이라는 단어를 사용해 화석과 지질시대를 연구하는 학문을 지칭하기 시작했고, 이 덕분에 화석은 독립적인 학문으로 자리 잡았다.

《지층고생물학》이라는 저서를 통해 1만 8천 종에 달하는 무척추동물을 설명하고, 지층의 종류를 스물일

발견자

라이엘(Charles Lyell, 1797~1875)
영국의 지질학자로 지질학의 창시자이다. 런던 지질학회 의장, 영국황실학회 의장, 영국자연박물관 관장 등을 역임했다. 그는 외적 영력(營力, 지구 표면을 변형시켜 지형을 만드는 힘-역주)이 장기간 천천히 작용한 결과 지구가 변화한다는 의견을 제시하고, 외적 영력에 의한 지질작용은 미약하나 일치성과 균일성을 가진다고 덧붙였다. 한편, 지구 표면이 갑작스럽게 변했다고 보는 것은 근시안적인 시각이라며 격변론(17~19세기에 G.퀴비에가 주장한 학설로, 지구상에서 일어났던 대규모 지질학적 사건들이 급작스러운 변화에 의해 단기간 내에 일어났다는 주장이다.-역주)을 비판했다. 이 과정에서 '현재는 과거의 열쇠'라는 명언을 남겼다. 1830에서 1833년까지 라이엘은 점진론에 관해 체계적으로 설명한《지질학 원리》를 펴냈다.

▲ 기원전 450년 헤로도토스 (Herodotus, 기원전 484년~ 기원전 425년), '역사의 아버지'라 불린다.

◀ 매머드의 화석

곱가지로 분류한 프랑스 학자 도르비니(d' Orbigny)의 분류법은 지층 고생물학의 기반이 되어 오늘날까지도 사용되고 있다. 19세기 말, 최초로 출토된 인류 화석은 진화론에 힘을 실어주었을 뿐 아니라 고생물을 연구하는 데 화석이 큰 도움이 된다는 사실을 입증해 주었다.

화석은 과학 연구에서 없어서는 안 될 분야이다. 고대 생물 진화와 고시대의 지리 및 기후 변화를 증명할 수 있는 가장 강력한 증거이기 때문이다. 모든 생물들은 환경에 적응하여 그에 걸 맞는 습성이나 신체적 특성을 지니는데, 이를 이용해 고대 생물이 살았던 생활환경을 추론할 수 있다. 이외에도 화석은 고대 환경 및 기후를 반영하는 암석의 지표이다. 즉 코키나(생물의 석회질 껍데기나 뼈의 조각으로 이루어진 퇴적물. 조가비, 산호, 바다나리, 석회조, 유공충 따위가 죽어서 쌓인 것-역주)는 해변 환경을, 생물 암초는 저위도의 따뜻한 바다 환경을, 석탄이나 토탄은 습지 환경 등을 반영한다.

▲ 영국 국왕 찰스 1세와 그의 아들을 진찰하고 있는 하비

계산을 통해 얻은 이론
혈액순환

해부학을 가르치든 배우든, 책이 아닌 실험을 근간으로 삼아야 한다.

윌리엄 하비

인체에는 많은 비밀들이 숨어 있다. 아이는 어떻게 생기는 것일까? 인간은 왜 호흡할까? 음식물이 인체에 필요한 영양분으로 전환되려면 어떠한 과정을 거쳐야 할까? 선조들이 이미 해답을 제시했기에 오늘날엔 그리 어려울 것 없는 문제들이지만, 17세기 초만 해도 이러한 질문에 제대로 답을 할 수 있는 사람은 없었다. 당시 가장 유명한 의사조차도 위의 질문은 물론 '혈액은 어디에서 만들어질까?', '혈액이 온 몸을 순환하는 이유는 무엇일까?'와 같이 간단한 문제에도 답을 내놓지 못했다.

해부학의 창시자 갈렌(Galen)의 주장에 따르면, 혈액은 간에서 혈

발견시기
1619년

발견자

윌리엄 하비
(William Harvey, 1578~1657)
의사, 생리학자, 발생학자이다. 1578년 영국 포크스턴(Folkestone)에서 태어나 1657년 런던에서 세상을 떠났다. 혈액순환과 심장의 기능을 발견해 새로운 생명과학의 시작을 알렸다. 심혈기관 및 동물 생식에 관한 연구로 하비는 코페르니쿠스, 갈릴레이, 뉴턴 등과 함께 과학 혁명의 가장 반열에 올랐다.

▲ 하비의 원고

관으로 한 방울씩 스며들며 어떤 압력에 의해 끊임없이 온 몸으로 퍼져나가는 것이다. 시체를 해부한 경험이 있는 사람들은 이 주장을 쉽게 받아들였다. 하지만 실제로 살아있는 인간이 피를 흘리는 모습을 본 적이 있는 사람들은 이 주장에 의문을 가지지 않을 수 없었다. 손목이나 목을 베었을 경우 지혈을 하지 않으면 몇 분 내에 부상자가 사망할 수 있을 정도로 피가 용솟음쳤기 때문이다. 그렇다면 이처럼 혈관이 손상을 입었을 때 혈액이 뿜어져 나오는 이유는 무엇일까? 혈액은 대체 어떤 힘에 의해 밖으로 밀려 나오는 것일까?

1600년 초, 영국의 의사 윌리엄 하비는 혈액에 대해 자세히 연구하기 시작했다. 그는 갈릴레이와 마찬가지로 여러 가지 실험을 했다. 하지만 살아있는 사람을 대상으로 실험을 할 수 없어 이렇다 할 진척을 보지 못했다. 어느 누가 아무 이유 없이 자기 몸에 칼을 대는 것을 허락하겠는가? 그래서 하비는 내장 기관이 사람과 유사한 '양'을 대상으로 실험을 진행했다.

양의 경동맥을 잘라 피가 솟구치는 모습을 관찰한 그는 모종의 강력한 힘이 혈액의 흐름에 영향을 미친다는 결론을 내렸다. 하비는 동물과 인간의 체내에 쉬지 않고 움직이는 근육 조직, 심장이 있다는 사실을 알고 있었다. 그는 죽은 지 얼마 되지 않은 가축을 해부하다 그 심장이 아직까지 뛰고 있다는 사실을 발견했다. 그런데 심장이 수축과 팽창을 반복할 때마다 심장과 이어진 혈관으로 혈액이 뿜어져 나오는 것이 아닌가! 그랬다. 혈액을 온 몸으로 보내는 '펌프' 역할을 한 기관은 바로 심장이었다. 하지만 이 혈액은 대체 어디에서 오는 것일까? 끊임없이 새로운 피를 만들어내는 신체기관이 있다는 말인가?

그 후 인간의 시체에서 심장을 적출해 그 부피를 계산한 하비는 심장에 약 0.5리터의 혈액이 들어갈 수 있다는 사실을 발견했다. 이는 심장이 수축할 때마다 뿜어져 나오는 혈액이 심장 속 혈액의 전부는 아니지만 그 중 일부라는 사실을 의미했다. 심장수축으로 뿜어져 나온 혈액의 양을 0.2리터라 가정하면, 보통 심박수가 1분에 72회 정도이기 때문에 1분 동안 심장이 뿜어내는 혈액 양은 약 1.4리터라는 결론이 나온다. 여기에 60을 곱하면 한 시간에 뿜어져 나오는 혈액 양을 알 수 있다. 즉, 인간의 심장은 한 시간 동안 80리터 이상의 혈액을 뿜어내는 것이다!

이는 성인 남성의 체중보다도 큰 수치로, 인체가 이렇게 많은 혈액을 끊임없이 만들어낸다는 것은 상식적으로 있을 수 없는 일이었다. 그렇다면 답은 하나였다. 바로 일정한 양의 혈액이 인체 내부를 순환하고 있다는 것이다!

새로운 인체관을 제시한 하비의 이 발견은 과학자들 사이에 큰 논쟁을 불러 일으켰다. 하비는 "심장은 펌프와 같다."며 "혈액은 혈관을 따라 흐르며 생명활동에 필요한 영양분을 운송한다. 사실은 이처럼 간단하다. 인체는 그리 신비한 것이 아니다. 하나의 기계라고 생각하면 된다."라고 말했다. 어쩌면 하비의 연구방법이 끔찍하다고 생각하는 사람도 있을 것이다. 실제로 경동맥이 잘린 양이 피를 쏟으며 죽어가는 모습을 지켜본다는 것은 상상만으로도 역겨운 일이다. 하지만 이 연구를 통해 얻은 지식이 질병 치료에 많은 도움이 되었음을 간과해서는 안 된다.

하비는 처음으로 실험에 동물을 이용한 학자로 근대 생물학의 선구자라 여겨진다. 아리스토텔레스가 창시한 생물학이라는 학문은 하비의 연구를 계기로 새로운 방향으로 발전해나가기 시작했다.

평가

하비는 과학계에 획기적인 공헌을 했다. 생명과학의 새로운 시작을 열어 16세기에 시작된 과학혁명에 일조했다. 그는 심혈기관 및 동물 생식에 관한 연구로 코페르니쿠스, 갈릴레이, 뉴턴 등과 함께 과학혁명의 거장이 되었다.

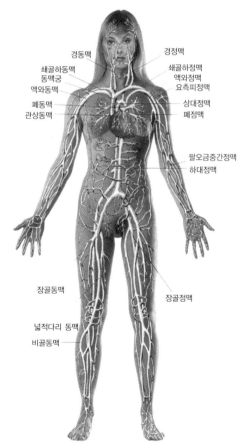

경동맥
경정맥
쇄골하동맥
동맥궁
액와동맥
폐동맥
관상동맥
쇄골하정맥
액와정맥
요측피정맥
상대정맥
폐정맥
팔오금중간정맥
하대정맥
장골동맥
장골정맥
넓적다리 동맥
비골동맥

◀ 인체의 혈액순환도

▲ 브라반트주의 도시 루뱅에 간 베살리우스

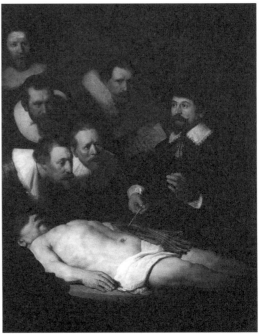

▲ 학생들에게 해부학을 가르치고 있는 의사. 손목과 손가락을 어떻게 해부해야 하는지 알려주고 있다. [네덜란드 화가 렘브란트 (Rembrandt, 1606년~1669년)作]

발견시기
1543년

정상궤도에 오른 해부학
인체의 구조와 해부학

무턱대고 갈레노스(Claudios Galenos)의 약점을 들추려는 것은 아니다. 나는 갈레노스가 대★해부학자라는 사실을 인정한다. 그는 수많은 동물들을 해부했지만 시대적 한계로 인체를 해부하지는 못했고, 이로 인해 많은 오류를 범했다. 간단한 해부 수업에서도 200여 가지의 오류를 집어낼 수 있을 정도다. 하지만 나는 여전히 그를 존중한다.

안드레아스 베살리우

인간은 때론 게으름을 피우고 현실과 타협하는 나쁜 버릇이 있다. 고대 로마시대 이미 적잖은 의학자들이 갈레노스의 인체 해부학에 많은 오류가 있음을 발견했지만 이를 바로잡으려고 하는 사람은 없

▲ 안드레아스 베살리우스의 실험

▲ 안드레아스 베살리우스의 인체 해부도

었다. 르네상스 초기, 여러 장의 인체도를 그린 다빈치 역시 갈레노스의 오류를 바로잡으려는 생각은 하지 못했다. 그러다 16세기에 접어들어 벨기에의 의사 안드레아스 베살리우스가 갈레노스학파의 여러 오점을 밝히면서 해부학은 비로소 정상궤도에 진입하게 되었다.

갈레노스의 인체해부학이 이렇게 많은 오류를 범하고 있고, 심지어 극히 초보적인 문제에서조차 오점을 가지고 있는 이유는 그가 살았던 시대와 관계가 있다. 고대 로마제국 시기에는 시신을 해부한 사람을 사형에 처할 만큼 인체해부를 철저히 금지했다. 상황이 이러하니 로마의 궁정의사였던 갈레노스는 돼지, 양, 원숭이 등을 대상으로 한 해부 및 실험결과에 고대 이집트인이 미이라를 제작하면서 축적해온 지식을 더해 인체의 구조와 생리기능을 단편적으로 이해할 수밖에 없었다. 갈레노스는 인체의 구조에 대해 상세히 기술했지만, 사람과 동물의 구조에는 큰 차이가 있었다. 때문에 그의 저서 《해부과정에 대하여》, 《신체 각 기관의 기능에 대하여》 등이 오류를

발견자

안드레아스 베살리우스(Andreas Vesalius, 1514년~1564년)
네덜란드의 의사이자 해부학자로 근대 해부학의 창시자이기도 하다. 신성로마제국과 에스파냐의 궁정의사를 지냈으며, 최초로 인간의 시신을 해부해 해부학이라는 명칭을 표준화시켰다. 《인체의 구조》등의 의학서로 갈레노스학파의 오류를 바로잡아 근대의학 발전에 큰 영향을 미쳤다.

평가

베살리우스의 《인체의 구조》는 과학적인 해부학 확립에 중요한 지표이다. 갈레노스학파의 주관적 억측으로 인한 여러 오류들을 바로잡아 인체기관의 조직형태와 구조를 보다 정확하게 파악할 수 있게 되었다.

피해가기는 어려웠다. 중세기 때에는 교회가 시신의 해부를 엄격히 금지했기 때문에 이러한 오류를 바로잡을 수 없었고, 갈레노스의 저서는 그 후 1,000여 년이라는 시간 동안 '경전'으로 받들어졌다.

르네상스 이후 의학이 지속적인 발전을 거듭하자 많은 의사들은 정확하고 자세한 새 해부학저서의 필요성을 느끼게 되었다. 이 영광스러운 중책을 맡은 사람은 벨기에 출신의 의사 안드레아스 베살리우스였다. 그는 기존 학계 권위자들의 인체구조이론을 타파하고 직접 인체를 관찰했다. 그렇게 얻은 풍부한 해부자료를 이용해 인체의 구조를 정확하게 기술해냈고, 1543년 《인체의 구조》라는 저서를 완성했다. 그 후 100여 년 동안 이 책은 의사들의 비적으로 사용되었다.

《인체의 구조》는 인체기관의 조직형태와 구조를 정확하게 파악할 수 있도록 도와주었으며, 지난 천 여 년 간 이어져 내려오던 오류를 바로잡았다. 근대 인체해부학의 탄생을 의미하는 이 책은 생명과학 발전역사에 중요한 이정표가 되었다.

▲ 레이우엔훅과 그의 '작은 동물'

생명기원의 활화석
미생물

인간의 입 속 플라그에는 네덜란드의 전체 주민보다 많은 동물들이 살고 있다. 믿기 어려울 만큼 종류도 다양하고 크기도 아주 작은 수많은 동물들이 말이다…. 그들의 움직임은 상당히 우아하다. 이리저리 돌아다니며 회전하기도 하도 앞으로 나아갔다가 옆으로 움직이기도 한다…. 아! 굉장한 연구 성과를 얻은 것 같다.

안톤 판 레이우엔훅

인류의 오랜 생존역사 중 일부분은 각종 질병에 맞선 투쟁의 역사라 해도 과언이 아니다. 페스트, 디프테리아, 콜레라, 티푸스, 이질,

발견시기
1674년

발견자

안톤 판 레이우엔훅
(Anton van Leeuwenhoek, 1632년 10월 24일~1723년 8월 26일)
네덜란드의 현미경 학자이자 미생물학의 창시자이다. 최초로 확대현미경을 이용해 세균과 원생동물을 관찰했다. 그는 일생 동안 400개 이상의 렌즈를 제작했는데, 그 중에는 확대율이 270배에 달하는 렌즈도 있었다. 그는 이렇게 자신이 직접 제작한 현미경으로 미생물을 발견했다.

유행성감기, 천연두 등과 같은 전염병이 끊임없이 생겨나 인간을 위협하고 직접적인 피해를 입히기도 했다. 강력한 전염병이 돌면 한 번에 수천, 수만 명의 사람들이 목숨을 잃는 비극이 벌어지기도 했다.

이렇게 무서운 살인자들의 정체는 무엇일까? 어디에 숨어있는 걸까? 전 세계의 의사와 과학자들은 문제의 답을 찾기 위해 끊임없이 노력했다.

그들의 정체는 바로 우리의 몸 속을 비롯해 세계 곳곳에 분포해 있는 미생물이었다.

미생물은 이미 40억 년 전부터 지구에 살고 있었다. 과학자들은 이들이 바닷물 속의 복잡한 유기물 또는 원시육지를 돌고 있는 거대한 구름무리로부터 형성되며, 수십억 년에 걸쳐 진화하면서 지구상에 다양한 종류의 생명을 탄생시켰다고 추정했다. 때문에 미생물은 모든 생명의 시조라 말할 수 있다는 것이다.

미생물은 그 크기가 너무 작아 육안으로는 볼 수 없다. 그래서 현미경이 발명되기 전까지는 미생물의 존재를 알 수 없었다. 그러나 현미경이 발명되고, 미생물의 신비가 하나 둘씩 밝혀지기 시작했다.

가장 먼저 그들의 존재를 발견한 사람은 문지기였다가 훗날 생물학자가 된 레이우엔훅이었다. 그가 미생물을 발견한 시기는 1674년이었다.

▼ 초기의 현미경으로 본 미생물

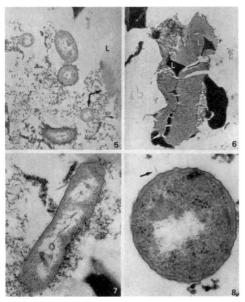

레이우엔훅은 자신이 직접 제작한 확대율이 270배에 달하는 현미경으로 물방울을 관찰하다가 물 한 방울 속에 우리가 알지 못하는 무수한 비밀들이 숨어있음을 발견했다. 물 속에 아주 자그마한 무언가가 살아 움직이고 있었던 것이다. 그는 이들을 '아주 미미한 동물'이라고 이름 붙이고 그 크기를 측정했다.

보다 세부적인 관찰을 통해 레이우엔훅은 수많은 하등동물과 곤충들의 생활사를 발견했다. 그들은 모래나 진흙 또는 이슬 속에서 자연히 생겨나는 것이 아니라 스스로 만든 알에서 부화되어, 바람을 따라 이동하기도 했다.

레이우엔훅은 서신을 통해 영국왕립학회의 《왕립학회철학학보》에 자신의 발견들을 발표했다. 1680년 연구 성과를 인정받은 그는 왕실왕립학회의 회원이 되었다. 그야말로 파격이었다.

하지만 안타깝게도 레이우엔훅은 기초지식이 부족해서 자신의 발견을 이론으로 발전시키지 못했다. 거기다 현미경 제작기술도 제자리걸음을 거듭했다. 그가 세상을 떠난 후 100여 년 동안 미생물 연구는 침체기에 빠져 빛을 보지 못했다.

미생물학은 19세기 중엽에 이르러서야 비로소 생물학자 파스퇴르(Louis Pasteur), 독일 생물학자 코흐(Heinrich Hermann Robert Koch)의 노력에 힘입어 비약적인 발전을 거듭하게 되었다. 그들은 특히 미생물의 순종을 분리하는 데 큰 성과를 거두었고, 더 나아가 미생물 연구에 필요한 일련의 방법들을 확립해 미생물학 확립에 초석을 마련했다. 그리고 얼마 후 세균학, 면역학, 토양미생물학 등 미생물학에서 파생된 학과들이 잇달아 생겨났다. 이렇게 인간은 질병을 일으키는 원인을 찾아냈음은 물론 그들을 이용하는 방법을 배우기 시작했다.

평가

미생물의 발견은 오랫동안 사람들의 머릿속에 뿌리박혀 있던 '무에서 유를 탄생시킬 수 있다'라는 잘못된 생각을 뒤바꿔놓으며 생물계에 대한 인식을 높여 주었다.

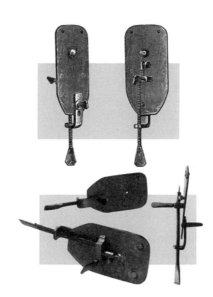

◀ 레이우엔훅이 직접 제작한 현미경

▶ 린네가 1736년에 출간한 책을 보고 있는 사람들

처음으로 생물 종의 등급서열을 매기다
분류학

인위적인 시스템은 우리에게 식물을 식별하는 방법만을 알려주지만 자연 시스템은 각종 식물의 특징을 알려준다.

린네

발견시기
1735년

발견자
린네
(Carolus Linnaeus, 1707년~1778년)
스웨덴의 식물학자이자 모험가이다. 처음으로 생물의 종속정의원칙을 제시하고 인위적인 분류 시스템과 이명법을 구축했다. 시간에 따른 분류법 대신 자연분류법을 채택해 동식물에 관한 지식을 체계화했다. 이명법이라는 위대한 발견 덕분에 그는 18세기에 가장 뛰어난 과학자가 되었다.

기원전 350년, 고대 그리스 철학자 아리스토텔레스는 《오르가논 (Organon)》을 통해 최초로 동식물을 분류해 자연계의 질서를 확립했다. 그 후 그의 제자 테오프라스토스(Theophrastos)가 체계적인 식물학 책을 펴내 '식물학의 시조'라고 불렸다. 하지만 그 이후로 동식물 분류에 새로운 시도를 하는 사람은 찾아볼 수 없었다. 르네상스 이후 여러 권의 동식물 도감이 세상에 선을 보였지만 어느 것 하나 아리스토텔레스의 분류법을 뛰어넘지 못했다.

탐험가들이 아프리카, 오세아니아, 아시아, 아메리카 등지를 돌며 새로운 동식물을 끊임없이 발견해내면서 동물계와 식물계는 점점 더 뒤죽박죽이 되었다. 자연계 전반을 지배할 수 있는 법칙이 과연 있기는 한 건지 판단하기 어려운 가운데 생물학자들의 고민은 깊어만 갔다. 자연계의 질서를 확립할 수 있는 새로운 분류법이 그 어느 때보다도 절실한 상황이었다.

이 역사적 사명을 짊어진 사람은 바로 스웨덴의 생물학자 칼 폰 린네였다. 린네 이전의 식물학자들이 대부분 식물의 색깔이나 형태를 관찰하고 기록하는 데 그친 반면 그는 보다 심층적인 연구를 진행했다. 린네는 식물을 채집해 관찰한 후 해박한 지식을 십분 활용해 새로운 분류법을 도입했고, 1735년에 마침내 《자연의 체계 (Systema naturae)》를 출판했다.

린네는 같은 특징을 가진 식물군을 '종種'이라고 불렀다. 식물이면 잎이나 꽃잎(꽃일 경우)의 형태와 생장 방식을 특징으로 삼았고, 동물이면 피부나 가죽의 반점, 뿔, 귀의 모양, 습성 등을 특징으로 삼았다. 같은 종의 수컷과 암컷은 교배를 통해 새끼를 낳을 수 있다. 다른 종의 동물이 교배하는 경우는 극히 드물고, 교배를 하더라도 새끼를 낳을 수 없다. 개는 겉으로 드러나는 특징이 서로 다르지만 모두 같은 종에 포함된다.

▲ 《자연의 체계》 중의 삽화

이 때문에 겉으로 보기에는 생김새가 완전히 다른 개도 교배해 새끼를 낳을 수 있고, 이로써 수많은 '잡종' 개가 생겨났다.

린네는 일부 종이 매우 유사한 성질을 나타낸다는 사실을 발견하고 비슷한 종을 하나로 묶었다. 그리고 이를 종의 대분류로 구분해 '속屬'이라고 명명했다. '종'과 '속'을 구분한 후 린네는 모든 동식물에 세계적으로 공통된 이름, 즉 학명을 붙였다. 이전의 동식물 명칭은 그야말로 뒤죽박죽이었다. 심지어 지방마다 이름이 다른 동식물도 있었다. 린네는 모든 동식물에 '속명'과 '종명'을 조합한 학명을 붙여 주었는데 전 세계 학자들이 모두 알아볼 수 있도록 당시 학계에 통용되던 라틴어를 사용했다.

이에 따라 자연계의 모든 생물은 이름을 두 개씩 가지게 되었다. 예를 들어 눈 속에서 자라는 꽃 '삼각초'의 학명은 Hepaticanobilis 이다. 학명서는 전화번호부와 같은 방식으로 기록되었다. 다시 말해

▶ 린네 – 라플란드(linnaeus-lapland)

▲ 린네 훈장(Medaille-Linnacus)

평가

린네의 생물 분류 시스템은 근대 생물학의 발전에 큰 영향을 미쳤고, 이명법과 인위적 분류법은 근대 생물 분류학과 생물학의 기반을 다져 주었다.

서 가족의 성을 먼저 쓰고 이름을 나중에 쓰는 전화번호부처럼, 사람의 성에 해당하는 '속'을 먼저 쓰고 이름에 해당하는 '종'을 썼다. 이 명명법은 '이명식 명명법'이라고 하며 간단하게 '이명법二名法'이라고도 한다. 린네는 이렇게 평생 동안 1만 6천 개에 달하는 동식물에 새로운 이름을 붙여 주었다.

린네의 후손은 이 중요한 임무를 이어 받아 이를 더욱 자세하게 세분화했다. 예를 들어 사자는 '사자' 종과 '표범' 속에 포함된다. 따라서 사자의 학명은 pantheraleo이다. pan-hera에 속하는 동물로는 호랑이, 표범 등이 있다. 엄밀히 따지자면 '속'은 더 큰 분류인 '과科'의 일부분에 지나지 않는다. 애완고양이부터 산고양이, 사자 등 '고양이상'을 한 동물은 모두 '고양잇과(felidae)'에 속한다.

동물은 여러 '과'로 분류할 수 있다. 개와 비슷하게 생긴 동물이 속한 '개과(canidae)'도 그 중 하나이다. 고양잇과와 개과 동물은 똑같은 특징을 하나 가지고 있는데 바로 고기를 뜯어먹기에 용이한 날카로운 송곳니가 있다는 것이다. 때문에 이 두 '과'에 속하는 동물은 '목目'이라는 더 큰 분류로 묶을 수 있다. 고양이, 개, 곰, 하이에나 등의 동물은 모두 '식육(carnivo-ra)' 목에 속한다.

식육목에 속하는 모든 동물은 인간, 소, 코끼리, 고래와 같은 태생 동물로 모유를 먹고 자란다. 이 때문에 '목'은 또 다시 더 큰 분류인 '강綱'에 속한다. 인간이 속한 '강'은 '포유류(mammalia)' 강이라 부르며, 조류, 파충류, 어류는 또 다른 '강'에 속한다.

모든 포유류와 조류, 파충류, 어류에서도 공통된 특징을 찾아볼 수 있다. 바로 곤충이나 달팽이는 없는 척추를 가지고 있는 것이다. 이처럼 척추가 있는 생물은 더 큰 분류인 '문門'에 포함되며, 우리가 속한 '문'을 '척추동물(vertebrata)' 문이라 부른다. 한편 곤충류나

갑각류는 뼈와 같은 딱딱한 껍질로 싸여 있지만 척추가 없기 때문에 '무척추동물'에 속한다.

'문' 위에는 '계界'라는 더 큰 분류가 있다. 생물은 크게 두 계로 나뉜다. 생존을 위해 스스로 움직이고 호흡을 통해 인체 내로 산소를 흡입하는 생물과 그 자리에서 움직이지 않고 이산화탄소를 체내로 흡입해 생명을 유지하는 생물이 바로 그것이다. 이 때 척추동물과 무척추동물은 모두 같은 '계'에 속하며 '동물계'라고 불린다.

이와 반대로 초목은 모두 '식물계'에 속한다. 이 밖에도 균류가 속하는 '균계'가 있다.

이렇게 많은 분류를 모두 기억하려면 엄청난 노력이 필요하다. 하지만 전체를 커다란 나무라고 생각하면 이해하기가 쉽다. 줄기를 지구상에 사는 모든 생물이라고 치면 줄기에서 뻗어 나온 가장 굵은 가지는 가장 큰 분류인 '계'에 해당한다. '계'에서 뻗어 나온 여러 가지는 '문'을 상징하고, 다시 '문'에서 뻗어 나온 가지는 '강', '강'에서 뻗어 나온 가는 가지는 '목'이라고 할 수 있다. 목은 '과'와 '속'이라는 가지로 나뉘고, 마지막으로 가장 가느다란 가지가 바로 '종'을 상징하는 것이다. '생명의 나무'는 가장 가느다란 가지만 몇 백만 개에 달할 정도로 거대하다.

린네의 생물분류 시스템은 근대 생물학의 발전에 큰 영향을 미쳤고, 이명법과 인위적 분류법은 근대 생물분류학 및 생물학의 기반을 다져 주었다. 그의 분류 시스템 덕분에 수많은 생물의 등급과 서열을 정하고, 각 생물 사이의 관계를 일목요연하게 정리할 수 있었다. 어떤 의미에서 보면 린네의 생물분류법은 뉴턴이 간단한 만유인력의 법칙으로 우주의 천체 운동을 정리한 것만큼이나 위대한 성과라 할 수 있다.

▼ 나비의 성장, 《자연의 체계》 중의 삽화

Phalæna B. Erminea.

Phalæna B. Lubricipeda.

Phalæna B. Mendica.

Phalæna B. Papyratia.

▲ 서재에서 찰스 다윈

발견시기
1859년

발견자
다윈(Charles Robert Darwin, 1809년
~1882년)
영국의 박물학자로 진화론의 창시자
이다. 5년(1831~1836) 동안의 세계
여행을 통해 그는 동물, 식물, 지질
분야의 방대한 재료를 관찰하고 수
집했다. 귀납정리와 종합분석을 거
쳐 생물의 진화라는 개념을 세우고,
1859년 《종의 기원(The Origin of
Species)》을 출간하면서 자연선택
(Theoty of Natural Selection)을 기초
로 한 진화설을 전면적으로 제시했
다. 출판 당시 학술계에 큰 충격을
안겨준 이 책은 생물학 역사의 전환
점이 되었다.

신에 대한 선전포고
진화론

"생물은 자연선택에 의해 강한 자는 살아남고 약한 자는 도태
된다."

"적자생존適者生存."

《종의 기원》보다 더 좋은 책은 없다고 생각한다. 이 책은 관련
문제에 대해 전혀 몰랐던 사람들까지도 감동시킨다. 나는 다윈
의 이론을 절대적으로 지지한다.

영국의 박물학자 헉슬리(Huxley)

"생물은 자연선택에 의해 강한 자는 살아남고 약한 자는 도태된
다." 이는 전지전능한 신에 대한 선전포고였다. 코페르니쿠스의 지
동설이 신의 물질 기초를 뒤흔들었다면 진화론의 등장은 신을 섬기
는 사람들에게 정신적인 충격을 안겨주었다.

사람들은 이미 오래 전부터 이 세상에 존재하는 형형색색 그 종류도 다양한 만물의 기원을 탐구해 왔다. 그러나 종교의 출현으로 만물은 신이 창조했다는 의견, 즉 창조론이 지배적이 되면서 우리는 더 이상 인간의 기원에 대해 물을 필요가 없어졌다. 인간의 길고 긴 진화 역사에서 이와 같은 선입견은 줄곧 사람들의 머릿속에 뿌리 박혀 있었다.

하지만 과학기술이 발전하면서 사람들은 점점 창조론에 도전장을 내밀기 시작했다. 종의 기원에는 다른 이유가 있다며 기존사상에 반기를 들고 나선 것이다. 다윈의 진화론은 이러한 도전을 직접적인 선전포고로 바꿔 놓았다.

선인장 핀치
(Geospiza Conirostris)

휘파람 핀치
(Geospiza Conirostris)

작은지상 핀치
(Geospiza Fuliginosa)

▲ 갈라파고스제도에 있는 열세 종의 다양한 핀치, 다윈 핀치라고도 한다. 그림은 그 중 세 종류이다.

다윈이 진화론을 발견한 것은 결코 우연이 아니다! 그는 어렸을 때부터 자연계를 자세히 관찰하고 각지에서 다양한 동식물 특히 곤충채집을 좋아했는데, 이러한 취미가 진화론을 발견하는 데 큰 역할을 했다. 더욱 중요한 점은 그가 절호의 기회를 잡았다는 것이다.

1831년 어느 날, 세계 각지를 돌며 자연현상을 조사할 선박이 출항을 앞두고 있다는 소식을 접한 다윈은 부모님을 설득해 끝내 승선 허락을 받는 데 성공했다. 그리고 1831년 12월 27일, 비글(Beagle)호

◀ 《종의 기원》이 출판된 후, 다윈의 집 앞에는 수백 명의 사람들이 몰려들어 논쟁을 벌였다.

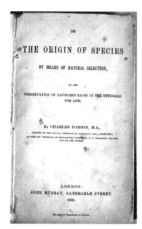

▲ 《종의 기원》 초판 표지

라 불리는 이 배에 몸을 실었다.

40년이 넘는 긴 시간 동안 세계를 여행하면서 다윈은 신기한 동식물이면 뭐든 상자에 담아 영국 집으로 부치는 한편 그들에 관한 모든 것을 기록으로 남겼다.

1835년, 갈라파고스제도(Galapagos Islands)에서 다윈은 신기한 현상을 발견했다. 대륙에서 1,000킬로미터나 떨어진 이 작은 섬에 놀랍게도 핀치(Finch)와 같은 작은 새가 열세 종류나 서식하고 있었던 것이다. 이 열세 종류의 새들은 부리 모양을 제외하면 대륙의 핀치와 거의 비슷한 모습이었다. 어떤 새는 식물의 씨앗에 껍질을 깨고 알맹이를 먹기에 적당한 짧고 단단해 보이는 부리를 가지고 있었고, 또 어떤 새는 벌레를 잡기에 제격인 긴 부리를 가지고 있었다.

이 13종의 새들은 어떻게 바다로 둘러싸인 이 섬까지 올 수 있었을까? 참으로 신기한 일이 아닐 수 없었다. 대륙에서 이렇게 멀리까지 날아오기란 불가능할 텐데. 그렇다면 혹시 수천, 수만 년 전에 대륙에서 날아온 핀치 한 종이 진화를 거듭하면서 열세 종이 된 것은 아닐까?

1836년 고향으로 돌아온 다윈은 일을 관두고 종일 집안에 틀어박혀 오로지 '종의 변화' 대한 생각에만 빠져 지냈다. 그는 묵묵히 동식물 연구에 매진했다. 연구를 하면 할수록 이미 멸종한 생물종이 유사한 생물종으로 변형된다는 확신이 들었다. 이뿐만 아니라 다윈은 세계의 동식물을 꼼꼼히 조사해 다른 학자들과 편지로 의견을 주고받았다. 끊임없이 쏟아져 나오는 새로운 발견들은 그의 생각에 틀림이 없음을 증명해주었고, 이로써 의심의 여지를 완전히 털어냈다. 생물학자가 하지 못한 대발견을 다윈을 이루어낸 것이다.

▼ 모래사장에 있는 '비글' 호

그러나 다윈은 교회와 다른 학자들의 반대를 우려해 그 후 20년 동안이나 이를 발표하지 못했다. 그러다 1858년에 한 통의 편지를 받고서야 자신의 발견을 발표하기로 했다. 그에게 편지를 보낸 사람은 앨프리드 월리스(Alfred Russel Wallace)라는 젊은 학자였다. 그는 인도네시아의 정글에서 동물의 생태를 조사할 당시 '정글 속에 다양한 동식물의 종이 존재하는 것은 사실 소수의 생물종이 변화한 결과' 라는 결론을 도출했는데, 이는 다윈의 발견과 같은 내용이었다.

그렇게 넋 놓고 있다가는 자신이 수십 년간 노력해서 얻은 성과가 한순간에 다른 젊은이의 공으로 돌아갈 것이 뻔했다. 다행히 친구의 도움으로 다윈은 관련기구로부터 이러한 결론을 최초로 도출해낸 인물임을 인정받을 수 있었다. 친구의 재촉으로 다윈은 서둘러 자신의 발견을 책으로 옮겼고, 1850년 11월 24일에 《종의 기원》을 출판했다.

이 책은 출간된 다음날 바로 매진되었고, 이와 함께 엄청난 논쟁을 불러일으켰다. 이 책에 대한 의견은 크게 둘로 나뉘었다. 즉, 천재적인 걸작이라고 추앙하는 쪽과 즉시 금서禁書로 지정해야 한다는 주장이 팽팽히 맞섰다.

다윈은 오랜 세월 속에서 동물과 식물 종이 어떻게 변화해 왔으며 지금은 또 어떻게 변화하고 있는지 기술했다. 책의 주요 골자는 바로 모든 종은 오랜 시간을 거쳐 점차 진화한다는 '진화론'이었다.

진화론은 완전히 새로운 사상과 이론으로 '천지창조론'과 '종의 불변성' 이론을 뒤집으며, 처음으로 생물학을 완전과학이라는 기초 위에 올려놓았다. 또한 출연과 동시에 전 세계에서 큰 반향을 일으켰으며 사람들의 사상적 속박을 깨는 한편 종교적 미신에서 벗어나야 한다는 사실을 일깨워 주었다.

엥겔스는 다윈의 진화론을 높게 평가하며 이를 19세기 자연과학의 3대 발견 중 하나라 여겼다.

◀ 다윈의 서재

▲ 광고 그림. 그림 속 인물은 파스퇴르와 릴 대학의 대학생이다. 파스퇴르가 발효작용을 일으키는 생물을 발견한 과정을 알려주는 광고이다.

발견시기
1857년

발견자

루이스 파스퇴르(Louis Pasteur)
프랑스의 미생물학자이자 화학자로 근대 미생물학을 창시한 인물이다. 뉴턴이 역학의 길을 개척했던 것처럼 파스퇴르도 미생물 영역을 개척했다. 그는 이론의 천재이자 문제를 해결하는 데도 능한 과학의 거장이었다. 19세기의 뛰어난 과학자 중 한 명으로 '과학 왕국에서 가장 완벽한 사람'이라고 칭송받고 있다.

프랑스 와인산업을 살린 발견
세균학설

의지, 일, 성공은 인생의 3대 요소이다. 사업의 문을 열어주는 것이 의지라면 일은 성공으로 향하는 길이다. 이 길의 끝에 다다르면 성공이라는 결과가 당신을 기다리고 있을 것이다…. 굳건한 의지를 가지고 열심히 일한다면 언젠가 반드시 성공할 날이 찾아온다.

성공에 관한 파스퇴르의 명언

19세기 중엽, 프랑스의 와인 생산량은 유럽 전체에서 1위를 차지할 정도로 독보적이었다. 하지만 양조업자들에게는 한 가지 고민이 있었다. 당시 대다수의 양조장에서는 전통적인 방식으로 술을 빚었는데, 이 방식에는 효모를 이용해 포도즙을 발효시켜 주정으로 바꾸는 중요한 단계가 있었다. 문제는 바로 이 발효 과정 중에 술이 신맛으로 변하는 경우가 허다하다는 것이었다. 그러나 술통 속의 포도즙이 향과 맛을 겸비한 훌륭한 술이 될지 아니면 쏟아버릴 수밖에 없는 신물이 될지 예측할 수 있는 사람은 아무도 없었다. 양조업자들은 이러한 고민이 해결되길 간절히 바랐다.

1857년, 한 양조장의 주인이 어떻게 해서든 포도주가 산화되는 원인을 밝히고야 말겠다는 생각으로 저명한 화학자 파스퇴르를 초청했다. 파스퇴르는 먼저 효모에 문제의 원인이 있음을 확인하고 그에 대해 연구하기 시작했다.

몇 달 동안 효모와 발효의 관계에 대해 연구한 끝에 그는 마침내 효모의 작은 과립 즉, 오늘날 우리가 말하는 효모균이 살아있다는 사실을 발견했다. 이 균은 생물과 마찬가지로 끊임없이 증식해 양분을 섭취하고 운동을 하면서 점점 몸집을 불려나갔다. 포도즙에 효모를 첨가하면 이 균들이 즙에 함유된 양분을 먹고 성장하여 끊임없이 번식하는데, 바로 이 과정에서 주정이 생겨난다. 때문에 주정은 효모균의 '배설물'이라고 할 수 있다.

▲ 조지프 리스터(Joseph Lister, 1827년 4월 25일~1912년 2월 10일), 영국의 외과의사로 외과 수술의 소독 기술을 발명하고 보급한 인물이다.

효모의 작용 원리를 명확하게 파악한 파스퇴르는 다시 어떻게 하면 좋은 술이 되고, 또 어떻게 하면 시큼하기만 한 술이 되는지 분석했다. 그리고 얼마 후, 좋은 술 속의 효모균은 원형이지만 시큼한 술 속에 든 균은 가늘고 긴 모양이라는 사실을 발견했다. 그는 이 가늘고 긴 세균이 효모균과는 다른 균이며 주정이 아닌 신 맛의 물질을 만들어낸다는 사실을 밝혔다.

즉 가늘고 긴 세균을 제거하기만 하면 되는 일이었다. 방법은 아주 간단했다. 효모를 넣은 포도즙을 섭씨 50°까지 가열하기만 하면 포도주 속의 불청객인 세균을 없앨 수 있었기 때문이다. 이 방법이 바로 현재 우리가 광범위하게 사용하고 있는 '저온살균법'이다. 이 발견을 계기로 파스퇴르는 '와인산업의 구세주'라 칭송받았다.

이뿐만 아니라 파스퇴르는 효모에 대해 연구하면서 미생물이 과즙을 발효시키거나 포도주를 산화하는 역할만 하는 건 아니라는 사실을 깨달았다. 1858년, 그는 '세균병인설細菌病因說'이라는 새로운 학설을 발표했다. 세균병인설이란 미생물이 포도주에 위해가 된다면 인체에도 해를 끼칠 수 있다는 내용으로, 사람들이 병에 걸리는 원인이 미생물에 있다는 것이었다.

▲ 영국 외과의사 조지프 리스터의 고온 소독 장치

파스퇴르의 세균학설을 뒷받침하는 예는 아주 많았다. 예를 들어 당시 유럽 학자 제멜바이스(Semmelweis)가 언급한 손 씻기 문제는

평가

세균병인설의 확립으로 사람들은 병이 발생하는 원인을 알아내고, 체내에 숨어있는 얼굴 없는 살인자를 찾아낼 수 있었다. 이 덕분에 수많은 생명을 구할 수 있었고, 실제로 19세기 중엽 이후 세계 각지의 인구수명이 두 배 정도 늘어났다. 이는 다른 어떤 발견보다도 개인생활에 큰 영향을 주었는데 이 모든 것이 바로 파스퇴르의 업적이다.

세균학으로 쉽게 설명되었다. 실습생이 손으로 시체를 만져 시체의 세균에 감염됐고, 세균은 실습생의 손을 통해 다시 임산부에게 옮겨가 결국 임산부를 사망에 이르게 했기 때문이다. 실습생이 염소수로 손을 씻었다면 세균은 죽고 임산부는 죽지 않았을 것이다.

하지만 그럼에도 많은 사람들이 자그마한 세균이 이처럼 사람의 생명을 앗아갈 수 있으며 직접적인 신체접촉을 하지 않더라도 전염될 수 있는 질병이 많다는 사실을 여전히 믿지 않았다. 파스퇴르는 이후에도 미생물이 공기 중에 떠다닌다는 주장을 펼치며 자신의 학설을 보완했다.

그 후 끊임없는 노력과 많은 증명들이 더해지면서 사람들은 점차 세균학설을 받아들이기 시작했다. 이로써 파스퇴르의 명성과 그의 세균병인설도 프랑스를 넘어 다른 나라에까지 전해졌다.

당시 파스퇴르의 학설을 100% 수용한 사람들이 있었다. 그 중 한 명은 영국의 외과의사 조지프 리스터로 그는 석탄산 수용액을 이용해 환자의 상처를 소독하면 환자의 생존율이 뚜렷하게 상승한다는 사실을 발견했다. 또 다른 한 명은 독일인 로버트 코흐(Robert Koch)였다. 그는 뜨거운 물로 수술용 기구를 소독해야 한다고 강조했는데, 이 방법이 바로 오늘날의 '고온살균법'이다. 특히 코흐는 1890년대에 콜레라와 결핵을 일으키는 병원균을 발견하여 세균학설에 힘을 실어 주었다.

▶ 파스퇴르는 세균이라는 미생물이 사람과 사람사이에 질병을 퍼뜨린다는 사실을 발견했다.

▲ 체크(제일 왼쪽)와 동료들

생물체의 엔지니어
효소 이론

효소는 생물 화학 반응의 촉매제이다.

인체 내부에서는 복잡한 화학 반응이 쉬지 않고 일어난다. 사람의 체온은 보통 37° 인데, 이 정도의 온도에서는 화학 반응이 매우 느리게 진행된다. 인체 내부의 화학 반응이 느리게 진행되면 인간은 생존할 수 없다. 그러면 어째서 화학 반응 속도가 떨어지지 않고 인간이 생존할 수 있는 걸까? 그것은 바로 촉매제, 즉 효소가 있기 때문이다. 효소는 생물체가 생성해내는 단백질로 촉매 역할을 해 '생물체 자체의 엔지니어' 라고 불린다.

효소는 생명체 내에서 이렇게 엄청난 역할을 수행하고 있지만 이를 발견하고 이해하기까지는 오랜 시간이 걸렸다.

가장 먼저 효소의 작용에 주목한 사람은 스코틀랜드의 의사 스티

발견시기
1830년대

발견자

슈반(Schwann Theodor, 1810년 12월 7일~1882년 11월 1일)
독일의 생리학자로 세포학설의 창시자 중 한 명으로, 현대 조직학(동식물 조직 구조를 연구하는 학문)의 창시자로 여겨진다. 대표 저서로는 《동식물의 구조와 성장의 일치성에 관한 미세 연구》가 있다. 이 책을 통해 현대 생물학에서 가장 중요한 관점 즉, '동물과 식물은 모두 세포로 이루어져 있다' 는 관점을 체계적으로 설명했다.

▲ 1989년 노벨 화학상을 수상한 캐나다의 분자생물학자 올트먼 (S. Altman, 1939년~)

▲ 1989년 노벨 화학상을 수상한 미국의 화학자 체크(Thomas Cech, 1947년~)

▲ 독일 화학자 부흐너(Edward Buchner, 1860년~1907년)

븐스(Stevens)였다. 1777년, 그는 늙은 독수리의 위에서 위액을 분리했고, 실험을 통해 위액이 체외에서 스스로 분해될 수 있다는 사실을 발견했다. 하지만 스티븐스는 자체적인 분해 반응이 어떻게 진행되는지에 대해서는 더 이상 연구하지 않았다.

그 후 스티븐스의 발견에 주목한 독일의 생물학자 슈반은 이 문제를 깊이 연구하기 시작했다. 1836년, 그는 침전방식을 이용해 위액에서 얻은 소화 능력이 있는 하얀색 분말을 '위 단백 효소'라고 불렀다. 이는 인류가 처음으로 순수 체내에서 채취한 효소였고, 이로써 효소에 대한 연구가 본격화 되었다.

1897년, 독일 화학자 부흐너는 효모균을 잘게 조각내 얻은 액이 효모와 같이 발효 작용을 일으킨다는 것을 발견했다. 효모 자체가 아니라 효모 속에 함유된 각종 효소가 탄수화물을 발효시킨다는 사실을 입증하는 증거였다.

1913년, 미하엘리스(Michaelis)와 멘텐이 제시한 '미하엘리스-멘텐의 식'은 물리화학을 이용해 효소반응을 촉진시키는 동역학 원리를 찾아 효소에 대한 정량 연구를 시작하는 계기를 마련해주었다.

그리고 1926년, 미국의 생물화학자 섬너(Sumner)가 작두콩에서 우레아제의 결정을 추출한 뒤 실험을 통해 처음으로 우레아제가 단백질의 일종임을 증명했다. 이후 과학자들은 여러 효소의 결정을 추출해내는 한편 화학 실험을 통해 효소가 촉매 작용을 하는 단백질임을 증명해 효소의 촉매 작용에 대한 이해도를 높였다.

1930년대에는 여러 효소의 단백질 결정을 추출했다. 과학자들은 이를 통해 효소가 많은 종류의 구성원으로 이루어져 있으며 각각의 효소마다 독특한 작용을 한다는 것을 알게 되었다. 이를 바탕으로 효소 연구의 새로운 영역이 열렸다. 1982년, 미국의 과학자 체크와 캐나다의 생물학자 올트먼이 소수의 RNA 역시 생물 촉매 작용을 한다는 사실을 발견했고, 이후 생물학자들은 잇따라 촉매 활성 RNA를 발견했다. 이는 RNA가 초기 생물 활성제임을 증명하는 데 강력한 증거를 제공해주었을 뿐만 아니라 효소 자체가 단백질의 일종이라는 사실을 이해하는 데에도 결정적인 역할을 했다.

과학이 지속적인 발전을 거듭하면서 효소의 성질과 작용에 대한 비밀도 대부분 밝혀졌다. 과학계는 활성 세포가 효소를 생성하며 효소는 촉매작용을 하는 특이성 생물 대분자를 가지고 있는데, 여기에 단백질과 핵산을 포함된다고 보고 있다.

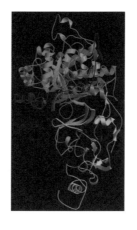

　생물의 신진대사에 나타나는 모든 화학 반응은 특이성을 가진 효소의 촉매 작용에 의한 것이다. 효소의 고효율, 특이성, 다양성 그리고 반응 조건은 세포 내의 복잡한 물질대사 과정을 질서정연하게 만든다. 인체의 유전적 결함이나 기타 원인으로 효소의 활성에 이상이 발생하면 병이 생길 수 있다. 이 때문에 효소의 발견과 관련 이론 연구는 생명과학의 발전에 매우 중요하고 할 수 있다.

　현재 효소는 공업 생산 분야에도 활용되고 있다. 효소는 환경에 아무런 위해를 주지 않기 때문에 효소를 사용하면 현재의 생활수준을 유지하면서 후손에게 더 나은 환경을 물려줄 수 있다.

평가

효소의 발견과 관련 이론 연구는 생명과학 발전에 매우 중요하다.

◀ 미하엘리스와 멘텐(왼쪽이 멘텐, 오른쪽이 미하엘리스)

▲ 강의 중인 루돌프 피르호

발견시기
1838년~1858년

발견자
독일의 생물학자 슐라이덴과 슈반, 피르호

모든 세포는 세포에서 비롯된다
세포설

모든 세포는 세포로부터 온다!

루돌프 피르호

바이러스, 비로이드(Viroid) 등 비세포 생명체를 제외한 기타 생명 유기체는 모두 구조와 기능 단위가 세포로 이루어져 있다. 세포는 막으로 둘러싸인 세포핵(혹은 핵상체)의 원형질로 구성된 것으로, 생명체의 구조와 기능의 기본단위이자 생명 활동의 기본단위이다.

분열을 통해 번식하는 세포는 생명체의 개체발생과 계통발생의 기반이 된다. 하나의 세포가 독립된 생명단위를 구성하거나 여러 개의 세포가 세포군체 또는 조직, 기관, 신체를 구성한다. 이뿐만 아니라 세포는 유전의 기본단위이다.

인류가 최초로 살아있는 완전한 세포를 관찰한 것은, 1673년 레벤

후크(Leeuwenhoek)에 의해서였다. 그의 관찰 결과는 영국 왕립협회에 보고되어 인정을 받았고, 덕분에 레벤후크는 순식간에 세계적인 유명인사가 되었다.

현미경의 제작기술이 향상되면서 세포에 대한 연구는 갈수록 심화되었다. 이로써 생물은 세포로 구성된다는 사실을 설명해주는 수많은 연구 결과가 보고되었다. 1809년 저명한 박물학자 라마르크(Lamarck)는 만약 생물체의 구성성분이 세포성 조직 또는 세포성 조직이 형성한 무엇이 아니라면 생존할 수 없다고 말했다.

1838년 독일인 슐라이덴은 식물세포에 대해 연구한 끝에 식물의 기원을 주제로 한 논문을 발표해, 세포는 식물체를 구성하는 기본단위라고 역설했다.

한편, 독일인 슈반(Schwann)은 동물세포에 관한 연구를 진행했다. 그는 닭, 개구리, 포유류의 난황 양등을 비교하여 1839년에 《동식물의 구조와 성장 일치에 관한 미세 연구》를 발표했다. 세포구조는 모든 동물체가 공유하는 구조적 특징이라는 의견을 제시한 슈반은 더 나아가 동물과 식물의 구조적 통일성을 지적했다. 그는 동식물이 모두 세포로 구성되어 있으며 세포구조는 생물체의 공통된 특징이라고 주장했다. 또한 최초로 '세포설'이라는 용어를 사용했다.

두 학자는 연구를 통해 세포와 세포의 기능을 비교적 정확하게 정의했고, 세포설의 기본 원칙을 확립했다. 그러나 그들은 잘못된 개념을 제시했다. 즉, 새로운 세포가 기존의 세포핵과 비세포 물질로부터 생성되어 기존 세포의 붕괴로 완성된다고 했던 것이다. 훗날 수많은 연구자들이 관찰한 결과 세포는 오로지 기존세포의 분열을 통해서만 생성된다는 점이 드러났다. 1858년 독일의 병리학자 피르호는 '모든 세포는 세포에서 비롯된다'고 주장했다. 생물활동의 기본단위인 세포의 본질을 보다 심층적으로 파헤친 이 주장은 일반적으로 세포설을 뒷받침하는 든든한 버팀목으로 여겨진다. 심지어 혹자는 이 주장이 제시되고서야 비로소 세포설이 완성되었다고 말한다.

세포설의 정립과 세포의 중요성은 물리, 화학 분야에서 원자가 갖는 의미만큼이나 크다고 할 수 있다. 세포설은 생물계 전체가 구조적으로 통일성을 가지고 있으며, 진화적으로 공통의 기원을 가졌다는 사실을 입증했다. 이 학설의 정립은 생물학의 발전을 촉진하는 한편 변증유물론에 중요한 자연과학적 근거를 제공해주었다. 세포

마티아스 슐라이덴(Matthias Jakob Schleiden, 1804년 4월 5일~1881년 6월 23일)
독일의 식물학자로 세포설의 창시자 중 한 명이다. 슐라이덴은 현미경으로 여러 해에 걸쳐 관찰한 식물의 조직구조를 근거로 모든 식물체는 세포를 기본 구조성분으로 하고 있으며, 하등식물은 단일 세포로, 고등식물은 여러 개의 세포로 구성되어 있다고 주장했다.

▲ 루돌프 피르호(Rudolf Virchow, 1821년~1902년), 독일의 병리학자이자 정치가, 사회개혁가이다.

평가

세포설은 다윈의 진화론, 멘델(Mendel)의 유전학과 함께 현대 생물학의 3대 초석이라 불린다. 실제로 앞의 두 학설의 '기반'이라고 할 수 있는 세포설은 19세기 자연과학의 3대 발견 중 하나로 손꼽힌다.

설은 다윈(Darwin)의 진화론과 함께 '19세기의 3대 발견' 중 하나로
손꼽힌다.

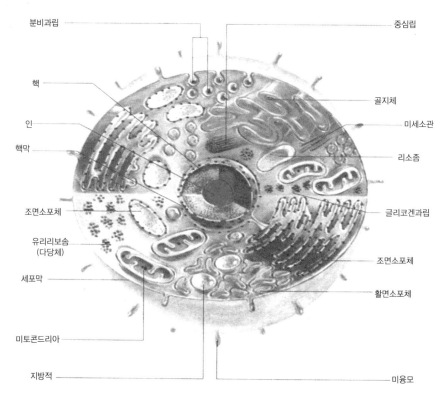

분비과립
핵
인
핵막
조면소포체
유리리보솜
(다당체)
세포막
미토콘드리아
지방적

중심립
골지체
미세소관
리소좀
글리코겐과립
조면소포체
활면소포체
미융모

▲ 동물 세포의 입체모식도

▲ 수도원 복도에서 완두 교배 실험을 생각하고 있는 멘델

완두 교배 실험의 발견
유전법칙

봄에서 가을까지 나는 매일 새로운 현상에 관심을 쏟았다. 그렇게 정성을 다해 실험실을 관리한 결과 충분한 대가를 얻었다. 만약 내 실험을 통해 문제의 해결방법을 보다 빨리 찾게 된다면 배로 기쁠 것이다.

멘델

발견시기
1865년

발견자
멘델(Gregor Johann Mendel, 1822년 7월 22일~1884년 1월 6일)
유전학의 창시자로 1865년 유전법칙을 발견했다.

　그레고르 멘델은 오스트리아의 수도사였다. 사실 그는 학자를 꿈꿨지만 학업 성적이 썩 좋은 편은 아니었다. 그래서 대학진학 대신 신학을 공부해 수도사가 되었다.

　그런데 멘델에게 행운이 따랐는지 수도원에서 그에게 훌륭한 과학 실험기지를 제공해주었다. 그가 몸담고 있던 수도원은 꽃을 재배해서 판매한 수익으로 생활비를 충당했다. 멘델은 농가 출신으로 어렸을 때부터 농사일을 접하며 자란 덕분에 식물학에 대한 흥미를 가지고 있었다. 갈릴레오 갈릴레이, 하위헌스, 패러데이, 에디슨(Edison) 등의 과학 거장들을 봐도 알 수 있듯이 흥미는 더할 나위 없이 좋은 원동력이 된다.

멘델은 당연히 식물의 성장에 많은 관심을 기울였다. 당시 원예가들 사이에서는 대부분의 식물이 바람에 실려 날아오거나 곤충이 옮긴 꽃가루로 수정되며 솔과 같은 도구를 이용해 수술의 꽃가루를 암술머리에 붙여주면 인공수분이 가능하다는 사실이 이미 알려져 있었다.

때문에 많은 원예가들은 다음과 같은 방법으로 꽃을 재배했다. 화원에는 가끔씩 신기한 색깔의 꽃이 폈는데, 바로 이 꽃의 꽃가루를 다른 종의 꽃 암술에 옮기는 것이다. 이 방법으로 만든 종자는 항상 새로운 품종의 꽃을 만들어 냈다. 이를 통해 원예가들은 부모세대의 꽃 색깔이 자식세대로 '대물림' 될 수 있다는 사실을 깨달았다.

당시 학자들은 이 '대물림' 현상에 주목했다. 그들은 더욱 신기한 색깔의 꽃을 재배하기 위해 형질의 유전을 연구했다. 멘델 역시 이 현상에 주목했다. 다만 그는 다른 학자들보다 더 멀리 내다보았다. 그는 부모세대의 형질이 자식세대에 유전될 때 유전의 방식을 결정하는 자연법칙이 있을 거라고 생각했다.

이 생각을 증명하는 데 식물은 최고의 연구 대상이었다. 1854년 멘델은 자신의 생각이 맞는지 증명해보리라 마음먹었다. 그는 신종 완두를 재배하기 위해 완두 수술의 꽃가루를 다른 완두의 암술에 옮긴 후 종자가 형성되기를 기다렸다가 정원에 이 씨를 심었다.

그 후 멘델은 다시 이 완두의 다음 세대를 교배해 더 많은 자손세대 완두를 심었다. 자손세대 완두를 관찰하다 멘델은 매우 신기한 현상을 발견했다. 바로 키 큰 완두와 키 작은 완두를 교배했을 때는 다음 세대가 모두 키 큰 완두로 자란 반면 그 손자세대에 가서는 신기하게도 키 작은 완두가 다시 나타난 것이었다. 이 때 키 작은 완두와 키 큰 완두의 비율은 1대 3이었다.

열매의 모양과 색깔에서도 이와 같은 현상을 발견할 수 있었다. 이로써 그는 완두종의 형질 유전이 상당히 복잡한 방식으로 이루어진다는 사실을 알게 되었다. 그러나 당시엔 그 중 하나의 체계밖에 발견해내지 못했다.

▲ 식물을 관찰하고 있는 연로한 멘델

평가

유전법칙의 발견은 인간의 사유(思惟)가 거둔 위대한 승리 중 하나였다. 새로운 관찰법과 실험 방법을 통해 중요한 사실을 발견했다는 것도 중요하지만 이보다 더 중요한 점은 발견사실을 체계적인 개념으로 만들어 보편적인 의미를 갖게 했다는 것이다.

멘델의 완두 연구는 10년간 지속됐다. 장기간의 노력 끝에 마침내 그는 부모세대의 형질이 일정한 규칙에 따라 자녀세대에 유전된다는 사실을 발견했다. 줄기의 길이나 꽃과 과일의 색깔이 모두 우연히 결정된 것이 아니라 부모세대에서 자녀세대로, 자녀세대에서 다시 손자세대로 이어지는 특별한 규칙에 의해 유전된 것이었다. 1865년 그는 〈식물 교배 실험〉이라는 논문을 발표해, 유전인자(현대유전학에서는 유전자라고 부름)라는 기본단위에 의해 유전현상이 나타난다는 논점을 내세웠다. 또한, 유전학의 두 가지 기본 법칙인 분리의 법칙과 독립의 법칙을 제시했다. 이것이 바로 오늘날의 '멘델의 유전법칙'이다. 이 중요한 두 법칙이 발견되고 제시되면서 유전학의 탄생과 발전에 튼튼한 기반을 마련해주었다. 하지만, 안타깝게도 그의 논문은 현지의 작은 잡지에만 기재되어 당시 유럽학자들은 볼 수 있는 기회가 거의 없었다. 그러다 그의 유전법칙이 빛을 보기 시작한 건 20세기에 들어서였다.

▲ 완두 교배실험을 하고 있는 멘델

멘델은 서로 섞이지 않은 '체액'이 부모세대의 형질을 섞어 다음 세대에 똑같이 나눠준다는 사실을 증명했다. 즉, 식물의 형질은 모종의 '인자'에 의해 유전된다는 사실을 밝힌 것이다(멘델은 이 '인자'가 입자류의 하나라고 생각했다). 이렇게 해서 유전학이라는 완전히 새로운 과학이 탄생했다.

▲ 인류의 유래

발견시기
1871년

발견자
다윈

신과의 싸움
인류의 기원

나는 이 고귀한 저서를 지켜내기 위해 날카롭게 이를 갈고 있는 중이다. 나는 다윈의 투견이다.

헉슬리

다윈의 《종의 기원》은 출판되자마자 엄청난 논쟁을 불러일으켰다. 논쟁의 쟁점은 단 하나였다. 바로 수많은 종種이 공통된 조상을 가지고 있다는 내용에 관한 것이었다. 예를 들어 사자와 호랑이, 고양이는 공통점이 아주 많은데, 다윈은 이들이 이처럼 유사한 이유가 조상이 같기 때문이라고 해석했다. 바로 상고시대에 이미 멸종된 '원시 고양이'가 그들의 조상이라는 것이었다. 다윈은 다른 동식물들 역시 마찬가지라고 기술했다. 이러한 그의 관점에 따르면, 인간이 사실은 원숭이와 같은 조상을 가지고 있다는 결과를 도출할 수 있다. 인류가 원숭이와 같은 조상을 가지고 있다고 상상해 보라. 《성경》에서 이야기하는 인류의 조상 아담과 이브와 다르다는 사실을 제쳐두고, 단순히 개인적인 감정으로 미뤄 보아도 이는 사람들이 받아들이기 힘든 이야기였다. 이처럼 감정적인 문제는 인간의 고정관념과 사고방식에 영향을 주었고, 때문에 한 순간에 받아들이기 어려웠다. 흡연이 습관으로 굳어지면 담배를 끊기 어렵듯이 말이다!

사실 다윈은 《종의 기원》에서 인류 역시 하나의 생물 종에서 진화했다고는 언급하지 않았다. 진작부터 생각했던 것이었지만, 소동을

▼ 1958년에 발견한 '합죽이' 진잔트로푸스의 두개골을 연구 중인 루이스 리키(Louis Seymour Bazett Leakey), 두개골은 180만 년 전 인류의 것으로 추정된다.

일으키고 싶지 않았기 때문이다. 하지만 그도 예상하지 않았을까? 《종의 기원》 속에 밝힌 관점만으로도 사람들이 쉽게 인류와 원숭이가 같은 조상을 가지고 있다는 점을 추론해낼 것이라는 사실을 말이다. 이는 1871년에 출판한 《인류의 기원과 성선택(The Descent of Man and Selection in Relation to Sex)》에서도 알 수 있다. 그는 이 책을 통해 생물계에서의 인간의 위치와 인간과 고등동물의 관계 및 차이를 기술했다. 다윈은 인류가 동물에서 비롯됐으며, 인류와 유인원은 공통된 조상을 가지고 있다고 생각했다. 이미 멸종한 고대 유인원에서 진화한 것이 바로 인류라는 주장이었다.

▲ 토머스 헉슬리(Thomas Henry Huxley, 1825년~1895년), 영국의 저명한 박물학자로 다윈의 진화론을 지지한 대표적인 인물이다.

다윈은 원래 인류의 기원을 좀 더 자세히 설명할 생각이었다. 세상 사람들로부터 '다윈은 사람이 원숭이의 자손이라고 주장한다, 원시인은 오랑우탄이었다고 말한다.'라는 오해를 받기 싫어서였다. 책 속의 표현에 따르면, 몇 백만 년 전 지구상엔 원숭이도 사람도 아닌 종이 존재했는데 이 원시종의 자손은 갈라파고스제도의 작은 새와 같이 두 가지 즉, 유인원과 인간으로 진화했다. 유인원으로 진화한 종은 오랑우탄 또는 침팬지가 되었고, 인간으로 진화한 종은 호모사피엔스(인류의 학명)가 되었다는 것이다.

인류의 진화에 관한 다윈의 관점은 그 후 고고학 발굴을 통해 점차 입증되었다. 그 결과 현재 우리는 어느 정도 이 관점을 받아들이고 있는 상태

평가

보완과 발전의 과정을 거친 진화론은 수천 년간 서양사회가 신봉하던 천지창조설을 철저히 무너뜨렸다.

◀ 네안데르탈인

▲ 헉슬리의 저서 《자연에서의 인간의 위치》의 표지와 삽화

다. 물론 지금도 여전히 완고하게 이 관점을 부정하는 사람들이 존재하지만 말이다. 최초의 인골화석은 1856년, 독일인에 의해 발견됐다. 네안데르탈인이 살았던 것으로 추정되는 산골짜기에서 출토된 이 인골화석은 일반인의 뼈대에 비해 훨씬 두껍고, 두개골의 모습 역시 현대인과는 거리가 멀다. 그 후의 고생물학자(지질시대의 생물 또는 생태를 연구하는 학자)들 역시 멸종한 다른 인종의 유골을 발견했다. 덕분에 현재 우리는 인간이 오늘날부터 최소 500만 년 전에 아프리카에서 살았던 유인원과 비슷한 동물에서 분화되어 독자적으로 진화한 것으로 추측한다.

대뇌가 보내는 명령
조건반사

파블로프는 바쁘다. 파블로프는 지금 죽어가고 있다.

파블로프

   19세기 말, 인간에 대한 연구가 날로 심화됨에 따라 사람들이 자신의 신체구조에 대해 기본적인 지식을 가지게 되자 과학자들은 내장기관의 기능수행 메커니즘, 특히 인체의 사령부라 할 수 있는 대뇌와 신경계통의 활동규칙을 연구하기 시작했다. 그러나 이들 기관은 모두 체내에 숨어 있었기 때문에 연구하기가 여간 까다롭지 않았다. 어떻게 해야 그들의 활동규칙을 관찰할 수 있을까? 이는 정말 난제 중의 난제였다. 하지만 러시아의 걸출한 생리학자 파블로프는 교묘한 실험을 이용해 이 난제를 해결했다.

   파블로프가 실험을 하기 전까지 생리학을 연구하는 사람들은 대부분 '급성실험' 방법을 채용했다. 즉, 살아있는 동물을 마취한 후

발견시기
1880년대

발견자

이반 파블로프(Ivan Petrovich Pavlov, 1849년~1936년)
구소련의 생리학자이자 심리학자, 의사이다. 조건반사설의 창시자로 구소련의 과학원 회원이기도 했다. 1904년에 노벨 생리의학상을 수상했다.

▲ 생리학자 파블로프(왼쪽)가 실험실에서 동료들과 함께 찍은 사진. 가운데는 그가 실험에 쓴 개이다.

내장기관을 적출해 실험하는 방법이었다. 하지만 이 방법엔 큰 폐단이 있었다. 실험을 할 때면 적출한 내장기관이 이미 그 기능을 멈춘다는 것이다. 이에 대해 파블로프는 '만성실험'을 해야 한다고 주장했다. 다시 말해서 마취약도 쓰지 않고, 내장기관이 유기체를 떠나지 않은 상태에서 실험을 진행해야 한다는 것이었다. 그래야 기관의 진짜 움직임을 기록할 수 있다는 주장이었다. 하지만 이러한 실험은 상당히 어려운데다가 성공률도 낮았다. 파블로프는 실험방법을 어떻게 개선해야 할지 고심에 고심을 거듭했다.

그러던 중 그는 우연히 어떤 이야기를 듣게 되었고, 여기서 영감을 얻었다. 그 이야기는 대충 이러했다.

어떤 사냥꾼이 총기 오발로 복부에 총알이 박히는 사고를 당했다. 의사가 사냥꾼의 생명을 구하기는 했지만 안타깝게도 상처가 아물지 않았다. 때문에 위장 방향으로 난 작은 구멍(의학적으로는 누관이라고 함)을 가제로 막아둘 수밖에 없었다. 총명한 의사는 모처럼 얻은 이 '창문'을 이용해 사냥꾼의 위장 운동을 관찰했다.

파블로프는 이 이야기를 듣고 사람대신 개를 이용해 실험을 하기로 마음먹었다. 그는 먼저 개의 위장을 일부분 갈라 체외로 통하는 위胃누관을 만들었다. 그런 다음 개의 목을 조금 갈라 식도를 끊은 뒤 끊어진 식도를 체외로 냈다. 실험 중 파블로프는 위장으로 음식물이 들어가지 않아도 개가 입을 움직여 음식물을 씹으면 위에서 위액을 분비하기 시작한다는 사실을 발견했다. 그는 이 실험을 통해 대뇌가 바로 온 몸의 기관이 각자의 임무를 수행하도록 지휘하는 사령부이며, 위장의 소화활동을 통제, 지배한다는 결론을 도출했다.

소화계통에 대한 연구경험을 토대로 그는 다시 다른 실험을 진행했다. 개에게 먹이를 줄 때 빛을 먼저 비춰주고 그 다음 먹이를 주는 실험이었다. 이렇게 여러 차례를 반복하자 신기한 현상이 나타났다. 빛을 비추기만

▼ 파블로프 메달

◀ 쿠싱(Cushing)과 파블로프

하면 먹이를 주지 않아도 개가 침을 흘리는 것이었다. 서로 아무런 관계가 없는 두 가지의 물건이 오랫동안 함께 나타나면 시간이 흐른 후엔 그 중 하나의 물건만 나타나도 나머지 물건을 연상하게 된다. 파블로프는 이를 유체가 신호의 자극을 받아 발생하는 반응이라고 결론을 내렸다. 그는 이러한 반응을 '조건반사'라 명명하고, 조건반사는 일시적인 반응으로 변할 수 있다고 설명했다.

파블로프는 소화와 신경 지배에 대한 훌륭한 연구 성과로 1904년 노벨 생리의학상을 수상했으며, 이로써 세계 최초의 노벨 생리의학상 수상자가 되었다.

평가

조건반사현상의 발견은 동물의 대뇌와 신경활동이 무조건반사와 조건반사라는 이중반사로 이루어진다는 사실을 증명했다.

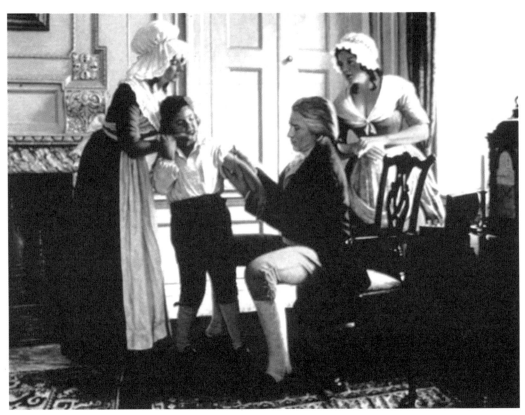

▲ 영국의 의사 에드워드 제너
(Edward Jenner, 1749.5.17~
1823.1.26)는 종두로 천연두를
예방할 수 있다는 사실을 발견
했다. 위 그림은 이 방법을 이
용해 아이에게 천연두 백신을
접종하는 모습이다.

의학과 생물학의 길잡이

면역체계와 면역학설

면역학은 전염병과의 싸움에서 발전했다.

면역은 글자 그대로 전염병을 막는 것으로, 생물체가 본능적으로
가진 '생리 방어 및 자체 안정, 면역 감시'의 생리 기능이다. 생물체
는 이러한 기능에 따라 '자아'와 '타아' 성분을 구별하고 병원미생
물을 제거해 신체의 건강을 유지한다.

사람의 일생은 어떤 의미로 미루어보면 체내의 면역체계와 각종 병
균의 투쟁의 역사라고 할 수 있다. 이 싸움은 인간이 수정란이 될 때
부터 시작되어 생명이 다할 때까지 지속된다. 이 전쟁 속에서 인간은

점차 면역체계를 이해하게 되었고, 그 결과 면역학설을 정립했다.

인류의 역사에는 무수히 많은 전염병이 출현했다. 그 중에서도 오랜 역사를 자랑하며 가장 큰 영향력을 행사해 최대의 사망자를 낳은 3대 전염병은 천연두, 콜레라, 페스트였다.

천연두는 세계적으로 가장 널리 유행한 악성 전염병으로 고증에 따르면, 3,000여 년 동안 보존되고 있는 고대 이집트 미이라의 몸에도 천연두 흉터가 있다고 한다. 천연두는 천연두 바이러스가 일으키는 질병인데, 이 바이러스가 지구상에 나타나기 시작한 건 무려 1만 년 전이었다. 천연두가 유행한 지역에는 환자 4명당 1명꼴로 사망자가 발생했다. 운 좋게 살아남았다고 해도 얼굴에 흉터가 오래 남아 '곰보'가 되었다.

한편, 유럽인이 '흑사병'이라고 부르는 페스트는 일찍이 13세기에 유럽 인구 3분의 1이나 되는 사람들의 목숨을 앗아갔다. 이 전염병은 여러 마을 사람들을 '전멸'시키기도 했다. 가족과 친구가 하나둘씩 죽어가는 모습을 지켜보며 다음 차례가 자기 자신이 될 수도 있다는 불안감에 눈물도 마음 편히 흘리지 못하는 비통함은 전쟁에 비할 바가 아니었다.

이처럼 악성 전염병의 위력은 그 이름만 들어도 오금이 저릴 정도였다. 전염병과의 오랜 사투 끝에 사람들은 천연두가 성행한 지역에도 생존자가 있다는 사실에 주목하기 시작했다. 그들은 건강을 회복한 후 다시는 천연두에 걸리지 않았다. 마치 신체가 그 질병을 기억하기라도 하듯 말이다. 의사들은 감염 환자의 딱지가 묻어있는 옷을 만진 간호사의 경우 천연두에 감염되긴 하지만 증세가 가벼워 회복할 수 있다는 사실을 알아냈다.

그 후 오랫동안 경험과 지식을 축적한 의사들은 8세기 당나라 시기에 접어들어 천연두 예방법을 고안하기에 이르렀다. 그들이 고안해낸 방법은 바로 천연두 딱지 가루를 정상인의 콧구멍에 불어넣는 것이었다. 이 방법은 과연 효과가 있었으며 순식간에 민간으로 퍼져나가 10세기에 이르러서는 해외로까지 전파되기 시작했다. 천연두 딱지 가루는 인류가 최초로 고안한 백신이라고 할 수 있다.

이 방법이 중동에 전해진 시기는 약 15세기경이다. 아랍인들은 이 방법을 피내접종법으로 개량했다. 피내접종법은 누군가 천연두에 걸리면 바늘로 환자의 수포를 빼내 그것을 정상인의 피부에 주입하

발견시기
1883년~1897년

발견자

일리야 메치니코프(Ilya Ilich Mechnikov, 1845년~1916년)
러시아의 동물학자이자 면역학자, 병리학자이다. 1883년 식세포를 발견하고 면역학설을 주창해 P.에를리히와 함께 노벨 생리의학상을 수상했다.

발견자

에를리히
(P. Ehrlich, 1854년~1915년)
독일 면역학자로 화학요법 창시자 중 한 명이다. 1897년 '측쇄설'을 제시하고, 체액면역학설을 주창해 1908년 메치니코프와 함께 노벨 생리의학상을 수상했다. 그는 일찍이 생체 염색법을 발명하고 비만세포(mast cell)와 형질세포(plasma cell)를 구별했다. 또한 호산성 과립세포를 발견해 골수성 백혈병의 각종 유형을 구분했다. 이 밖에도 결핵간균의 항산염색과 매독약 606호(살바르산, Salvarsan)를 발명했다. 대표적인 저서로는 《세포생명의 면역력》이 있다.

▲ 우유 짜는 일을 하던 사라(Sarah)는 손에 우두 수포가 자랐다. 제너는 사라에게 처음으로 종두를 했다.

는 방법으로, 면역 효과가 눈에 띄게 높았다.

　이 접종법은 1721년 터키 주재 영국 대사의 부인인 메리 워틀리 몬태규(Mary Wortley Montagu)가 영국에 전파한 것을 시작으로 순식간에 유럽 전역으로 확산되었다. 그러나 이는 직접적인 감염을 일으켜 사람을 사망에 이르게 하기도 했기 때문에 보편적으로 받아들여지지는 않았다.

　1798년 영국의 시골 의사 제너가 두묘를 만드는 데 성공하고 나서야 이 무서운 질병을 완전히 없앨 수 있었다. 두묘痘苗는 전염병퇴치에 성공한 세계 최초의 백신이다. 이 백신의 출현으로 인류는 천연두를 이겨낼 수 있는 기반을 마련했으며, 면역학의 가능성을 깨닫게 되었다.

　여기서 짚고 넘어가야 할 사실은 제너의 두묘는 절반의 성공에 불과하다는 것이다. 그의 백신은 여전히 원시적인 경험에 머물러 있으며 이론적인 근거가 없다. 그도 그럴 것이 당시는 미생물학이 확립되기 전이라서 사람들이 천연두와 기타 전염병에 대해 본질적으로 이해할 수 없었기 때문이다.

　100년이 지나고 미생물학이 발전하면서 면역학은 점차 이론적인 기반을 갖춰나갔다. 1880년 프랑스의 미생물학자 루이스 파스퇴르는 며칠 동안 방치해 둔 닭 콜레라 배양균을 접종하자 닭이 콜레라에 재감염되지 않는다는 사실을 우연히 발견했다. 그는 심층적인 연구를 통해 약독화 백신의 메커니즘을 발견하는 한편, 탄저균 백신과 광견병 백신을 만드는 데 성공했다. 약독화 백신의 발명은 실험면역학의 기반을 마련해주었을 뿐만 아니라 새로운 백신을 연구하고 개발하는 데에도 유리한 조건을 마련해주어 면역 메커니즘 연구의 서막을 열었다.

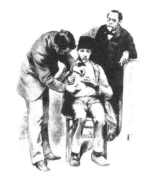

▲ 마이스터(Meister)라는 아홉 살 난 아이에게 광견병 예방접종을 하고 있는 파스퇴르

1883년, 러시아 동물학자 메치니코프는 백혈구가 식균食菌 작용을 한다는 사실을 발견했다. 그는 이를 토대로 백혈구와 간, 비장 조직 속의 식세포食細胞는 세균을 삼키고 소화하는 능력을 가지고 있다는 세포면역설을 제시했다.

뒤이어 과학자들은 항독소, 렉틴(lectin), 침강소 등 각종 항체를 발견하고 항원과 항체의 개념을 확립했다.

1897년, 독일의 세균학자이자 면역학자인 에를리히는 생물화학 방법으로 면역 현상을 연구해 '측쇄설(sidechain theory, 항독소 생성에 관한 면역이론-역주)'을 제시했다. 또한 항원과 항체의 본질 및 그 상호 작용을 심도 있게 연구하여 항체이론과 체액면역설을 수립했다.

세포면역설과 체액면역설은 각기 다른 측면에서 신체의 면역체계를 밝혀 백신의 전염병 방지 메커니즘을 과학적으로 설명했다. 이는 인류가 자신의 면역체계를 이해하고 완벽한 면역학이론을 세우는데 크게 기여했다. 이 연구로 메치니코프와 에를리히는 1908년에 나란히 노벨 생리의학상을 수상했다. 한편, 면역학은 일련의 발견과 이론을 바탕으로 1916년에 독립된 학과가 되었다.

수십 년 동안 발전에 발전을 거듭하면서 면역학은 눈부시게 화려한 성과를 거둬들여 의학과 생물학의 분야별 연구를 촉진시켰다. 또한 면역학은 임상의학의 발전을 이끌며 의학과 생물학 분야를 주

▼ 1885년, 작업 중인 파스퇴르

도하는 학과로 급부상했다.

현재 면역학은 세포와 분자를 연구하는 '분자면역학 시기'에 접어들었다. 사람들은 생물면역의 자체 안정 메커니즘과 알레르기 반응, 종양면역, 이식면역, 면역유전 등과 같이 현대 의학이 시급히 해결해야 할 중요한 문제들을 연구하고 있다. 앞으로 분자면역체계에 대한 인식이 높아지면 이러한 문제들도 쉽게 해결할 수 있을 것이다.

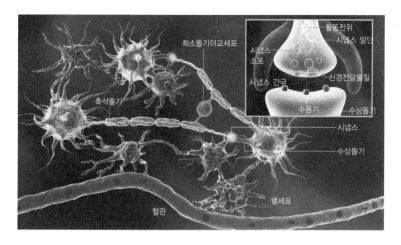

▶ 신경교세포(중추 신경계의 조직을 지지하는 세포-역주)와 뉴런은 뇌와 척수에서 함께 협력한다.

발견시기
1873년

발견자

카밀로 골지
(Camillo Golgi, 1844년~1926년)
이탈리아의 해부학자이자 병리학자, 신경학자, 조직학자로 골지체를 발견한 인물이다. 1870년에 질산은염색법을 통해 중추신경계의 일부 신경세포들을 확인했다. 1883년부터는 카할과 함께 질산은기술을 발전시키고 개량해서 신경세포의 복잡한 구조를 자세히 묘사했다. 이로써 두 사람은 1906년 노벨 생리의학상을 수상했다.

인체와 외부의 소통도구

뉴런

똑똑한 정도는 뉴런의 수가 아니라 뉴런과 뉴런 사이의 연결 네트워크가 결정한다.

눈의 망막에는 빛을 감지하는 감광세포가 있고, 코 점막에는 냄새의 변화를 알 수 있는 후각세포가 있으며 미뢰味蕾에는 화학물질의 자극을 느끼는 미각 세포가 있다. 이 세포들은 모두 신경세포에 속한다. 뉴런(Neuron)이라고도 불리는 신경세포는 고등동물 신경계의 구조 단위이자 기능단위로, 세포체와 수상돌기, 축삭돌기를 포함하고 있다. 인간의 중추신경계에는 1,000억 개 정도의 뉴런이 있는데 대뇌피질에만 약 140억 개가 있다고 추정된다.

사람들은 19세기 중엽에 이미 세포를 발견하고 세포설을 제기했으나 복잡한 신경계가 세포 구조를 하고 있는지에 대한 문제는 여전히 의문이었다. 신경계가 어떤 모양을 하고 있는지 발견하지 못했기 때문이다. 그러다 1873에 이탈리아 해부학자 골지(Golgi)가 질산은염색법을 이용해 비로소 중추신경계의 완벽한 신경세포를 일부 확인했다. 신경세포는 일반 세포처럼 둥글지도 않고 표면에 수많은 돌기가 있는 것이 이상하기 짝이 없는 모양이었다. 골지는 이 돌기를 신경세포의 말초로 보고, 여러 신경세포의 말초가 서로 융합되어 그

▲ 영국 생리학자 셰링턴(Charles Scott Sherrington, 1857년~1952년)

물망의 구조를 형성해 정보를 전달한다고 생각했다.

스페인의 조직해부학자 카할(R.C.Santiago,1852~1934)은 골지의 염색법을 개선해 여러 동물의 신경조직을 장기간 관찰했다. 또한 실험을 통해 뉴런 사이의 매우 복잡한 구조관계를 증명했다. 이를 바탕으로 1888년에 신경계는 경계선이 명확한 뉴런으로 구성된다는 의견을 최초로 제시했다.

그 후 1896년 영국의 생리학자 셰링턴은 뉴런 간의 기능 연접 부위를 시냅스(synapse)라고 이름 짓고 그 역할을 연구했다.

카할, 셰링턴 등은 뉴런 이론을 증명하고 이를 한 단계 더 발전시켜 이후 시냅스 관계, 신경화학전달 등 신경생물학과 신경생리학을 심층적으로 연구하는 데 기반을 마련해주었으며, 신경계의 복잡한 구조와 메커니즘 탐구에 길을 열어 주었다.

평가

뉴런과 시냅스의 발견은 신경계통의 복잡한 구조와 메커니즘 탐구에 길을 열어 주었다.

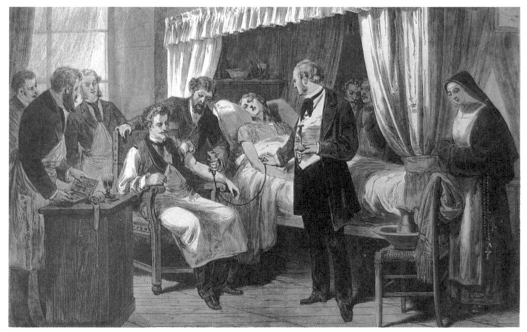

▲ 초기의 수혈 요법

'피'의 신비를 밝히다
혈액형

카를 란트슈타이너의 생일인 6월 14일은 '세계 헌혈자의 날'로
지정되었다.

발견시기
1900년

발견자
카를 란트슈타이너
(Karl Landsteiner, 1868년~1943년)
오스트리아의 유명한 의사이다.
1900년에 세 가지 혈액형 즉, A형, B
형, O형을 발견해 1930년에 노벨생
리의학상을 수상했다. 또한, 미국의
면역학자 필립 레빈(Philip Levine)과
함께 혈액 속 M, N, P인자를 발견해
같은 혈액을 여러 번 수혈했을 때 발
생하는 용혈반응과 산부인과의 신생
아용혈성질환을 과학적이고 완벽하
게 설명했다.

자기 혈액형은 누구나 잘 알고 있을 것이다. 신체검사를 할 때 으
레 혈액형 검사를 하는데다 수술 시 수혈을 할 때는 반드시 혈액형
검사를 거치기 때문이다. 대부분의 사람들은 A형, B형, O형, AB형
중 하나에 해당하는 혈액형을 가지고 있다. 물론 Rh형, MN형, Q형,
E형, T형처럼 독특한 혈액형을 가진 사람도 있지만 극히 소수에 불
과하다. 수혈을 할 때 혈액형은 두 말할 나위 없이 중요한 요소인데,
혈액형은 바로 이 수혈에 의해 발견됐다.

수혈요법은 300여 년 전에 출현했다. 하지만, 성공률이 매우 낮았
기 때문에 사람들은 부득이한 경우를 제외하고는 수혈을 꺼려했다.

최초의 수혈 대상은 개였다. 1665년 어느 날 영국의 과학자이자

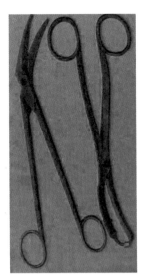

▲ 초기의 지혈 집게

의사인 리차드 로우어(Richard Lower)의 애견이 갑작스러운 사고를 당했다. 개는 피를 너무 많이 흘려 사망 직전이었다. 이렇게 위급한 순간에 로우어는 대담하게 다른 개의 피를 뽑아 자신의 개에게 주입했다. 그러자 개는 기적처럼 살아났다. 이를 통해 사람들은 다른 개체 간에도 수혈할 수 있다는 사실을 깨달았다.

최초로 인간에게 수혈한 것은 1668년이었다. 오늘날 관점에서 보면 당시 수혈은 그야말로 살인 행위나 다름없었다. 프랑스 의사 데니스(Denis)가 양의 혈액을 정상적인 남성에게 수혈했고, 그 결과는 불 보듯 뻔했다. 남자가 그 자리에서 사망한 것이다. 남자의 아내가 애원하는 바람에 이 무서운 수혈실험을 감행한 것이기는 했지만, 데니스는 '과실치사'로 감옥에 갔다. 그리고 그 후 150년 동안 수혈을 시도하는 사람은 아무도 없었다.

1818년이 돼서야 인류는 처음으로 수혈에 성공했다. 영국의 생리학자 겸 산부인과 의사 제임스 블런델(James Blundell)이 과다출혈한 산모를 구하기 위해 그녀의 남편의 동의를 받아 남자의 혈액을 산모에게 수혈하여 생명을 살린 것이다. 같은 해 12월 22일, 제임스는 런던 의학 연례 회의에서 수혈에 대해 보고했다. 그 후 의사들은 수혈을 시행하기 시작했지만 효과는 좋지 않았다. 수혈로 사람을 살리기는커녕 오히려 심각한 생리반응을 일으켜 즉사하는 게 다반사였다.

어째서 어떤 수혈은 성공하고 또 어떤 수혈은 실패하는 걸까? 그 속에는 어떤 비밀이 숨어 있을까? 당시 이러한 문제를 깊이 연구하는 사람은 없었다. 그러다 1900년 오스트리아 빈대학교의 카를 란트슈타이너가 수혈의 비밀을 밝혔다.

의사인 란트슈타이너는 줄곧 수혈 문제에 관심을 가지고 있었다. 특히 1897년 4월 어느 날 그는 수혈로 죽은 네 명의 환자를 검사한 결과 혈액 응집이라는 공통 사인을 발견했다. 이에 너무나도 마음이 아팠던 그는 수혈이 실패한 원인을 찾기로 결심했다.

3년 동안 끊임없이 분석한 끝에 그는 마침내 사람마다 혈액이 다를 수도 있다는 결론을 도출했다.

란트슈타이너는 즉시 실험을 통해 이 사실을 증명했다. 동료 스물두 명의 정상 혈액을 채취해 혈액을 혼합하는 실험을 진행하면서 적혈구와 혈장 사이에 발생하는 반응 관계를 발견했다. 반복적으로 비교해 본 결과, 그는 스물두 명의 혈액이 A형, B형, O형 세 가지로 귀결된다는 사실을 발견했다. 이는 인류가 처음으로 알게 된 혈액형이었다. 란트슈타이너는 혈액형 발견으로 1930년 노벨 생리의학상을 수상했다.

그리고 1902년, 란트슈타이너의 학생이 네 번째 혈액형인 AB형을 발견했다. 이로써 인류는 마침내 가장 기본적인 네 가지 혈액형의 실체를 벗기고, 수혈 성공률을 높여 죽음의 문턱에 선 수많은 생명들을 구했다.

그러나 과학에는 끝이 없었고, 혈액형에 대한 연구도 예외는 아니었다. A형, B형, O형, AB형에 이어 사람들은 다시 1927년부터 MN형, Q형, E형, T형, Rh형 등 수십 종의 혈액형 체계를 발견했다.

이뿐만 아니라 인간 외에도 원숭이, 고릴라, 코끼리, 개 등의 여러 포유동물도 혈액형이 있다는 사실을 발견했다. 하지만 이보다 더 아이러니한 사실은 거북이, 개구리 등 파충류의 몸에도 뚜렷하게는 아니지만 혈액의 흔적이 있다는 점이다.

오늘날 혈액형에 대한 연구는 사회과학의 한 분야로 자리잡았으며, 의학, 생화학 등에 국한되지 않고 사람들의 생각, 성격, 기질, 행동에서부터 정치, 경제, 문화 등 사회 활동과의 관계에 이르기까지 광범위하게 진행되고 있다.

평가

혈액형은 수혈이 성공하는 데 이론적인 기초를 마련해주었고, 수혈의 성공률을 크게 높여 보편적인 요법으로 거듭나게 만들었다. 이로써 죽음의 문턱에 선 수많은 생명들을 구하는 데 성공했다. 이뿐만 아니라 혈액형의 발견은 혈액의 구조 및 그 화학성질에 대한 이해를 높여 20세기 의학과 심리학 발전에 길을 닦아 주었다.

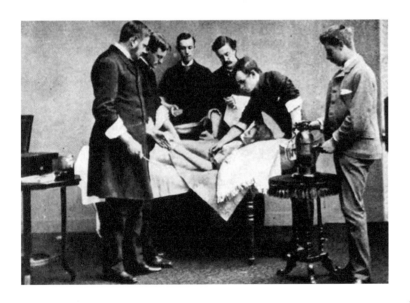

◀ 수술 중인 란트슈타이너

발견시기
1902년

발견자

영국 생리학자 스탈링과 베일리스

어니스트 스탈링(Ernest Henry Starling, 1866년~1927년)
영국 생리학자로 내분비학 창시자 중 한 명이다. 그는 훌륭한 업적을 남긴 소화생리, 순환생리학자이기도 하다.

▼ 소인증에 걸린 가엾은 소녀, 열 살이 넘은 나이에도 작은 인형 같은 모습이다.

진정한 만병통치약
호르몬

"똑똑한 사람은 다른 사람을 본받고, 어리석은 사람은 자기 자신을 본받는다."

호르몬은 고효율 생물활성을 가진 특수 화학물질로 신진대사, 성장, 발육, 면역, 생식 등을 조절하는 중요한 역할을 수행한다. 생물체 내의 내분비샘이나 내분비세포가 분비해내는 호르몬은 그 종류가 매우 다양한데 그 중 흔히 찾아 볼 수 있는 것으로는 인슐린, 아드레날린, 티록신, 생장호르몬 등이 있다. 그 중에서도 생장호르몬은 키를 크게 하는 호르몬인데 너무 많으면 거인증에 걸리고 반대로 너무 적으면 난쟁이가 된다. 한편 티록신이 너무 많으면 갑상선기능항진증에 걸리고 너무 적으면 갑상선종이 생긴다. 인슐린은 체내의 혈당 농도를 낮춰준다.

호르몬은 인체의 중요한 기능을 담당하고 그 종류도 다양하지만, 호르몬분비가 왕성한 사람도 수백 나노그램(1억분의 1그램)이 안 될 정도로 체내 함량이 워낙 적어서 쉽게 발견할 수 없다.

호르몬이 발견되기까지 우리는 기나 긴 여정을 지나왔다.

일찍이 11세기에 고대 중국의 의학자는 사포닌(saponin)을 이용해 사람의 오줌에서 순도가 상당히 높은 성호르몬을 추출했다. 이는 스테린(Sterin)류 물질로 오늘날의 '비아그라' 또는 '최음제'의 용도로 쓰였다. 그러나 당시에 이런 '성호르몬'을 깊이 이해하기란 불가능한 일이었고, 실제로 원시경험을 응용하는 데 그쳤기 때문에 과학적 발견이라고 말할 수 없었다.

고대의 의사들이 호르몬류 약물의 대체품을 발견했고, 19세기 후반엔 생물학자들이 체내의 일부 기관이 분비해내는 특수물질에 신기한 기능이 많다는 것을 인식했음에도 인류가 진정으로 호르몬을 이해하게 된 것은 20세기 초의 일이었다. 오늘날로부터 100여 년 정도 밖에 안 된 것이다.

호르몬의 발견 과정은 극적인 순간들로 넘쳐났다.

1888년, '조건반사'를 발견한 러시아의 생리학자 파블로프는 개를 이용해 실험을 하다가 신기한 현상을 발견했다. 개의 십이지장에 염산을 투입하니 췌액의 분비가 촉진되는 것이 아닌가! 하지만 안타깝게도 보수적이었던 그는 이 현상을 단순히 신경반사에 의한 것이라고만 생각했다. 그 후 어떤 이가 파블로프와 똑같이 십이지장과 연결된 신경을 절단해 장 안에 염산을 넣었다. 그러자 파블로프가 실험을 했을 때와 마찬가지로 췌액이 다량 분비됐다. 그러나 완고한 파블로프는 이를 뉴런이 깨끗하게 절단되지 않아 그런 거라고 설명했다.

이후 이와 유사한 현상을 발견한 생물학자들이 의심이 품었지만 파블로프의 권위에 도전장을 내밀고 '신경반사'라는 틀을 깰만한 용기가 없어 진리를 발견할 절호의 찬스를 놓치고 말았다.

혁신에는 자유로운 생각과 젊음, 그리고 용기가 필요한데 영국의 젊은 생리학자 스탈링은 이 모든 것을 갖추고 있었다. 호르몬의 발견은 마치 그를 위해 특별히 남겨진 기회 같았다.

다른 생리학자들과 마찬가지로 스탈링도 췌액분비에 관한 실험에 흥미를 가지고 있었다. 그러나 파블로프의 해석이 탐탁지 않았던 그는 이를 검증하기 위해 혁신적인 실험을 하기로 마음먹었다. 사실 그의 방법은 아주 간단했다. 개의 십이지장 점막을 벗겨 다른 개의 체내에 주입하는 것이었다. 실험 결과 후자의 췌액 분비량이 눈에 띄게 증가했다. 그는 이 실험을 통해서 개가 대량의 췌액을 만들어 내는 것은 그의 신경과는 아무런 관계가 없다는 사실을 분명히 밝혔다. 그 후 생물학자들은 스탈링의 실험 분석결과를 지지했지만, 파블로프는 여전히 반대의견을 고집했다.

진리는 오랜 세월을 거쳐 언젠가는 새롭게 빛을 보게 마련이다. 여러 압력을 이겨내고 2년여 동안 반복적인 논증을 거쳐 1902년에 스탈링과 그의 매형 베일리스

▲ 리엄 베일리스(William M. Bayliss, 1860년~1924년), 영국 생리학자이자 내분비학의 창시자 중 한 명이다. 소화생리, 순환생리, 일반생리학 분야에서 큰 공을 세웠다.

평가

호르몬의 발견으로 완전히 새로운 의학 분야인 내분비학이 탄생했다.

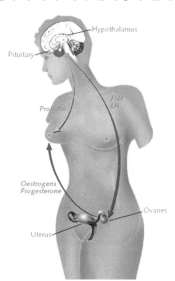

◀ 인체의 내분비샘 분포도

가 세크레틴(secretin)의 존재를 증명하는 데 성공했다. 그들은 이 물질을 포유동물의 혈액에 투여했다. 그러자 동물이 음식을 섭취하지 않았음에도 대량의 췌액을 분비했다. 그들은 이 실험을 통해 파블로프의 '신경반사' 설을 뒤집었다.

세크레틴의 발견으로 선腺이 화학인자를 만들어 낼 수 있으며, 이 화학인자를 혈액에 투여하면 비교적 멀리 있는 기관이나 조직에 대한 조절 작용을 담당하게 된다는 사실이 증명되었다. 이러한 사실은 생물체 내의 통제신호가 모두 뉴런과 연관이 있다는 기존의 사상을 보기 좋게 깨뜨렸다. 그야말로 내분비학에 기념비적인 의미가 있는 발견이었다.

훗날 스탈링과 베일리스는 비단 세크레틴뿐만 아니라 체내의 다른 많은 물질들도 저마다의 생리작용을 한다는 사실을 발견했다. 1905년에는 지극히 적은 양이지만 생리작용을 하여 생물체의 기관 반응을 활성화시키는 물질을 '호르몬'이라고 통칭했다.

세크레틴 발견 이후 과학계에는 호르몬을 찾는 붐이 일면서 각종 호르몬의 발견이 줄을 이었다. 그 중 1920년 캐나다의 생리학자 밴팅(Banting)과 맥클리오드(Macleod)는 함께 인슐린을 발견했고, 이를 추출해 연구한 공로를 인정받아 1923년 노벨 생리의학상 수상의 영예를 안았다.

▶ 밴팅과 그의 조수, 실험실에서

혼자서는 생존할 수 없는 원시 생명체
바이러스

모든 바이러스가 백해무익한 것은 아니다. 일부 생물 바이러스는 그 나름의 용도를 가지고 있다.

바이러스라는 단어를 언급하면 사람들은 으레 각종 매스컴을 도배한 에이즈, B형간염, 광우병 등을 떠올리며 두려워한다. 특히 2002년 겨울부터 2003년 봄 사이에 전 세계를 휩쓴 사스-코로나 바이러스(SARS coronavirus, SARS-CoV)는 사람들에게 여전히 공포의 대상이다.

바이러스는 줄곧 지구상의 인간과 동물, 식물 등 생명체를 괴롭히며, 생명체의 생존을 위협해 왔다.

대략적인 통계에 따르면, 약 70%의 인간 전염병이 바이러스에 의해 생겨난다. 그 중 중세 유럽 전역을 공포로 몰아넣은 흑사병은 바이러스 대가족의 일원인 페스트 바이러스가 일으킨 전염병이다. 1918년, 전 세계로 확산되어 2,200만 명의 목숨을 앗아간 '스페인 독감'은 독감 바이러스에 의한 것이었는데 지금까지도 효과적인 대응조치를 찾지 못하고 있다고 한다.

바이러스가 일으키는 각종 전염병, 예를 들면 천연두, 척수회백질

▲ 일하는 바이엘링

발견시기
1898년

발견자

바이엘링
(Beijerinck, 1851년~1931년)
네덜란드의 저명한 과학자로 1898년 바이러스를 발견했다.

▲독일 세균학자 뢰플러
(Friedrich August Johannes
Loeffler, 1852년~1915년)

염(소아마비라고도 함), 흑사병은 일찍부터 지구상에 존재하고 있었지만 인류가 이들을 발견하고 이해하기 시작한 건 19세기에 들어서였다.

프랑스 생물학자 파스퇴르는 세균을 발견하고 세균설을 정립한 후 흑사병, 천연두, 광견병 등의 질병이 생기는 원인을 성공적으로 설명해냈다. 하지만 질병의 병원체를 찾는 데는 실패했다. 광견병에 걸린 개의 타액을 다량 추출했지만, 당시의 현미경으로는 바이러스를 관찰할 수 없었기 때문에 그가 할 수 있는 일이라곤 "세균보다 더 작은 병원균이다."라고 말하는 게 전부였다.

사실 이렇게 세균보다 작은 병원균이 바로 바이러스였다. 이후 몇 년 동안 새로운 발견이 끊이지 않았는데, 그 중에는 바이러스 발견 역사에 특별한 의미를 가지는 바이러스도 있었다. 그것은 바로 담배 모자이크 바이러스(Tobacco mosaic virus)였다.

1886년, 독일의 미생물학자 겸 화학자 메이어(Mayer)는 모자이크병에 걸린 연초 잎의 즙이 건강한 연초에 모자이크병을 전염시킬 수 있다는 사실을 최초로 증명해 이 바이러스에 전염성이 있다는 사실을 밝혔다. 그는 모자이크병을 일으키는 '세균'이 이전의 세균과는 다르다는 점을 인식하긴 했지만 그 특징을 자세히 분석하지는 못했다.

러시아의 미생물학자 이바노프스키(Ivanovsky)는 1892년 메이어의 실험을 재현해서 보다 심층적인 결과를 얻었다. 즉, 병에 걸린 연초 잎의 즙을 세균 여과기로 걸러내도 여전히 건강한 연초에 모자이크병을 전염시킬 수 있다는 점이었다. 이것은 연초모자이크병을 초래한 병원이 세균이 아니라는 것을 의미했다. 하지만, 이바노프스키는 세균이 만든 독소 때문에 모자이크병이 일어났다고 잘못 해석했고, 그 바람에 바이러스를 발견할 기회를 날려 버렸다.

네덜란드의 세균학자 바이엘링은 다행히도 같은 실수를 하지 않았다. 1898년, 그는 모자이크병에 걸린 연초즙을 한천 젤 표면에 올려놓았다. 그랬더니 연초즙이 젤에 일정한 속도로 확산되는 것이 아닌가! 반면 일반 세균은 동일한 상황에서 한천의 표면에 그대로 남아있었다. 이를 통해 바이엘링은 담배모자이크병을 유발하는 인자의 세 가지 특징을 도출해냈다. 첫째, 세균 여과기를 통과할 수 있다. 둘째, 감염된 세포 내에서만 번식한다. 셋째, 체외 무생물에서는 자라지 않는다.

이 세 가지 특징은 확실히 세균과는 다른 점이었다. 이로써 바이엘링은 담배모자이크병을 유발하는 인자가 세균이 아닌 새로운 물질임을 주장했다. 또한 그것을 살아있는 감염성 병원체, 라틴어로 '바이러스'라고 명명했다. 인류는 이렇게 최초로 바이러스의 존재를 확인했다.

담배모자이크바이러스가 발견된 후 과학계는 각종 바이러스를 찾는 데 열을 올렸다. 그 붐의 일환으로 1898년 독일의 세균학자 뢰플러와 프로쉬(Frosch)가 구제역바이러스(Foot-and-mouth disease virus)를 발견했다. 이어 1911년 미국의 미생물학자 루스(Francis Peyton Rous)가 닭의 악성종양을 유발하는 루스육종바이러스(Rous sarcoma virus)를, 1915년~1917년 트워트(Twort)와 데렐(D. Herelle)이 각각 박테리오파지(bacteriophage)를 발견했다.

1930년대까지 독감, 척수회백질염, 각종 뇌염, 광견병, 토끼의 점액종, 감자모자이크병 등을 포함해 백여 종에 가까운 바이러스가 발견되었다.

전자현미경의 출현으로 바이러스의 본 모습과 구조 메커니즘, 질병 유발 원인을 알게 되면서 사람들은 분자바이러스학과 분자생물학을 정립했다. 또한 대량의 예방백신을 연구 제작해 바이러스를 일으키는 질병을 예방하면서 인간의 건강을 지키는 한편 바이러스로 인한 농업 및 목축업의 피해를 최소화했다.

이 외에도 인류는 나름의 용도를 가진 바이러스를 발견해 모든 바이러스가 백해무익하지는 않다는 사실을 깨닫게 되었다. 예를 들어 박테리오파지는 일부 질병을 방지하는 특효약으로써 화상환자의 환부에 녹농균과 박테리오파지를 희석해 바르면 효과적으로 화상을 치료할 수 있다.

바이러스 게놈 복제, 유전자 발현 조정 원리, 바이러스와 숙주세포의 상호작용 규칙이 잇달아 발견되면서 바이러스 감염과 질병 유발 분자 메커니즘이 밝혀졌고, 분자바이러스학의 기술 혁신과 발전을 이끌었다. 이는 앞으로 인류가 바이러스성 질병을 극복하고 이겨내는 데 공헌하게 될 것이다.

평가

바이러스의 발견으로 인류는 미생물을 완전히 새롭게 인식하게 되었다. 이는 각종 바이러스성 전염병을 예방하는 데 좋은 기반을 마련해주었다. 이로써 우리는 맞춤형 백신을 연구, 생산해 전염병을 예방하고 치료할 수 있었다. 한편 바이러스에 대한 연구는 생명의 본질과 생명의 기원 및 유전공학 등을 탐구하는 데 또 다른 창을 열어주었다. 중요한 점은 인류의 생존을 위해 사회적, 경제적 이익을 창출했다는 것이다.

▼ 유채모자이크 바이러스

발견시기
1910년

발견자

토머스 모건(Thomas Hunt Morgan, 1866년~1945년)
미국에서 가장 저명한 생물학자로 1933년 노벨 생리의학상을 수상한 공인된 현대유전학의 아버지이다. 그는 물리, 화학, 복사 등 실험을 통해 초파리의 유전자 돌연변이를 연구해 염색체는 유전자의 매개체라는 점을 확립했다. 동일한 염색체에 있는 유전자 간의 연쇄유전특징을 발견하고 다양한 돌연변이 유전자를 염색체에 선상배열 한 염색체지도 즉, 유전자의 연쇄도를 만들었다. 멘델의 완두교배 실험을 근거로 한 유전이론을 계승하고 발전시켜 생물학의 발전과 과학 실험 기반을 마련했다.

남녀 성별의 수수께끼를 밝히다
유전자

화학자와 물리학자가 보이지 않는 원자와 전자의 존재를 가정했던 것처럼, 유전학자도 보이지 않는 유전자에 대해 가설을 세운다. 이들의 공통점은 물리학자, 화학자, 유전학자가 모두 자신의 데이터를 근거로 서로 다른 결론을 내린다는 것이다.

모건

유전학의 창시자 멘델이 19세기 중엽에 발견한 유전법칙은 20세기 초에야 과학계의 인정을 받았다. 그리고 20세기 첫 해에 서로 얼굴도 모르는 세 명의 생물학자가 각자 독립적으로 똑같은 결론을 도출해냈다. 그들이 내놓은 결론은 멘델의 발견과 같았다. 이로써 멘델의 유전법칙은 마침내 빛을 보기 시작해 사람들의 관심을 한 몸에 받았다. 1909년 '유전인자'는 '유전자(gene)'라 이름 붙여졌는데, 당시 그리스어로 '탄생'이라는 의미를 담고 있다.

멘델은 '유전인자'란 무엇인지 명확히 밝히지 못했다. 이는 곧 생물학자가 해결해야 할 문제이기도 하다. 하지만, 이 문제는 오늘날까지도 완전한 해답을 찾지 못하고 있을 만큼 어려운 문제이다. 때문에 이를 해결하기 위해서는 오랜 시간이 필요한 게 사실이다. 과학은 마치 퍼즐과도 같다. 하지만 이 퍼즐은 과학자 개개인이 아무리 위대하다 하더라도 일부만 겨우 맞출 수 있을 정도로 까다롭다. 물론 위대한 과학자는 퍼즐의 맞추는 방법을 찾아내 후대 사람이 시행착오를 줄일 수 있도록 도와주기도 하지만, 많은 과학자가 함께 노력해야 한 폭의 아름다운 그림을 완성할 수 있는 법이다.

1879년, 독일의 생물학자는 세포 속 염색체를 발견한 데 이어 알칼리성 아닐린염료로 투명한 세포핵의 미립물질을 염색시킬 수 있다는 사

▼ 토머스 모건과 그의 동료

실을 발견했다. 이로써 그들은 세포분열의 전 과정을 관찰했다. 하지만 안타깝게도 당시엔 멘델의 유전이론이 마땅한 대우를 받지 못하고 있었다. 그렇지 않았더라면 생물학자들은 일찍이 '세포의 분열과정은 멘델의 유전이론과 어떠한 관련이 있나?'라는 문제를 떠올렸을 테고, 그럼 보다 빨리 문제의 답을 찾을 수 있었을 텐데 말이다.

어쨌든 이 둘의 관계에 가장 먼저 눈을 돌린 사람은 미국의 생물학자 서턴이었다. 그는 1903년에 세포의 염색체와 멘델의 유전인자 사이에 평행관계가 존재한다는 사실에 주목했다. 그들은 모두 쌍으로 존재했는데 짝을 이루면 분리되었다가 복제나 수정 후 다시 짝을 이뤘다. 이렇듯 세포학과 유전학은 긴밀하게 연결되어 있었고, 이는 유전학 연구에 지름길이 되어 주었다.

▲ 미국 생물학자 월터 서턴(Walter Stanborough Sutton, 1877년 4월 5일~1916년 11월 10일)

미국 학자 토머스 모건은 이 지름길의 최초 수혜자였다. 1910년 그는 초파리를 연구대상으로 삼았다. 초파리의 몸은 일반적으로 작고 길이는 3센티미터로 황갈색 몸에 녹색 눈을 가졌다. 그리고 초파리마다 미묘한 차이가 있었다. 이런 특징은 다른 모든 생물의 성질처럼 유전되는 것이다. 게다가 초파리는 기르기도 쉽고 한 번에 200마리가 태어난다. 중요한 점은 초파리는 태어난 지 2주가 지나면 생식 능력을 가지기 때문에 연구 주기를 크게 단축할 수 있다는 것이었다. 멘델이 완두를 이용하여 선조세대에서 손자세대에 이르기까지 성질과 형상의 차이를 밝히는 데 3년이 넘는 시간이 걸린 것을 감안하면, 초파리를 이용한 실험은 시간적인 측면에서 유리했다. 물론 연구 주기를 단축한 것보다 더 중요한 사실은 연구의 지름길을 찾았다는 것이다. 다시 말해서 초파리의 세포 내 염색체 수가 훨씬 적고, 그 중 일부는 일반 현미경으로 관찰할 수 있었다.

모건은 초파리 실험을 통해 여러 가지를 이해하고 더 나아가 멘델 법칙과 다른 새로운 유전법칙인 '성별유전법칙'을 발견했다. 그는 생물의 성별유전은 성염색체가 결정하는 것이라고 했다. 다시 말해 생물의 성별유전인자는 성염색체상에 있고, 성염색체는 성별유전인자의 물질적 책임자이다. 이 발견으로 출산의 비밀도 그 베일을 벗었다. 즉, 여성의 성염색체는 XX로 구성되어 있어 생식을 위해 제공된 난자는 X염색체 하나만 가질 수 있다. 반면 남성의 성염색체는 XY로 구성되어 있고 생식을 위해 제공된 정자는 X염색체일 수도 있고 Y염색체일 수도 있다. 난자와 X염색체의 정자가 결합하면 성별은 여성이 되고 난자와 Y염색체의 정자가 결합하면 성별은 남자가 되는 법칙이다.

모건이 발견한 것의 실제 유전방식은 멘델이 상상한 것보다 훨씬 더 복잡하다. 한 단계 더 나아간 실행과 탐구를 거쳐 모건은 마침내 중요한 결론에 도달했다. 즉, 염색체는 유전자의 매개체이며 유전자는 염색체의 일부이다. 모건과 그의 학생은 각종 유전자의 염색체 상의 위치를 추측해서 초파리의 4쌍 염색체 상의 유전자가 배열한 위치도를 그렸다. 유전자설은 이렇게 탄생했고, 남녀 성별의 수수께끼도 마침내 풀렸다. 이 때부터 유전학은 공상의 시대를 끝내고 중대한 발견이 계속 이어지면서 20세기 가장 활발한 연구 분야가 되었다. 이로써 모건은 1933년 노벨 생리의학상을 수상했다.

▶ 토머스 헌트 모건은 유전자를 발견했다.

세균성 감염을 치료한 최초의 무기

페니실린

가는 지역마다 사람들은 모두 내게 자신들의 생명을 살려줘서 너무나도 고맙다고 말한다. 사실 나는 그들이 왜 이러는지 잘 모르겠다. 대자연이 페니실린을 창조했고 나는 그저 그 존재를 발견했을 뿐인데 말이다.

임종 전 플레밍이 한 말

발견시기
1928년

발견자
알렉산더 플레밍(Alexander Fleming, 1881년 8월 6일~1955년 3월 11일)
영국의 유명한 세균학자로 페니실린을 발견했다.

인류에 행복을 가져다준 각도에서 보면 파스퇴르만큼 중요한 학자는 없다. 우리가 건강하고 장수할 수 있게 된 것은 모두 파스퇴르의 덕이다. 그의 학설이 있었기에 전세계의 의사는 자연계가 인간을 공격할 수많은 미생물을 알게 되었고, 의학은 빠르게 발전했다. 인류가 질병에 맞서게 된 것도 그의 백신의 공이 크다.

하지만 많은 질병이 백신을 맞는 것만으로는 부족하다. 게다가 때로는 백신을 맞았다가 병에 걸리기도 한다. 백신이 개발되지 않은 에이즈, 독감, 패혈증 등과 같은 질병은 우리의 건강을 더욱 위협한다.

▲ 실험실에 일하는 플레밍

▼ 독일 출생의 영국 생물학자 언스트 보리스 체인(Ernst Boris Chain), 1906년 6월 19일 독일 베를린에서 태어나서 1979년 8월 12일 아일랜드에서 생을 마감했다. 그는 플로리, 플레밍과 1945년 노벨 생리의학상을 공동 수상하는 기쁨을 나눴다.

인류가 최초로 패혈증을 어떻게 치료했는지 한 번 살펴보자. 20세기 초, 사람들은 패혈증이 병을 유발하는 포도상구균이 일으킨 감염증이라는 것은 알았다. 패혈증은 손가락에 난 작은 상처로도 걸릴 수 있기 때문에 수술 과정에서의 감염은 더 말할 것도 없다.

최초로 감염증을 치료한 방법은 완전히 우연한 계기에 발견됐다. 페니실린의 발견자 플레밍에 대해서는 파스퇴르의 말만큼 딱 맞아떨어지는 표현은 없다. "기회는 준비된 자에게만 찾아온다."

1921년 플레밍은 콧물에 세균을 배양했을 때 세균을 분해하는 물질을 발견했다. 그는 그것을 '라이소자임(Lysozyme)'이라고 불렀다. 당시는 기술적 한계로 그것을 정제하여 임상치료에 쓸 수 없었고, 병균에 대해 별다른 특효가 없다는 것을 발견했다.

플레밍은 병을 유발하는 포도상구균을 계속 배양하면서 그것을 죽이는 방법을 찾았다. 7년이 지난 1928년 여름, 그는 다른 일 때문에 정신이 없어서 깜빡하고 포도상구균 용기의 뚜껑을 덮지 않았다.

다음날 뚜껑을 덮지 않은 포도상구균 배양기에 푸른곰팡이(페니실린)가 생긴 사실을 알았다. 이 곰팡이에는 배양기 내 포도상구균과 접촉한 부분에 투명한 테두리가 있었다. 그것을 추출해 분석한 결과 안쪽에 있는 포도상구균이 모두 죽었다는 사실을 발견했다. 당시 그는 이 푸른곰팡이가 포도상구균에 대한 억제 작용을 했는지 궁금해졌다. 그래서 이 푸른곰팡이를 추출해 포도상구균이 가득한 용기에 담았다. 그러자 배양기 속에 있던 포도상구균이 모두 죽었다.

플레밍은 당시 이 푸른곰팡이를 사용하면 병원균을 죽일 수 있을 거라고 생각했다. 그러나 실험에서 필요한 만큼 충분한 푸른곰팡이를 배양하는 일은 결코 쉬운 일이 아니었다.

플레밍은 10여 년 동안 연구를 했지만, 순도

높은 푸른곰팡이를 추출할 방법을 찾지 못했다. 그의 위대한 발견이 사회적으로 어떤 효과도 발휘하지 못한 것이다. 시간이 좀 더 지나면서 그는 자신감도 잃었다. 1939년, 그는 푸른곰팡이 균종과 자신의 관련 연구 자료를 영국 병리학자 플로리(Florey)와 생물학자 체인에게 제공했다.

플로리와 체인은 진귀한 보물을 얻은 것처럼 1년여 동안 촉박하게 실험한 결과 냉동건조법을 이용해 푸른곰팡이 결정체를 추출해서 순도가 높은 푸른곰팡이를 얻었다. 일련의 임상실험을 거쳐 1944년, 푸른곰팡이를 사용해 만든 약물 '페니실린'이 마침내 미국에 등장했다. 페니실린은 패혈증을 일으키는 포도상구균, 연쇄상구균, 폐렴구균 등 병균의 번식을 억제할 수 있다. 더욱 중요한 점은 건강한 조직을 파괴하지 않을 뿐만 아니라 백혈구의 면역기능에도 영향을 주지 않는다는 것이다. 1945년 플레밍, 플로리, 체인은 '페니실린을 발견하고 그 임상 효과' 덕분에 그해 노벨 생리의학상을 공동 수상했다.

▲ 페니실린 알레르기 증상

페니실린은 세상에 등장한 첫 해에 제2차 세계대전 중 부상당한 병사 수만 명의 생명을 살렸다. 노르망디 상륙 작전(Battle of Normandy)에서 한 육군 소장은 '페니실린은 전쟁 부상을 치료하는 이정표'라며 진심으로 감탄했다. 페니실린도 세균성질병의 적수로 불리게 되었다.

페니실린은 가끔 문제를 일으키기도 한다. 알레르기 반응을 하는 사람이 있고, 결핵처럼 그것을 사용해도 아무런 효과도 없는 질병도 있다. 이 때문에 학자는 자신의 세균을 이용해 새로운 약물을 창조한다. 그래서 기타 병원균에 대항하는 약물도 잇달아 연구, 개발되었다. 이 약물들은 '항생물질'로 통칭한다. 현대 사회에서 항생물질은 이미 의사가 빼놓을 수 없는 치료약이다.

평가

페니실린의 발견으로 인류는 세균 감염 치료 방법을 생겼다. 또 순도가 높은 페니실린의 추출방법을 드디어 찾아 '사형' 선고를 받은 사람들에게 다시 살 기회를 주었다.

크릭
(F. Crick, 1916년~2003년)
저명한 생물학자이다. 1962년 노벨 생리의학상을 수상했다. 1953년 왓슨과 함께 DNA 이중 나선 구조 모형을 만들었고 이후 유명한 중심 법칙을 만들어 분자유전학의 기초를 다졌다. 또한 버넌 잉그럼(Vernon Ingram)과 함께 유전 물질이 단백질의 특성을 결정할 때의 작용을 발견했고, 이 덕분에 '분자생물학의 아버지'라고 칭송받았다.

▼ 크릭과 왓슨이 철사로 만들고 있는 DNA 모형

생명과학사의 획기적인 발견
DNA의 이중 나선 구조

중국과의 외교 경색을 풀 수 있는 사람은 닉슨(Nixon)밖에 없다. 마찬가지로 의식을 합법적인 과학의 대상으로 만들 수 있는 사람은 크릭밖에 없다.

모건(Morgan)은 오랜 실험과 탐색을 거친 끝에 염색체가 바로 유전자라는 것을 밝혀냈다. 그리고 유전자의 일부 결함, 중복, 전위轉位, 이동 등 기형적인 변이를 탐색해 생물 변이의 미스터리를 풀었다. 그런데 염색체는 어떤 분자로 이루어져 있을까? 염색체의 유전 정보를 어떻게 전달할까? 이는 과학계가 시급히 풀어야 할 문제가 되었다. 또 한편으로는 바닥까지 철저하게 파헤쳐서 진리의 신비함을 벗기는 즐거움이기도 했다.

최초로 염색체를 구성하는 물질(DNA)을 발견한 사람은 독일 의학 박사 미헬(Michel)이다. 그는 순수 세포핵을 제조, 추출하는 과정에서 처리 후의 세포핵에 인 함유량이 높고 황 함유량이 낮은 유기산이 남아있는 것을 발견했다. 이 유기산의 용해 정도와 펩신에 견디는 정도는 유기산이 새로운 세포 성분이라는 것을 암시했다. 그는 이 물질을 '핵산'이라고 불렀다.

하지만 안타깝게도 미헬의 불행은 멘델의 그것과 닮아 있었다. 그가 '핵산'을 제조해 얻었지만 그후 오랫동안 아무도 관심을 가져 주지 않았다. 1930년대 생물화학자가 핵산에 대한 연구에 박차를 가하면서 핵산의 분자구조가 밝혀졌다. 핵산이 당, 인산, 유기염으로 이루어져 있다는 것을 발견하는 한편, 두 종류의 핵산이 있다는 것까지 밝혀냈다. 바로 리보핵산(RNA)과 디옥시리보핵산(DNA)이다.

먼저 DNA가 유전자라는 것을 증명한 사람은 미국의 생물학자 에이버리(Avery)였다. 1944년, 에이버리는 그 유명한 '폐렴구균 전환 실험'을 행했다. 표면이 반질한 폐렴구균의 DNA를 분리

해 표면이 거친 폐렴구균에 넣었는데, 그 결과 폐렴구균이 모두 표현이 반질한 형태로 바뀌었다. 이는 DNA에 모든 유전 정보가 있으며 DNA와 함께 있는 단백질은 이런 기능이 없다는 것을 나타낸다. 에이버리의 발견은 이후 많은 과학자들에 의해 증명되었다. 이로써 과거에는 사람들의 주목을 전혀 끌지 못하던 DNA가 분자유전학에서 중점 연구 주제가 되었다.

DNA 분자 구조와 유전 메커니즘을 찾는 것 역시 과학자들이 해결해야 할 문제가 되었다.

1951년, 영국 생물학자 윌킨스(Wilkins)와 프랭클린(Franklin)이 DNA의 X선 회절도回折圖를 촬영했다. 프랭클린은 이 회절도 상을 정량 분석해 DNA 이중 나선 구조를 발견하는 데 든든한 기반을 다졌다.

이 DNA 결정체 X선 회절도 사진을 보고 왓슨과 크릭은 새로운 영감을 얻었다. 그들은 DNA가 나선 구조로 되어있다는 것을 확인하고 나선의 매개변수를 분석했다. 이후 오랫동안 왓슨과 크릭은 사무실에서 철판과 철사를 이용해 즐겁게 모형을 제작했다. 그들은 여러 형태의 모형을 만들었고 수없이 많은 실패를 겪었다. 모형을 하나 만들 때마다 그것의 그림자 형태를 상상했다. 처음부터 화학적으로 부자연스러운 형태는 고려하지 않았다. 또한 다른 학자들의 의견을

▲ 제임스 왓슨(James Dewey Watson, 1928년~), 미국 생물학자이자 미국과학원의 회원이다. 1962년 노벨 생리의학상을 수상했다.

구하고, 그들의 의견에 따라 어렵게 만든 모형을 부수고 새롭게 만들었다. 그들이 DNA 분자의 정확한 형태를 찾았다고 생각할 때마다 항상 모든 것을 물거품으로 만드는 문제가 발생했다.

1953년 2월 28일, DNA 이중 나선 구조의 분자 모형이 마침내 탄생했다. 같은 해 4월, 그들은 'DNA의 X선 회선도'나 화학 성질 등 여러 자료의 내용에 부합하는 분자 모형을 만드는 데 성공했다. 이 모형은 DNA 분자가 뒤얽혀 있는 분자 두 개의 긴 사슬이었다. 옆에서 뻗어 나온 '팔뚝'이 서로 연결되어 있어 몇 백만 개로 이루어진 나선형 계단 같았다.

DNA 이중 나선 구조가 밝혀지고 얼마 후, 크릭과 왓슨이 DNA 복제 메커니즘을 제시했다. DNA를 복제할 때, DNA의 이중 나선을 두 개의 사슬로 분리하고 각 사슬은 자신을 '거푸집'으로 삼아 세포 내의 물질과 그것과 짝을 이루는 나머지 사슬을 합성해 새로운 DNA 분자를 구성한다. 세포 안에 두 개의 DNA 분자가 있는 것이다. 하나였던 것이 둘로, 즉 두 개의 세포로 나뉘었다. 이 과정을 반복하면 생물은 한 세대, 한 세대씩 안정적으로 유전된다. 하지만 DNA 분자가 복제되는 과정에서 가끔 오차가 발생하는데 이 때 종의 변이가 발생한다.

크릭과 왓슨의 발견은 큰 반향을 불러일으켰다. 20세기 최대의 발견이라고 해도 과언이 아니었다. 어떤 사람은 크릭이 '생명의 신비'를 풀었다고 극찬하기도 했다. DNA의 '이중 나선 구조'는 곧 모든 사람에게 알려졌고 아인슈타인 얼굴과 함께 20세기 과학의 상징으로 자리 잡았다.

이 성과는 이후 '금세기 생물학의 가장 위대한 발견', '생물학의 결정적인 발견'이라고 칭송받았다. 또한 분자생물학 탄생의 지표이자 오늘날 생물공학이 발전할 수 있는 길을 열었다는 평가를 받았다.

▲ 컴퓨터가 그린 일부 DNA 분자 이미지

평가

20세기 생물학의 가장 위대한 발견이자 결정적 발견이다.

전형적인 양날의 칼
클론기술

클론기술은 아이를 낳을 수 없는 여성들의 고통을 해소해 줄 수
도, 또 자연 진화과정을 교란시킬 수도 있다.

발견시기
1986년

발견자
이안 월머트(Ian Wilmut)

　세상에서 가장 유명한 양은? 아마도 많은 사람들이 '돌리'라고 대
답할 것이다. 1997년 2월 22일 이안 월머트를 비롯한 영국 로슬린
연구소(Roslin Institute)의 과학자들이 체세포를 이용해 양 복제에 성
공한 후, 복제양 '돌리'는 한때 전 세계 언론매체를 강타하며 동물
계에서 가장 유명한 '초특급 스타'가 되었다. 전 세계에 울려 퍼진
'돌리'의 울음소리는 복제의 시대를 열었다.
　클론(Clone)은 간단히 말해서 무성생식이다. 즉, 단일 세포의 증식
에 의하여 유전적으로 동일한 세포군 또는 개체군을 만드는 과정이
다. 우리가 흔히 이야기하는 클론은 과학자들이 동물의 무성생식을
인공적으로 유전자 조작하는 과정을 말하며, 이 생물학기술을 클론
기술 또는 복제기술이라고 부른다.

자연계에는 선천적으로 무성생식을 하는 식물들이 많다. 예를 들어 멋진 그늘을 만드는 버드나무라든지 야채 중 하나인 감자라든지, 또 사랑을 상징하는 향기로운 장미 등과 같은 꺾꽂이식물은 무성생식을 한다. 사람들이 싫어하는 말거머리나 묵묵히 땅을 가는 지렁이와 같은 여러 하등동물도 무성생식을 한다. 지렁이를 칼로 자르면 잘린 몸통이 각자 따로 움직이는 것을 볼 수 있다. 즉 하나의 몸에서 잘려나간 여러 부분들이 각각 독립적인 개체를 형성하는 것이다.

이와 반대로 고등동물의 후대를 만들려면 양성교배가 이루어져야 한다. 고등동물은 일반적으로 자연적인 무성생식으로는 후대를 만들 수 없다. 아이가 태어났는데 생물학적 아버지 없이 어머니만 있고, 그 아이의 유전자가 어머니의 유전자와 완전히 동일한 경우를 상상할 수 없는 것처럼 말이다. 이러한 경우를 이론적으로 살펴보면 이 아이가 그 어머니의 자식인지, 아니면 어머니의 자매인지 또는 어머니의 분신인지 분간할 수가 없다.

그러나 이렇게 상상도 할 수 없는 일이 오늘날에는 현실이 되었다. 클론기술은 1930년대에 첫발을 내디뎠지만 다른 어떤 과학보다도 빠른 속도로 발전하고 있다. 특히 복제양 '돌리'가 출현한 이후 10년 동안 가히 놀라울 만한 발전을 이룩했다.

1950년대 미국의 과학자들은 개구리 등의 양서류와 어류를 대상으로 세포이식에 성공해 최초로 동물의 무성생식을 가능케 했다. 그리고 1986년 영국의 과학자 윌머트가 처음으로 배아세포를 이용한 세포이식법으로 양을 복제해냈다. 이는 무성생식을 통해 탄생한 최초의 포유동물이었다.

최초의 복제말

그 후 세계 각국에서는 소, 양, 쥐, 토끼, 원숭이 등의 복제동물이 잇달아 탄생했다. 중국의 클론기술도 적잖은 성과를 거두었다. 1980년대 말 토끼 복제에 성공했고, 1991년엔 시베이西北농업 대학교 발육연구소와 장쑤농업학교가 복제양을 탄생시켰다.

하지만 이러한 성과들이 복제양 '돌리'의 탄생만큼 센세이션을 일으키지는 못했다. 어찌되었든 이들은 모두 배아세포를 공여세포로 하여 세포핵이식을 한 결과였고, 배아세포는 어느 정도 '성性'을 띠고 있었기 때문이다.

반면 복제양 '돌리'의 공여세포는 유선의 상피세포로 배아세포와는 달리 고도로 분화된 세포이기 때문에 배아세포시기의 성상으로 돌아갈 가능성이 적었다. 이를 이용해 세포이식에 성공했다는 것은 고도로 분화된 세포 역시 배아세포의 상태로 다시 돌아갈 수 있음을 뜻했다. 이는 포유동물의 일반세포를 이용해 기존의 동물과 완전히 똑같은 생명체를 대량으로 만들어 낼 수 있다는 의미였고, 오래 전부터 내려온 불변의 자연법칙을 완전히 깨뜨린 결과이기도 했다. 때문에 복제양 '돌리'의 탄생은 생명공학기술 발전에 기념비적인 사건이자 인류역사상의 중대발견으로 생물학계에 엄청난 센세이션을 일으켰다.

오늘날 생산 분야에 광범위하게 활용되고 있는 클론기술은 잠재적인 경제가치가 실로 막대해 '아무리 캐도 끝이 없는 금광'이라 불린다. 교배를 통한 선종, 멸종위기에 놓인 종種구제 그리고 의학에 이르기까지 클론기술은 분야를 막론하고 모든 큰 장점을 가지고 있다.

핵에너지와 마찬가지로 클론기술은 인간에게 '양날의 검'과 같다. 인간을 부유하게 만들어 줄 수도 있지만 많은 문제를 일으킬 수도 있다. 생물의 다양성은 자연 진화에 의한 결과로 진화의 원동력이기도 하다. 그리고 유성생식은 생물이 다양하게 형성되기 위해 필요한 중요한 기초조건이다. 그러나 '복제동물'의 출현으로 억만 년을 이어 온 자연법칙이 깨진다면 생물의 종이 감소하고 개체의 생존능력 역시 저하되게 될 것이다.

무엇보다도 걱정스러운 점은 클론기술이 인간 자체에 이용된다면 사회 전체의 윤리도덕이 무너지게 된다는 사실이다. 자식인지, 동생인지, 아니면 또 다른 자기 자신인지도 모르는 인간의 출현은 그 누구에게든 상상하기 힘든 문제들을 초래하게 될 것이다.

평가

우리는 포유동물의 세포를 이용해 그와 완전히 똑같은 생명체 즉, 클론을 만들어내는 데 성공했다. 불변의 자연법칙을 깬 클론기술의 성공은 생명공학기술발전에 기념비적인 사건이자 인류역사상 중대한 발견이었다. 뿐만 아니라 생산 분야에서도 큰 역할을 하고 있으며 경제적으로도 막대한 잠재적 가치를 지니고 있어 '아무리 캐도 끝이 없는 금광'이라 불리고 있다.

복제양 '돌리'

역사가 기억하는 세계 100대 과학

발행일 / 2판1쇄 2015년 11월 20일
　　　　2판2쇄 2016년　9월　5일
발행인 / 이 병 덕
편저자 / 양　　　허
옮긴이 / 원 녕 경
발행처 / 도서출판 꾸벅
등록날짜 / 2001년 11월 20일
등록번호 / 제 8-349호
주소 / 경기도 고양시 일산서구 강선로 49
　　　　일산비스타 913호
전화 / 031) 908-9152
팩스 / 031) 908-9153

isbn / 978-89-90636-77-5
잘못된 책은 구입하신 서점이나 본사에서 교환해 드립니다.